5940

BRIEFVE METHODE,
ET
INSTRVCTION POVR
TENIR LIVRES DE RAISON
PAR PARTIES DOVBLES:

*EN LAQVELLE SE VOID LA PLVS GRAND
partie des Negoces que faict Lyon en toutes les principales villes de l'Europe.*

AVEC

Vne Inftruction fur chacune d'icelles, fort vtile & neceffaire à tous ceux qui
exercent le negoce de marchandife :

L'ordre de tenir vn Carnet des payements auec fon Bilan.

Auoir Maifon & correfpondance en diuers lieux, vendre, achepter, enuoyer, & recouoir
marchandifes, tant pour fon compte, par commiffion, qu'en
participation ; tant fur Mer, que fur Terre.

*Faire Traictes, & Remifes en diuers lieux, donner, & recuoir diuerfes fortes de commiffion,
tant de change, que marchandifes.*

Le tout difpofé en tel ordre, qu'il fe peut tres-facilement comprendre, & imiter.

Par CLAVDE BOYER, *natif de l'Argentiere en Viuarez.*

A LYON,
Chez IACQVES GAVDION, en ruë
Merciere, pres le puits Sainct Antoine.

M. DCXXVII.
AVEC PERMISSION, ET PRIVILEGE DV ROY.

A NOBLE

ANTOINE PICQVET,
ESCHEVIN DE LYON

MONSIEVR,

*La science des nombres n'est pas moins curieuse que neces-*
saire. Et ceux qui ont fait paroistre qu'auec elle on pouuoit
s'acquerir la cognoissance de tous les secrets de la Philosophie
sont tellement en l'estime du monde, que parmi le nombre in-
fini de ceux qui admirent leur doctrine à peine se tretue il quelqu'vn qui se
rende capable de la comprendre, ceste difficulté a proposé tant d'obstacles aux
esprits les plus releuez, que desesperans de pouuoir paruenir à la perfection
des premiers qui ont estably les maximes de ceste science : les mieux aduisez ont
donné leur temps & leur estude à l'acquisition de celle qui est autant importan-
te pour la communication des hommes, & facilité du commerce, comme elle est
vtile à ceux qui s'employent à la pratique ; mais toutes choses nous estant
venduës au prix du trauail, & de la peine ; Dans ceste petite partie de la scien-
ce des nombres qui nous est restée, qui ne contient rien de si necessaire que celle
des comptes doubles, & liures de raison, il se rencontre encor des routes si mal-
aisées, qu'elles surmontent bien souuent la subtilité des plus habiles : ce qui m'o-
blige de mettre au iour des Reigles infallibles, touchant ceste doctrine, afin de
ne point refuser à l'vtilité publique ce que i'ay peu apprendre en ma ieunesse,
& principalement depuis le temps que i'ay l'honneur d'estre à vostre seruice. Il
est vray que ne voulant pas inconsiderément me mettre au hazard, & sans as-
seurance entreprendre, non de voir, mais d'estre veu de tout le monde, ie me
suis mis en la protection de vostre nom, comme sous vne Puissance tutelaire,
l'adueu de laquelle me fera receuoir fauorablement en tous les endroits de la
terre où les hommes se sçauent seruir du commerce, & de la raison ; Ce que i'ay
faict par deuoir & par exemple, suiuant en cela le dessein, & l'heureux succez
de tous les Citoyens de Lyon, qui ne pouuant vous esleuer aux charges que vous
meritez, vous ont appellé à la plus honorable, & plus importante qui soit dé-
dans leur ville, mais auec tel auantage pour leur contentement, qu'ils n'ont ia-
mais desiré auec tant de passion l'entrée & le commencement de vostre admini-
stration, comme ils auront de desplaisir voyant la fin de vostre Consulat, dans
lequel vous n'auez pas fait paroistre moins de soing & de zele pour le bien de

voſtre patrie, que de prudence & moderation. Ie ſuis en part aux intereſts pu-
blics, comme faiſant vne bien petite partie de ce grand tout, mais i'ay mille reſ-
ſentimens particuliers qui m'attachent à voſtre ſeruice, & rapportent à ma
memoire les teſmoignages que i'ay receus de voſtre bien-vueillance, pour me faire aduouër par tout que ie n'ay rien treuué d'infiny dans les comptes, que les
raiſons qui m'obligent à prendre le nom.

MONSIEVR, de

Voſtre tres-humble, & tres-obeiſſant ſeruiteur,
CLAVDE BOYER.

SON

SONNET A L'AVTHEVR.

Ainſi que la fortune à ſon Timoleon,
    Le Rhoſne à flots mutins, & à courſe bruyante,
La Saoſne à petits pas, & d'vne mine lente,
Apporte tout le monde au ſein de ſon Lyon.
Le Rhoſne s'alliant à la Mer de Marſeille
    Luy donne pour ſa part tout l'or de l'Orient,
La Saoſne chariant ſes flots par l'Allemand
    Au profit de Lyon ne ſait moindre merueille.
Mais las! que ſeruiroit quand nous aurions d'Ophyr
    Tout l'or qu'on peut ſonger, l'argent, & le ſaphyr,
Si nous n'auons l'eſprit de le mettre en reſerue?
C'eſt ce que nous apprend ton eſprit genereux,
    En celà beaucoup plus que nos fleuues heureux:
    Eux nous donnent des biens, mais tu les nous conſerue.

IEAN FRANÇOIS MOISSONNIER.

STANCES, AVX MARCHANDS,
SVR LES OEVVRES DE CLAVDE BOYER.

Oeconomes ſoigneux des grandes Republiques,
    Vous qui nous deffendez de la neceſſité,
Obligeans tout le monde auecque vos pratiques,
Et en particulier ceſte belle Cité.
    Conſiderez icy BOYER qui vous ſeconde,
Aux glorieux trauaux qui iuſques aux abois
Vous font paſſer pour nous aux limites du monde,
Sur ces montaignes d'eaux, dans ces villes de bois.
    Que nous auroit ſerui voſtre ſoing memorable,
Reuenans tous chargés de ces mondes nouueaux;
Qu'auroit ſerui l'eſprit, & la main admirable
De ces Maiſtres expers aux paſſages des eaux,
    Si quelqu'vn deſormais allegeant voſtre peine
Ne tenoit en raiſon tant de comptes diuers,
Pour nourrir le commerce, & vous donner haleine,
Aux rapports infinis de tout cet Vniuers?
    Examinez de pres les ſubtiles remarques
De ce braue Eſcriuain, vous y aurez du fruit:
Celuy qui s'y plaira, porte deſia les marques,
Et a le ſentiment d'vn homme bien inſtruit.
    L'enuieux ſeulement doit gronder à la preuue
Que vous deuez tirer de ce ſtile puiſſant;
Mais puis qu'apres l'erreur la verité ſe treuue,
Il faut qu'il ſerue ſeul d'vn zero languiſſant.

IACQVES TORRET.

Priuilege du Roy.

L OVYS par la grace de Dieu, Roy de France & de Nauarre. A nos amez & feaux Conseillers, les gens tenans nos Cours de Parlement, Preuost de Paris, son Lieutenant Ciuil, Senefchal de Lyon; & à tous nos autres Iuges, Iufticiers, & Officiers qu'il appartiendra: Salut. Noftre bien amé IACQVES GAVDION, Marchand Libraire en noftre ville de Lyon, nous a faict remonftrer, qu'il auoit recouuré vn liure, intitulé, *Briefue Methode, & Inftruction pour tenir liures de raifon par parties doubles, faict par Claude Boyer*. Lequel il defireroit volontiers imprimer, s'il nous plaifoit luy en octroyer nos lettres de permiffion, & Priuilege, lefquelles il nous a tres-humblement requifes. A ces caufes, Auons audit GAVDION, permis, & permettons par ces prefentes, d'imprimer, faire imprimer, vendre & debiter ledict liure cy-deffus, & iceluy mettre en tel volume, forme, & caractere que bon luy femblera, durant le temps & efpace de neuf ans. A compter du iour que fera paracheuée la premiere impreffion: Sans que pendant ledict temps aucuns autres Libraires ne Imprimeurs le puiffent imprimer ny vendre foubs quelque pretexte que ce foit. A peine de confifcation des exemplaires qui fe trouueront d'autre impreffion que de celle dudict fuppliant, mil liures d'amende, applicable moitié en œuures pies, & l'autre moitié audict fuppliant, auecque tous defpens, dommages, & interefts. SI VOVS MANDONS, Que du prefent Priuilege, & du contenu en iceluy vous faffiez ledict GAVDION ioüir plainement, & paifiblement fans fouffrir ne permettre luy eftre faict, mis, ny donné aucun empefchement au contraire. A la charge de mettre deux exemplaires dudict Liure en noftre Bibliotheque, voulant qu'en mettant au commencement, ou à la fin le contenu en bref de ces prefentes, elles foyent tenues pour deüement fignifiées. Car tel eft noftre plaifir. Nonobftant clameur de HARO, Chartre Normande, & autres chofes, à ce contraires. DONNE à Paris, le dernier iour de Decembre, L'an de grace, mil fix cents vingt-fix, & de noftre regne le dix-feptiefme.

Par le Roy en fon Confeil.

BERGERON.

Et Seellé du grand Seel en cire jaune.

INDICE DE TOVT LE
CONTENV EN CE LIVRE.

Negoce

AV

AV LECTEVR SALVT.

'VTILITÉ du public, (Amy Lecteur) & l'affection que ie luy porte, m'ont fait esclorre ceste instruction pour tenir Liures de Raison par parties doubles, que ie t'auois cy-deuant promis par mon liure d'Arithmetique. Ayant differé de m'acquitter de ma promesse iusqu'à present que i'en ay esté sommé & requis par beaucoup de personnes d'honneur & de iugement, qui m'honorent de leur amitié. Quoy que la multitude des affaires que i'ay entre mains ne m'ait pas donné le loisir d'y vacquer que fort peu de temps, & à la desrobée. Tu verras dãs iceluy tous les negoces qui se font és principales villes de la Chrestienté ; Ayant feint vne Societé de trois Marchands, qui font vn en fonds de 1.200000. — tournois pour negocier ensemble l'espace de trois années, ayant maison à Milan & à Lyon, & faisant fabriquer audict Milan toutes sortes de draps de soye propres pour la France ; & dudict lieu se feront les achapts des marchandises d'Italie, suiuant l'ordre que leur en sera donné de Lyon ; Leur enuoyant par contre les marchandises qui y serõt de requeste; & se feront traictés & remises d'vn costé & d'autre, suiuant la necessité ; Il s'y verra aussi l'ordre de negocier sur Mer, diuers chargemens de vaisseaux qui seront faits tant en Flandres, Angleterre, Turquie, qu'Espaigne. On y verra l'abord des marchandises qui se fera dans Lyon de diuerses contrées, auec la deduction de tous les frais qui se payent fins renduës dans le Magasin. Afin que les Marchands qui voudront negocier en ces lieux, puissent (deuant qu'entreprendre ledict negoce) faire leur compte & voir le profit, ou perte qu'il y peut arriuer ; M'estant peiné de mettre le tout iustement, & au vray, comme le negoce se passe : Et pour plus claire intelligence, ie feray suiure à la fin vne instruction sur chaque lieu où Lyon a accoustumé de negocier. Il se tiendra vn compte sur chaque sorte de marchandise, afin que plus aisément on puisse voir le profit qui se fera sur chacune d'icelle, & sera disposé en tel ordre, que toutesfois & quantes qu'on voudra sçauoir les marchandises qu'on a de reste tant en Magasin, qu'és mains des Commissionnaires, il ne faudra que voir leur compte, & dans vn rien l'on aura recogneu les marchandises restantes, & quand il ne s'en manqueroit qu'vne aune, on le peut aisément recognoistre : Car à mesure qu'on enregistre les ventes mettant chasque marchandise à son compte, il se fait vn poinct en marge, lors que l'aunage vient à se rencontrer du costé de l'achapt, ce qui denote que chaque n° qui a vn poinct à costé, est vendu, & n'est plus dans le Magasin : Comme se voit distinctement au veloux de Milan à f° 8. & autres marchandises qui sont marquées par n°. Et cette methode m'a semblé estre la meilleure & plus commode ; & partant i'espere que ce mien labeur ne sera moins profitable à la France, qu'agreable à ceux qui prendront la peine de le lire ; Et bien que plusieurs ayent mis en lumiere d'autres liures traittants sur le mesme subiect, si est-ce que ie n'en ay encor treuué aucun qui traictast suffisamment le negoce que fait Lyon en diuers lieux. Car Sauonne qui en a amplement descrit, n'estend son negoce que par la France, & maintenant la plus part des Marchands negocient non seulement en France, ains en Italie, Espagne, Flandres, Allemaigne, Angleterre, Turquie, & autres pays estrangers; comme ie feray voir par ce mien traicté. Quelqu'vn s'estonnera, peut-estre, de ce que ie ne produis aucun Iournal, liure de Caisse, ny autres liures seruans à vn negoce ; à quoy ie respons que ie n'ay volu traicter que de ce qui sert d'instruction, Or est-il qu'vn iournal, & autres liures dépendans du grand liure, sont aisez à tenir, chacun les tenant à sa mode ; C'est pourquoy ie n'ay volu remplir ce volume desdicts liures : Et mesmes que quiconque tiendra le grand Liure en la forme du present, quoy que son Iournal, & autres menus liures vinsent à se perdre, il verra distinctement dans son grand Liure accompaigné du Carnet des payemens, tout son negoce, sans qu'il soit besoin des autres liures, & suffira seulement de tenir vn broüillard, lequel se rapportera à droicture sur ledict grand liure, sans le faire passer sur vn Iournal, puis que chaque sorte de marchandise est specifiée par le menu audict grand Liure, tout de mesme qu'elle seroit audict Iournal. Il pourroit encor sembler à quelques vns que cette Methode est fort longue, fascheuse, & difficile : Mais ie pense que s'ils la considerent bien, ils treuueront qu'elle est beaucoup plus commode, & briefue, que de quelqu'autre façon que ce soit ; veu que par ce moyen on euite vn grand embarras de liures qu'il faudroit tenir dauantage, comme liure de n° d'achapt, & de vente. Que s'il falloit tenir tous ces liures de plus, auec le grand Liure par vn compte general de marchandises, on auroit beaucoup plus d'escriture à faire, & si ne seroit-ce pas en si bon ordre. Car quand vn Marchand voudroit sçauoir la qualité, quantité, & prix des Marchandises qu'il auroit euës, faudroit auoir recours audict Iournal, & luy assuiettir le grãd Liure, ce qui apporteroit vne grande incommodité

A   & perte

& perte de temps ; I'en laiſſeray pourtant le choix à leur iugement,& au tien (cher Lecteur) ne me voulant pas donner cette vanité de croire que mes inuentions ſoient meilleures , que toutes celles qui ont
paſſé par l'eſprit de tant d'habiles gens qui ont manié le negoce , & cette matiere ; Reçoy donc (Amy
Lecteur)ce mien trauail d'auſſi bon cœur, que ie te le preſente , & en ce faiſant tu m'obligeras à continuer mes eſtudes , pour te preſenter à l'aduenir quelque autre inuention dont tu receuras contentement. Adieu.

INSTRVCTION GENERALE DE TOVT CE
qui concerne l'Art de tenir Liures de Raiſon.

R E M I E R E M E N T il conuient auoir vn broillard où tous ceux de la Maiſon , ayans l'au-
thorité de vendre,y puiſſent eſcrire,moyennant qu'ils en ſoient capables ; Car il y faut obſeruer l'an,le mois,& le iour,le nom,& ſurnom du Marchand , auec le lieu de ſa reſidence,
la ſorte , qualité , & quantité des pieces , le prix , les aunes, les couleurs, & le n° , les condi-
tions de l'achapt,ou vente,ſoit à terme,ou au contant : afin que celuy qui tient les liures puiſſe tant plus
facilement diſtinguer,& coucher chaque partie à ſon compte.Bref dans ledict broillard on y eſcrit à la
haſte tout ce qui ſe paſſe iournellement ; & d'autant qu'il s'y fait quelquefois des fautes, & rayeures,
comme ſi l'on s'eſt failli au poids,meſure,nombre,ou contant:Il conuient auoir vn ſecond liure intitulé
Iournal,où toutes les parties dudict broillard ſeront tranſportées au net.Lequel Iournal doit eſtre tenu
par celuy qui tient le grand Liure afin d'eſtre mieux approuuez en Iuſtice : & eſcriuant ſur iceluy Iournal on doit obſeruer l'ordre cy-apres.

Premierement mettre la datte du Iour , Mois , & An en chef, commençant touſiours par A , diſant à telles marchandiſes en credit, à tel, ou à tel en credit, à telles marchandiſes pour vn tel temps,
Courratier tel ; & puis mettre en ſuitte la qualité, & quantité des marchandiſes par le menu , comme
cy-apres,par exemple,

A Ceſar,& Iulien Granon de Tours,en credit à Soyes de Mer pour Paſques 1627. d'accord & liuré
audict Iulien,Courratier Derichi.

N° 1.b.1.℔. 220.pour ℔. 218. tare ℔. 2. reſte à payement ℔.200. Soye lege à l.10.——— l.2000.———

Et cet ordre ſe doit obſeruer audict Iournal quand on couche les parties tant de la vente , que
achapt.Il faut auſſi auoir vn liure de Caiſſe ou broillard , ſur lequel on doit eſcrire tout l'argent qui ſe
paye,& reçoit,y mettant la quantité, & qualité des eſpeces,afin d'éuiter meſcompte,commençant touſiours par De,& A, Sçauoir quand on reçoit dire de tel,& quand on paye,à vn tel,Exemple

De N. le tel iour, pour ſoude de ce qu'il doit d'eſcheu
100. Doublons d Eſpagne à l.7.7.———l.735.——— ⎱
10. Doublons d'Italie à l.7.1.———l. 71.——— ⎰————————l.806.—
A N. le tel iour pour telles marchandiſes acheptées de luy
v. 1000. d'or ſol à l.3.16. ———l.3800.——— ⎱
v. 100. quarts à l. 3. 4.———l. 320.——— ⎰————————l.4120.—

Outre ledict liure de Caiſſe,on doit tenir vn liure particulier de menuë deſpenſe, afin de ne remplir
le grand Liure de ces menuës parties,leſquelles ſe doiuent ſouder lors qu'on veut recognoiſtre la Caiſſe,rapportant toutes leſdictes deſpenſes en vne ſomme ſur ledict liure de Caiſſe. On tient vn liure de
coppie de lettres,afin de ſçauoir ce qu'on a eſcrit en diuers lieux.Vn liure de coppie de comptes,où ſont
coppiez tous les comptes des ventes , & achapts des marchandiſes qui ſont enuoyées , & receuës de dehors,tant par Commiſſion en compagnie, qu'autrement, Il y a encor le Carnet des payemens,auquel
nous donnerons cy-apres vne particuliere inſtruction.

Tous leſquels liures doiuent eſtre marqués ſur la couuerture par la lettre A , & marque ordinaire du
Marchand ; & quand on voudra recommencer des liures nouueaux,il faut marquer à la lettre B, & ainſi
ſuiure les lettres de l'Alphabet chaque fois que l'on chãge de liure. Et cette inſtruction ſuffira pour ſçauoir comme l'on doit tenir les Liures qui dépendent du grand Liure. Reſte maintenant à donner inſtruction ſur le grand Liure,lequel doit eſtre cotté par la lettre A , comme les autres,accompagné d'vn
repertoire ſur lequel on eſcrit les noms & ſurnoms des perſonnes , le compte des marchandiſes de la
Caiſſe,& generalement tout ce qui ſera contenu audict liure. Où il faut noter que pour plus grande facilité,on eſcrit à la lettre du ſurnom les noms & ſurnoms de chacun;& c'eſt à cauſe que quelquefois l'on
ne ſe ſouuient du nom propre, ſi bien que du ſurnom. Comme voulant eſcrire audict repertoire Ceſar,
& Iulien Granon,il faut prendre la lettre G,qu'eſt celle du ſurnom & ainſi des autres,comme ſe voit audict Repertoire ; Il y en a encor qui tiennent des Repertoires doubles, c'eſt à ſçauoir que ſur chaque
lettre de l'Alphabet on y laiſſe deux fueiles blanches , ſur leſquelles ſont cottées toutes les lettres dudict Alphabet , & pour y repertorier on cerche la lettre du nom , & dans icelle on y treuue la lettre du
ſurnom à laquelle on les eſcrit : par exemple , voulant repertorier leſdicts Ceſar , & Iulien Granon, on
                                                                                                cerche

cerche la lettre C , dans laquelle fe treuuent deux fueilles blanches où font toutes les lettres de l'Alphabet & efcrire à la lettre G, lefdicts Granon & ainfi des autres. Ne m'eftant voleu feruir de cette methode, d'autant qu'elle affubiettit à fçauoir le nom propre; Et cecy fuffife pour l'inftruction du Repertoire. Venons maintenant à donner commencement au grand Liure à l'ouuerture duquel ie corte à droict & à gauche vn nombre efgal commençant à la premiere page ie en chiffre à chaque bout du liure du cofté droict & gauche ; aux fecondes pages ie cotte 2. deçà, & 2. delà ; ainfi des autres. Et faut notter que le debit s'efcrit toufiours du cofté gauche, & le credit à droict. Cela faict, ie commence à coucher vn compte de temps à chacun des affociez, commençant à Gabriel Alamel, lequel ie fais debiteur de l. 100000. qu'il a promis fournir audict negoce, & paffe fon rencontre à vn compte Capital, le faifant crediteur defdictes l. 100000. fur lequel eft fpecifié en brief la participation de chacun des affociez, & du iour que la compagnie commence, & finit ; Rapportãt toutes les particularitez d'icelle à l'afcripte de ladicte compagnie : afin que furuenant quelque different , les liures foient tenus d'autant plus valables & croyables en Iuftice. Et ayant ainfi efcrit les comptes de temps à fº 1. & capital de chacun à fº 2. ie viens audict compte de temps, commençant à main droicte à faire crediteur vn chacun d'iceux de leur mife ; Sçauoir ledict Alamel de l. 55900. pour la valeur des marchandifes par luy apportées audict negoce le 3. Ianuier 1625. Aualüées au prix courant en argent contant; Iean Pontier de l. 13390. pour autres marchandifes par luy fournies ledict iour, donnant rencontre aufdictes 2. parties, Sçauoir defdictes l. 55900. en debit à Soyes de Mer, pour la valeur de 10. balles foye lege, fournies par ledict Alamel; dreffant vn compte à part defdictes foyes à f. 3. là où s'efcriront toutes fortes de foyes de Mer. Et à la partie de Iean Pontier ie donne rencontre à f. 4. à vn compte tenu à part de l'or filé, lequel compte ie fais debiteur du cofté de main gauche de 480. Marcz apportez par ledict Pontier à compte de fondict fonds, & ce qui refte à payer pour foude defdicts comptes, les en fais crediteurs, pour les porter debiteurs au Carnet des payemens des Roys : & parce moyen leur compte de temps fe treuue foudé fur ledict liure , & font faicts debiteurs à compte courant au Carnet des Roys 1625. f. 2. Ayant ledict Alamel fourny à ladicte Compagnie l. 30000. outre fon fonds, de laquelle partie on luy fait bon les changes à raifon de 2. pour cent, pour payement ; Luy eftant loifible de les retirer quand bon luy femblera. Iean Fontaine foude fondict compte courant, tant en argent contant, que virement de parties ; & Iean Pontier fait vn refte de l. 2610. que moyennant 2. ½ pour ½ luy font prolongez iufqu'aux prochains payemens: lefquels venus, il foude fõdict compte par Caiffe; & voilà tous les trois comptes de temps foudez. Pour le compte capital d'vn chacun, il doit demeurer ouuert, iufques à la diffolutiõ de la Compagnie, laquelle venuë ils feront faicts crediteurs fur ledict compte de leur part du profit, & debiteurs par contre de leur part des effects qui refteront tant en marchandife, debtes, qu'argent contant, comme plus, à plein fera fpecifié à l'inftruction du defpart de ladicte Compagnie.

Or maintenant pour tranfporter les parties du Iournal au grand Liure , faut prendre ledict Iournal deuant foy , & prefuppofant que la partie cy-deuant dicte de Granon fe treuue la premiere fur ledict Iournal, ie commence à dreffer vn compte efdicts Granon au grand Liure à f. 6. Les faifant debiteurs de 10. bales foye lege, & creditrices lefdictes foyes à f. 3. Cela faict, ie viens au Iournal , & tire vne ligne en marge ioignant le nom defdicts Granon ainfi ———— mettant au deffus d'icelle le 6. du fueiller du debit , & au deffous le 3. de fon credit, ainfi ⁶⁄₃ le 6. monftrant le fueiller du debit au grand Liure, & le 3. celuy du credit ; Et cet ordre fe doit tenir en rapportant tant les parties du Iournal fur le grand Liure, que celles de la Caiffe. Et ceux qui tiennent vn compte des marchandifes en general, doiuent affigner fur le grand Liure le fueiller du Iournal où les parties font tirées : difant, tel liure pour vn tel temps, pour marchandifes à luy venduës, liurées, & d'accord, le tel iour, ainfi qu'appert au Iournal à fº, & en ce creditrices marchandifes : & faire le mefme quand on achepte, quoy que ceft ordre n'a pas efté obferué en ce liure, n'ayant accufé aucun fueiller du Iournal, ny mefme produit aucun Iournal pour les raifons cy-deuant dittes, comme n'eftant aucunement neceffaire, pour eftre les marchandifes fpecifiées par le menu chacune à fon compte. Il faut vfer en rapportant les parties fur ledict liure d'vn difcours le plus brief que faire fe peut , & tenir pour maxime generale que chaque partie que l'on efcrit en debit doit auoir fon rencontre en credit, eftant apellé pour cette raifon compte double, puis que chaque partie eft efcrite 2. fois, l'vne en debit & l'autre en credit. Auffi il eft plus commode de mettre au commencement de chaque partie en quel temps elle eft à payer. Car par ce moyen l'on aura pluftoft recogneu les termes expirez de chaque debiteur. Et fi par inaduertance on met 2. fois vne mefme partie, ou quelle foit en credit au lieu du debit, il faut faire vne contrepartie declarant en icelle la caufe de l'erreur : car il ne faut rien rayer fur le dict grand Liure. Et quãt il fe treuue audict grand Liure vn cõpte dõt le debit foit rempli, & le credit demeure quafi vuide, on peut faire feruir ledict credit de debit, en y faifant vne ligne à trauers pour feparer le credit qui s'y treuue , & au deffous de cefte ligne mettre le monter de la fomme du debit, & pourfuiure ladicte page cõme fi c'eftoit le mefme debit, iufqu'à ce qu'elle foit pleine: & faire le femblable quand le cofté du credit eft plein, & le debit vuide; comme a efté practiqué en quelques endroicts de ce liure. Et quand le debit, & credit eft tellement rempli que l'on n'y peut efcrire, il faut fouder ledict compte pour le porter à autre nouueau , & pource faut ofter la moindre fomme de la plus grande,& mettre le furplus de l'vn au defaut de l'autre, afin d'efgaler ce compte-là,& tranfporter ce refte à vn autre fueillet,pour en faire vn compte nouueau. Comme l'on pourra voir pour plus claire intelligence à l'œuure mefme.

Inftruction fur les marchandifes enuoyées à vn Commiffionnaire , pour en faire la vente.

IL fe verra dans ce liure plufieurs fortes de marchandifes enuoyées en diuers lieux és mains des Commiffiônaires,pour en procurer la vente. Et premieremét ont efté enuoyées à Paris és mains de Taranger,& Roufier diuerfes marchandifes,lefquelles font faictes debitrices à vn compte à part à f.26.paffant leur rencontre en credit à chaque forte de marchandife. Et du 24. Iuillet 1625. lefdicts Taranget , & Roufier nous enuoyent le compte de la vente par eux faicte audict lieu , enfemble des frais y enfuiuis. De laquelle vente faifons creditrices lefdictes marchandifes entre leurs mains audict f. 26. mettant par le menu la qualité,quantité,prix,& nᵒ de chaque forte de marchandife,& à qui elles font venduës. Et paffons leur rencontre en debit à vn compte que dreffons efdicts Taranget , & Roufier, pour debiteur qu'ils nous affignent à receuoir à nos rifques à f.27. Là où font fpecifiez tous lefdicts debiteurs prouenus de la vente de nos marchandifes,& le terme du payement. Quoy faict, faifons debitrices lefdictes marchandifes de l.325.10.(que montent les frais enfuiuis à la reception & vente defdictes marchandifes y compris 2. pour cent pour leur prouifion du vendu) en credit efdicts Taranget & Roufier , à leur compte courant au Carnet de Pafques 1625.f. 16. Et efdicts payemens de Pafques nous enuoyent le compte de ceux qui veulét payer par efcompte efdicts payemens,& fuiuant iceluy faifons crediteur ledict compte des debiteurs qu'ils nous affignent,à f. 27. de tous ceux qui payent, & baillons fon rencontre efdicts Taranget & Roufier,audict compte courant du Carnet de Pafques 1625.f.16.pourtant qu'ils ont receu de nos debiteurs , les faifans auffi debiteurs du change de ce qu'ils ont vendu contant,qu'ils n'ont payé , que efdicts payemens ; & par contre les faifons crediteurs de l'efcompte qu'ils ont rabbatu efdicts debiteurs,paffant fon rencontre en debit à profits & pertes. Et pour foude dudict compte nous en remettent vne partie par lettre de Change,& leur tirons le refte par nos lettres, comme plus à plein eft fpecifié audict compte.Maintenant pour fçauoir les marchandifes qu'ils ont en refte,faifons vn petit poinct en marge ioignant le nᵒ que treuuons rencontrer en mefme aunage du debit auec le credit ; & pour ceux que treuuons n'eftre acheuez de vendre, nous y faifons vne petite croix. Tellement que tous ceux que treuuons eftre marquez par ce poinct , font vendus , & les autres qui ne font marquez,demeurent entre leurs mains.Et fuiuant ce compte,treuuons qu'ils ont encor de refte entre leurs mains aunes 2. velours noir ras 3. trames, & aunes 31. crefpon noir de Milan , dequoy leur auons fait prefent pour foude dudict compte. Or pour fçauoir le profit qui s'eft faict fur icelles marchandifes,faut adioufter le debit & credit dudict compte ; & ce qui auancera de plus du cofté du credit,fera le profit. Et ceft ordre fe doit obferuer en enuoyant des marchandifes en diuers lieux,pour vendre pour noftre compte; comme fe voit encor aux marchandifes enuoyées en Anuers és mains de Gilles Hannecard à f. 26.qui fuffira pour donner fin à cette inftruction : faifant fuiure cy-apres l'ordre qu'on doit obferuer en receuant des marchandifes d'vn commettant pour les vendre pour fon compte.

Inftruction fur les marchandifes à nous enuoyées, pour vendre par Commiffion.

LOrs qu'on reçoit des marchandifes pour vendre pour compte d'autruy, les faut notter fur vn liure de factures,ou fur le broillard,fans en paffer efcriture fur le grand Liure, finon à mefure qu'elle fe vend : comme par exemple, Cicery,& Cernefio de Venife nous ont enuoyé diuerfes marchandifes,pour vendre pour leur compte,& au 16. Mars auons commencé à vendre defdictes marchandifes à Eftienne Glotton. Et pour lors commençons à dreffer vn compte de temps aux dicts Cicery & Cernefio, fur le grand Liure f.27. les faifans crediteurs de la vente de leurs marchandifes pour receuoir à leurs rifques des debiteurs & termes fpecifiez audict compte;paffant leur rencontre au debit de ceux qui ont acheté lefdictes marchandifes.Et pour les frais qu'auons payez pour eux à la reception d'icelles marchâdifes,les en portons debiteurs,à leur compte courant au Carnet des Roys 1625.f.11. & paffons fon rencontre en credit au côpte de Caiffe f.3.De laquelle fomme,fi bon nous femble,nous pouuons preualoir fur eux en la prenant à change pour ledict Venife,ou bien les faire debiteurs du change iufqu'aux prochains payemens.Et ayant paracheué à vendre toutes leurs marchandifes , tirons noftre prouifion à 2. pour de ladicte vente & courratage à pour fe montant l. 124. 10. de laquelle fomme les portons debiteurs à leurdict compte courant au Carnet f. 11. En credit à profits & pertes à f. 8. Ce faict , leurs en enuoyons le compte fur vn papier à part,fuiuant qu'il eft fur noftre liure en forme de debit & credit. Les faifans crediteurs de ladifte vente. Là où eft fpecifié la qualité & quantité de chaque forte de marchandife, & à qui elle eft vendué, & pour quel terme ; Et par contre les faifons debiteurs des parties qui font à

leur

leur compte courant audict Carnet,comme Voytures,Doüannes,Prouiſion,& Courratage, ſe montant le tout l.538.16.8.auec le change deſdictes parties à 2. pour ÷ iuſqu'aux prochains payemens, pour n'auoir treuué occaſion de les leur tirer, ou pour n'auoir vendu aucune de leurs marchandiſes pour contant,pour nous pouuoir rembourſer ſur icelle. Et en Payement de Paſques leur donnons aduis d'auoir receu de Glotton, l'vn de leurs debiteurs l. 1745. 9. 2. pour la partie de l. 1920. qu'il a eſcompté à 10. pour ÷ de laquelle ſomme les faiſons debiteurs au grand Liure à leurdict compte de temps f. 27. pour les porter crediteurs à leurdict compte courant au Carnet f. 11. & par contre debiteurs de l'eſcompte en credit à profits & pertes, & treuuons qu'il leur auance audict compte l. 1195. 17. faiſant v 398. 12. 4. que à Ducats 124. pour v. Leur auons remis par lettre de Galiley & Barelly, ſur les heritiers de Bernardin Benſio.

Au compte de Beregany de Vincenſe,le meſme ordre a eſté obſerué à la vente de ſes marchandiſes à f.27. & quand leſdictes marchandiſes ſe vendent pour comptât,apres les en auoir faict crediteurs à leurdict compte de temps,& debitrice la Caiſſe ; les en faut faire debiteurs par contre,pour les porter crediteurs à leur compte courant ſur le Carnet, & leur faire bon le change, iuſqu'à ce qu'ils ayent tiré ou qu'on le leur ait remis,apres s'eſtre rembourſés ſur icelle des frais,prouiſion,& courratage. Ainſi que ſe voit audict compte de Beregany audict Carnet f. 11. & s'il arriue que la vente deſdictes marchandiſes ne ſe puiſſe faire dans Lyon, pour n'y eſtre de requeſte ; & qu'il faille les enuoyer ailleurs pour en procurer la vente,en faut faire notte ſur ledict liure de factures ou broillard, diſant, marchandiſes d'vn tel enuoyées en tel lieu és mains d'vn tel, pour en faire la vente,doiuent pour les cy-apres, & en ſuitte les ſpecifier par le menu ; & receuant du Commiſſionaire le compte de la vente deſdictes marchandiſes ou partie d'icelles, en faiſons crediteur celuy à qui les marchandiſes appartiennent. Comme par exemple ſi elles ſont deſdicts Cicery & Cerneſio de Venife,les en portons crediteurs ſur ledict compte de temps f.27. en l'ordre de la vente precedente,baillant le rencontre en debit au Commiſſionaire qui en a fait la vente;pourtant qu'il aſſigne à receuoir eſdicts Cicery & Cerneſio, des debiteurs és termes ſpecifiez audict compte : & pour les frais, prouiſion & courratage, ledict Commiſſionaire s'en peut preualoir ſur nous,& nous ſur leſdicts Cicery & Cerneſio:Ou bien les faire debiteurs du change, iuſqu'à ce qu'on ait vendu leſdicles marchandiſes au contant,pour ſe rembouſer ſur icelles, ou que quelque debiteur paye par eſcompte,comme a eſté demonſtté cy-deuant.

La pluſpart de ceux qui tiennent les eſcritures euſſent dreſſé vn compte ſur le grand Liure des marchandiſes appartenantes eſdicts Cicery & Cerneſio, ſur lequel euſſent fait creditrices leſdictes marchandiſes de la vente d'icelles,& par contre debitrices des frais, prouiſion du vendu, & courratage, en faiſant deux parties en debit de la vente au contant,& à terme : ſur celle du contant euſſent diſtrait les frais,& du reſtât en euſſent porté crediteurs leſdicts Cicery & Cerneſio à compte courant,& de la vente à terme à compte de temps, pour receuoir à leurs riſques des debiteurs & termes comme en iceluy:& pour leur prouiſion,& courratage ; l'euſſent diſtraicte ſur la premiere partie à eſchoir de ladicte vente à terme.Et quand on n'a rien vendu pour contant,on fait crediteur ledict compte deſdicts frais, pour les porter debiteurs à compte courant ; qu'eſt le ſtyle que la pluſpart tiennent, lequel ie n'ay voulu imiter, pour eſtre trop prolixe. Et cecy ſuffira pour concluſion de ceſte inſtruction.

Inſtruction ſur les marchandiſes acheptées en Compagnie,& icelles enuoyées à vn Commiſſionnaire, pour en faire la vente, lequel employeroit partie du prouenu d'icelles à l'achept d'autres marchandiſes, & remettroit le reſte en diuers lieux, ſuiuant noſtre ordre.

AVons fait vne aſſociation auec Boloſon d'achepter diuerſes ſortes de draps de ſoye, & iceux enuoyer à Conſtantinople és mains de Iean Scaich,pour en faire la vente en participation dudict Boloſon pour ÷ aux profits ou pertes qu'il plaira à Dieu mander ; & nous pour les ÷. Et par exemple en Roys 1625. Auons achepté de Iean Iacques Manis diuerſes ſortes de draps de ſoye, comme ſe voit à f. 20. pour-payer en Aouſt 1626. ou eſdicts payemens des Roys 1625. en rabbatant 15 pour ÷ ce qu'auons fait ; Et pour ne faire double eſcriture,auons tiré au debit deſdictes marchandiſes la valeur d'icelle,l'eſcompte diſtrait en credit audict Manis, audict Carnet des Rois 1625. f. 6. Et outre ce auons pris des marchandiſes de noſtre compte, eualüées au prix courant en argent contant,deſquelles en auons fait debiteur ledict compte des marchandiſes en compagnie de Boloſon pour le contant f. 20. en credit aux noſtres f.8.Lequel compte faiſons debiteur des frais d'embalage montant à l.6.en à credit à deſpenſes,& de l. 17. 15. pour le port de Lyon à Marſeille,& ſortie dudict Marſeille, en credit Benoiſt Robert dudict Marſeille f. 3. ſuiuant l'aduis qu'il nous a donné de la reception deſdictes marchandiſes, leſquelles il a chargées pour Conſtantinople ſur le Vaiſſeau S.Hilaire,Capitaine Boutin. Ce faict,adiouſtons le debit deſdictes marchandiſes qui ſe montent l. 3072. 7. 6. de laquelle ſomme en prenons ÷ reuenant à l.1024 2.6. que ledict Boloſon nous doit payer pour ſa part, & partant faiſons crediteur ledict compte de ladicte partie en debit audict Boloſon au Carnet des Roys 1625. f. 6. Lequel compte demeure ainſi

A 3   ouuert

ouuert, iusques à ce que ledict Scaich de Constantinople nous enuoye le compte de la vente par luy faicte; lequel receu, en faisons creditrices lesdictes marchandises, suiuant la mesure & monnoye dudict lieu, & treuuons qu'elle monte tant au contant, qu'en trocque de Camelots à Aspres 17831 1. sur laquelle partie faisons distraction des frais y ensuiuis & prouision: & treuuons en reste aspres 161769. faisans piastres 1470. $\frac{5}{8}$ à 110. aspres, la piastre calculant à ₰ 47. pour piastre sont l. 3455. 19. 4. de laquelle somme faisons debiteur ledict Scaich f. 20. pour le net procedit de ladicte vente: & par contre le faisons crediteur de 4. tables Camelots. De laquelle vente prenons le $\frac{1}{3}$ se montant aspres 53923. que faisons debitrices lesdictes marchandises f. 20. en credit audict Boloson pour son $\frac{1}{3}$ de ladicte vente à luy appartenant, sçauoir de aspres 8255. $\frac{1}{3}$ valãt l. 206. 2. 2. pour son $\frac{1}{3}$ de la remise faicte en Alep en credit au Carnet de Pasques 1625. f. 6. & de aspres 45667. $\frac{1}{3}$ pour son $\frac{1}{3}$ de l'achapt desdictes 4. bales Camelots euës en trocque desdictes marchandises, passant son rencontre en credit à Camelots en compagnie dudict Boloson f. 21. Lequel compte de Camelots faisons debiteur des frais y ensuiuis: & par ce moyen ledict Boloson demeure libre de prendre son $\frac{1}{3}$ desdicts Camelots ou de les laisser entre nos mains, pour en faire la vente: que si bon luy semble de les retirer, il n'est besoin de dresser autre escriture, sinon luy faire payer le $\frac{1}{3}$ des frais y ensuiuis. Et d'autant que nous auons fait la vente du tout, nous prenons nostre prouision d'icelle à 2. pour $\frac{0}{0}$ & courratage à $\frac{1}{3}$ pour $\frac{0}{0}$ en apres faisons debiteur ledict cõpte du tiers de la vente au contant, sur laquelle faisons distraction de tous les frais, prouision, & courratage; & du reste portons crediteur ledict Boloson à son compte courant de Pasques 1625. f. 6. & du tiers de la vente à terme à son compte de temps au grand Liure f. 21. pour receuoir à ses risques des debiteurs, & termes specifiez en iceluy. Et treuuons qu'il nous auance l. 803. 16. 5. de laquelle somme portons creditrices lesdictes marchandises enuoyées à Constantinople f. 20. & par ce moyen le compte desdicts Camelots se treuue soudé, en apres venons, à faire le rencontre de la vente desdictes marchandises enuoyées à Constantinople, & treuuons qu'il a encor de reste entre ses mains vne piece satin cancé 5. coleurs n° 1300. aulnes 32. $\frac{1}{3}$ à l. 8. sont l. 258. 13. 4. tournois, de laquelle somme faisons crediteur ledict compte en debit à autre, & adioustons les parties du debit & credit dudict compte; & ce qui se treuue de plus en credit, qu'en debit, est nostre part du profit. Voilà en brief l'ordre qu'il faut tenir sur l'achapt & vente des marchandises en participation. Quoy que plusieurs l'eussent dressé autrement. Sçauoir, en faisant l'achapt desdictes marchandises eussent dressé vn compte à part de l'achapt d'icelles, y mettant tous les frais; & pour soude d'iceluy, auroient fait crediteur ledict compte du tiers de l'achapt & despens en debit audict Boloson, & apres de nos $\frac{2}{3}$ en debit à marchandises de nostre compte enuoyées à Constantinople, sur lequel eussions escrit nos $\frac{2}{3}$ de la vente, en debit audict Scaich, lequel Scaich eussions fait crediteur des $\frac{2}{3}$ de l'achapt desdicts Camelots, en debit à Camelots de nostre compte. Lequel ordre ie n'ay voulu ensuiure pour n'estre si brief ny intelligible, comme le precedent, qui sera pour donner fin à cette instruction.

Instruction sur les marchandises à nous enuoyées, pour vendre en participation.

AVons receu de Laurens Fiorauanty de Bologne vne Caisse satins diuerses coleurs, pour vendre de compte à $\frac{1}{2}$ auec luy; & pource faire dressons vn compte desdicts Satins sur le grand Liure f. 18. que treuuons se monter à l. 6191. 9. 3. monnoye de Bologne reuenant pour nostre $\frac{1}{2}$ à l. 3095. 14. 7. que ledict Fiorauanty à tirez à Plaisance: & de ce lieu nous ont tiré à Lyon par leur lettre en ∇ 604. 19. 8. d'or sol, valant l. 1814. 19. payables à Lumaga & Mascranny: partant contre lesdicts l. 3095. 14. 7. de Bologne tirons en monnoye de France lesdicts l. 1814. 19. baillant son rencontre en credit esdicts Lumaga & Mascranny au Carnet des Roys 1625. f. 5. En apres commençons à faire vente desdicts satins à Iean des Lauiers, lesquels sont escrits audict compte en credit. f. 18. par le menu, y specifiãt le n°, aunage, & coleur de chaque piece, & à quel prix, passant son rencontre en debit audict des Lauiers f. 17. & au 20. Mars auons vendu le restant desdicts satins à Herue & Sauary, dont lesdicts satins sont faicts crediteurs à f. 18. & lesdicts Herue & Sauary debiteurs à f. 18. Ce faict, faisons debiteurs lesdicts satins de tous les frais; & d'autant que sommes d'accord auec ledict Fiorauanty de luy demeurer du croire des debiteurs de ladicte vente, en prenant nostre prouision à 4. pour $\frac{0}{0}$ du vendu, c'est pourquoy luy payons par escompte sa moitié de ladicte vente, rabbatu sur icelle, lesdicts frais, prouision, courratage, & escomptes; & treuuons luy estre deu de reste l. 1900. 2. 8. d'autant que toute ladicte vente se monte l. 4853. 11. 4. reuenant pour sa $\frac{1}{2}$ à l. 2426. 15. 8. De laquelle partie faut distraire la $\frac{1}{2}$ des frais montant l. 1053. 6 qu'est pour sa $\frac{1}{2}$ l. 526. 13. lesquels distraicts de ladicte partie de l. 2426. 15. 8. Reste l. 1900. 2. 8. Laquelle somme luy auons remis de son ordre, à Plaisance, en foire de S. Marc 1625. sur Hierosme Turcon, & treuuons pour nostre moitié du profit l. 85. 3. 8. que portons en credit à profits & pertes, pour soude dudict compte; qu'est le vray ordre qu'on doit tenir à la vente des Marchandises en participation.

Inſtruction ſur les marchandiſes enuoyées dehors, pour vendre en participation.

Par exemple, auons remis és mains de Iean, & François du Soleil 7393. bandes fer doux & rompant, pour en faire la vente de compte à ½ auec eux, partant en faiſons crediteur fer de noſtre compte f. 37. à raiſon de l. 5. le ½ peſant. Ainſi accordé auec eux, & paſſons ſon rencontre à vn compte à part de fer de compte à ½ auec eux f. 37. Lequel compte faiſons crediteur de la ½ du monter dudict fer en debit eſdicts du Soleil, au Carnet d'Aouſt 1625. f. 16. En apres leſdicts du Soleil nous donnent compte de la vente dudict fer, & ſuiuant icelle faiſons crediteur ledict compte f. 37. de toutes les bandes & poids, que treuuons rencontrer auec les bandes & poids du debit ; ce qui denote que ledict compte eſt en ſon deuoir : & paſſons le rencontre de ladicte vente en debit eſdicts Iean, & François du Soleil, pour noſtre moitié d'icelle f. 38. pour receuoir à nos riſques des debiteurs & termes ſpecifiés en iceluy. Et d'autant que leſdicts du Soleil ſont tenus d'en procurer le payement : A meſure qu'ils reçoiuent deſdicts debiteurs, en faiſons crediteur ledict compte, & debiteurs leſdicts du Soleil, à compte courant. Ce faict, faiſons debiteur ledict compte dudict fer de la prouiſion de la moitié de ladicte vente à 2. pour ½ en credit eſdicts du Soleil ; En apres ſoudons ledict compte que treuuons auancer de l. 604. 2. 6. pour noſtre moitié du profit, que portons en credit à profits & pertes de noſtre compte. Auons auſſi faict autre achapt de 1536. Sacs riz, de compte à ½ auec Iean Oort d'Amſterdam, chargez à final ſur le Vaiſſeau le Cheualier de Mer, lequel Vaiſſeau faiſons debiteur dudict chargement f. 17. & crediteurs ceux de qui leſdicts riz ont eſté achetez, & par contre crediteur de la ½ dudict chargement que treuuons ſe monter à l. 14848. 1. 4. En debit audict Oort pour ſa ½ dudict achapt f. 14. Sur lequel compte ſe verront les traictes & remiſes faictes à compte deſdicts riz. En apres receuons le compte de la vente deſdicts riz par luy faicte audict Amſterdam en diuers termes, & ſuiuant icelle, en faiſons crediteur ledict Vaiſſeau f. 17. que treuuons ſe monter à l. 8433. ſur quoy faiſons diſtraction de l. 1500. 17. que montent tous les frais y enſuiuis, prouiſion dudict Oort, & eſcomptes rabbatus : reſte l. 6932. 3. que monte le net procedit de ladicte vente. qu'eſt pour noſtre ½ l. 3466. 1. 6. monnoye de gros, calculé à l. 6. tournois, pour vne liure de gros, ſont l. 20796. 9. de laquelle ſomme faiſons crediteur ledict Vaiſſeau, & debiteur ledict Oort f. 14. & par contre crediteur des remiſes & traictes faictes à compte deſdicts l. 20796. 9. ſur leſquelles auons eu de perte l. 625. 14. 3. de laquelle ſomme en auons faict debiteur ledict Vaiſſeau, & crediteur ledict Oort, pour ſoude de compte. Ce faict, adiouſtons le compte dudict Vaiſſeau, que treuuons auancer du coſté du credit de l. 5322. 13. 5. qu'eſt pour noſtre moitié du profit qu'il a pleu à Dieu y enuoyer : de laquelle ſomme en faiſons debiteur ledict compte, & crediteurs profits & pertes ; qu'eſt le vray ordre qu'on doit tenir en pareille negociation.

Inſtruction ſur les marchandiſes achetées en participation auec pluſieurs, dont la vente en ſeroit faicte par chacun d'iceux, & vn ſeul donneroit raiſon du tout à chacun des participans, eſtans les debiteurs aux riſques de ladicte Compagnie.

Avons faict vne aſſociation auec Philippe, & Luc Seue, & Veſpaſian Boloſon, pour faire achapt de Doppions en Italie, & pour ceſt effect faiſons vn fonds de l. 75000. Sçauoir l. 25000. fournies par leſdicts Seue, l. 25000. par ledict Boloſon, & les autres l. 25000. par nous, pour participer aux profits & pertes qu'il plaira à Dieu y mander, chacun pour ⅓. Et en payemens de Paſques leſdicts Seue, & Boloſon nous payent l. 25000. chacun pour leur tiers dudict fonds : de laquelle ſomme les faiſons crediteurs audict Carnet de Paſques à compte à part f. 16. en debit à leur compte courant audict Carnet f. 9. & 6. Et ce faict, donnons ordre aux noſtres de Milan, d'employer en achapt de Doppions, iuſqu'à la valeur de l. 150000. Imperiales que à ₰ 120. pour v valent l. 75000. pour fonds de ladicte aſſociatiõ. Apres dreſſons vn cõpte à part ſur ledict Carnet aux noſtres de Milan f. 16. les faiſans debiteurs dudict fonds, paſſant ſon rencontre en credit à leur compte courant f. 10. Et commençant à receuoir deſdicts Doppions, venons à dreſſer vn compte ſur le grand Liure à f. 23. l'intitulant Doppions en compagnie deſdicts : lequel compte faiſons debiteur de tout l'achapt & deſpens deſdicts Doppions, en credit à negoce de Milan, compte à part f. 24. que treuuons monter à l. 43055. 1 de laquelle ſomme prenons le ⅓ & en faiſons crediteur ledict compte, pour en porter debiteurs leſdicts Seue à leur compte de miſe, ſur le Carnet f. 16. & de meſme à Boloſon. Apres chacun baille compte des frais par eux auancez, tant pour voytures, douannes, que courratage du vendu ; & ſuiuant iceux, les en portons crediteurs à leur compte courant audict Carnet f. 9. & 6. en debit au grand Liure f. 23. à compte deſdicts Doppions ; Tous leſquels frais fournis tant par nous, que par eux (deſquels ledict compte de Doppions eſt faict debiteur) ſe mõtent l. 2412. 5. 2. de laquelle ſomme (pour eſgaliſer à chacun leſdicts frais) prenons le ⅓ pour en faire crediteur ledict compte f. 23. & debiteurs leſdicts Seue, & Boloſon, à leurdict compte courant au Carnet f. 9. & 6. Apres chacun des aſſociez prend la quantité deſdicts Doppions qu'il iuge en pouuoir vendre, nous donnant compte de ladicte

ladicte vente, & fuiuant icelle faifons crediteur ledict compte defdicts Doppions f. 23. en fuitte de la
vente par nous faicte, fçauoir de 9.bales venduës par lefdicts Seue, & 7.bales par Bolofon ; paffant fon
rencontre en debit efdicts Seue à compte des debiteurs qu'ils affignent à ladicte Compagnie, fur lequel
chaque debiteur eft fpecifié, & le terme du payement ; faifant le mefme audict Bolofon. Ce faict, adiouftons toute ladicte vente, que treuuons fe monter à l. 54482.15.- faifans debiteur ledict compte f.23. du
tiers d'icelle fe montant l.18160.18.4. en credit efdicts Seue à compte des debiteurs que leur affignons à
f.24. faifant le mefme audict Bolofon, qu'eft pour foude de l'achapt, & vente defdicts Doppions. En
apres venons au compte à part du negoce de Milan au Carnet f. 16. & treuuons que de l.150000. Imperiales qu'ils deuoient employer audict achapt, n'en a efté employé, pour diuerfes confiderations, que à
l.86110.2.- ainfi qu'appert audict compte au grand Liure f.24.partant ledict negoce refte reliquataire à
ladicte compagnie de l. 63889.18.--Imperiales, dont lefdicts Seue leur donnent ordre de remettre leur
tiers de ladicte partie à Plaifance,ce qu'ils auifent auoir faict en v 2927.13.5.d'or de marc à 145.pour v:
partant en faifons crediteur ledict negoce, & debiteurs lefdicts Seue à compte de mife audict Carnet
f.16. qu'eft pour foude dudict compte.Pour la partie de Bolofon, la luy remettent fur nous à 119.÷
pour v, qu'eft auffi pour foude de fondict compte de mife f.16. Faifons auffi crediteur ledict compte au
Carnet f.16. pour foude d'iceluy, de noftre tiers en debit à compte du contant f. 10. Et en payement
d'Aouft lefdicts Seue nous auifent que les debiteurs par eux affignez payent par efcompte, & fuiuant
iceux faifons crediteur ledict compte des debiteurs qu'ils nous affignent au grand Liure f.24. pour les
÷ en debit à eux-mefmes au Carnet d'Aouft 1625 f.16. & pour le tiers reftant faifons crediteur ledict
compte en debit à eux-mefme,compte des debiteurs que leur affignons f.24. Dont il eft à noter que lefdicts Seue font portez debiteurs des ÷ d'autant que c'eft à nous à en faire bon le ÷ à Bolofon : ne fe prenant ledict Bolofon fur lefdicts Seue,ains fur nous: Tout de mefme que lefdicts Seue fe preuaudront fur
nous de leur tiers des parties qui feront payées à crediteur du ÷ des debiteurs affignez par ledict Bolofon. Et
c'eft afin de ne tenir tant d'efcriture. Ledict Bolofon nous donne auffi aduis des debiteurs par luy affignez qui payent par efcompte, faifant crediteur fondict compte f.24. en y obferuant le mefme ordre
qu'au precedent defdicts Seue.Et parce que fur ledict compte y a eu vn debiteur qu'a faict faillite, nous
donnerons cy-apres vne particuliere inftruction pour accommoder l'efcriture d'vne banqueroute.Nous
leur donnons auffi compte des debiteurs qui nous payent par efcompte efdicts payemens d'Aouft, partant faifons debiteur ledict compte des debiteurs que leur affignons f.24. & 25.pour les porter crediteurs
fur ledict Carnet à f.17.Comme plus à plein eft fpecifié efdicts comptes,qu'eft le vray ordre qu'on y doit
obferuer.

---

*Inftruction pour dreffer vn compte de marchandifes achetées en compagnie de plufieurs & ennoyées en
diuers lieux, pour en faire la vente ; & du prouenu d'icelle en employer partie à
l'achapt d'autres marchandifes auffi en compagnie des mefmes.*

PAr exemple, auons faict vne emplette de 11283. afnées bled en compagnie de Picquet, & Straffe,
pour ÷ Iacques de Pures,pour ÷ Leonard Berthaud,pour ÷ & nous,pour le ÷ dôt lefdicts bleds font
faicts debiteurs à f.32.& la Caiffe crediteur au Carnet,f.3.pour auoir efté acceptez contant,fe montant
l.99660.--de laquelle partie lefdicts Picquet, & Straffe nous ont fait bon pour leur tiers l. 33771.13.4
en Roys 1625.Depures pour fon ÷ l.25328.--& Berthaud pour fon÷ l.16885.16.8. de toutes lefquelles
parties faifons crediteur ledict compte f.32.en debit efdicts f.40.& commençons d'enuoyer 1283.afnées
defdicts bleds en Arles,és mains de Girard Pillet, & debiteurs bleds és mains dudict Pillet f.32.enféble des frais que ledict Pillet nous mã-
de auoir fourny,dont il nous en fait traicte en Roys 1625.fur Verdier,& côpagnie crediteurs au Carnet
f.7. de tous lefquels frais en portons debiteurs Picquet,& Straffe,pour leur ÷. Depures pour fon ÷, &
Berthaud pour fon ÷. f. 40. Apres auons aduis dudict Pillet f.32. Apres auons aduis audict lieu 462.faumées dudict bled fe monta (rabbatu les frais & prouifion)
à l 6344.-- qu'il a payées de noftre ordre à Benoift Robert de Marfeille ; partant lefdicts bled. en font
crediteurs à f.32. & ledict Robert debiteur à f.3. & par contre faifons debiteurs lefdicts bleds du tiers de
ladicte vente appartenant à Picquet,& Straffe crediteurs à f. 40. & au ÷ appartenant à Iacques Depures,& du ÷ à Berthaud ; & la foude dudict compte,qu'eft l.321.19.9. eft pour noftre ÷ du profit faict fur
ladicte vente,que paffons en credit à bleds diuers f.32. Auons auffi aduis dudict Pillet, cõme il a chargé
pour Genes fur le Galion S.Martin 1000. faumées bled qu'il auoit de refte,pour icelles configner à Lumaga,fuiuant noftre ordre : partant faifons crediteur ledict compte de Pillet,& debiteurs bleds és mains
defdicts Lumaga de Genes.Lefquels nous auifent de la vente par eux faicte audict lieu au contant,rab-
batu fur icelle les nolis,frais,& prouifion,fuiuant le compte qu'ils en ont enuoyé,que treuuons fe monter à l.22400. --monnoye courante dudict Genes : de laquelle fomme faifons crediteur ledict compte
f.32.& debiteurs lefdicts Lumaga au Carnet de Pafques 1625 f.4. & par contre faifons debiteurs lefdicts
bleds

bleds du tiers de ladicte vente,& crediteurs Picquet,& Straſſe pour le $\frac{1}{3}$ à eux appartenant, f. 20. & du quart à Depures,& du $\frac{1}{6}$ à Berthaud : & portons la ſoude dudict compte, qu'eſt l. 6679. 16. en debit à bleds de noſtre compte f. 32. afin que ſur iceluy nous puiſſions voir generalement tout le profit qui nous eſcherra pour noſtre quart,de ladicte negociation. Et pour les 10000. aſnées reſtantes dudict bled, les auons remiſes és mains & puiſſance de Pierre Sauſet noſtre facteur, pour iceux faire conduire à Marſeille, & charger ſur Mer, pour faire voile és villes d'Eſpagne & Portugal, qu'il entendra en auoir plus grande diſette. Et partant faiſons crediteurs leſdicts bleds f. 32. deſdictes 10000. aſnées en debit à bleds és mains dudict Sauſet f. 34. Ce faict,luy donnons de cõtãt l. 50000.-pour payer les peages,nolis, & autres frais: de laquelle ſomme le faiſons debiteur à compte dudict voyage f. 33. & creditrice la Caiſſe au Carnet des Roys 1625. f. 3. Faiſons auſſi debiteurs leſdicts Picquet,& Straſſe du tiers deſdictes l. 50000. Depures pour le $\frac{1}{4}$ & Berthaud pour le $\frac{1}{6}$ à f. 40. & crediteur le compte deſdicts bleds f. 34. Ce faict,auons aduis dudict Sauſet des frais par luy faicts pour les peages, & nolis payez de Lyon iuſqu'à Marſeille, ſe montant l. 39700. & de Marſeille à Seuille l. 7500.-- deſquelles ſommes le faiſons crediteur,& debiteurs leſdicts bleds f. 34. Nous donne auſſi aduis de Seuille, de la vente par luy faicte audict lieu de 6000. fanegues, ſe montant marauedis 1380000. de laquelle ſomme le faiſons debiteur audict compte f. 33. & crediteurs leſdicts bleds f. 34. & de Liſbõne nous eſcrit auoir faict fin audict lieu deſdicts bleds,ſe montant raix 12600000.-- dont il en eſt faict debiteur, & crediteurs leſdicts bleds. A bon compte deſdictes ventes nous à remis de Seuille ▽ 8000.-d'or ſol à marauedis 398. pour ▽ ſur Lumaga,& Maſcranny & ▽ 6795. à marauedis 400. pour ▽ ſur Guetton,deſquelles parties il en eſt faict crediteur à ſondict compte f. 33. & debiteurs leſdicts Lumaga,& Maſcranny f. 15. & Guetton f. 8. ſe montant leſdictes remiſes à l. 44385.-dont en faiſons bon le $\frac{1}{3}$ à Picquet,& Straſſe, à Depures le $\frac{1}{4}$ & à Berthaud le $\frac{1}{6}$ deſquelles parties ils ſont faicts crediteurs chacun à leur compte au grand Liure f. 40. en debit eſdicts bleds f. 34. Et le reſte de l'argent,qui demeure entre les mains dudict Sauſet, a eſté changé de delà en reaux, piſtoles, & autres eſpeces de poids & miſe,ſuiuant l'aduis qu'il nous en a donné, & mis le tout dans vn coffre ſur la Nauire Eſpagnole, Capitaine Diego Laynes, en laquelle il s'eſt embarqué : & arriué qu'il eſt à Roüan, nous donne aduis du ſuccez de ſon voyage, & des effects qu'il a entre ſes mains, que luy ordonnons d'employer partie en marchandiſes, & en remettre partie à Paris,pour le nous faire tenir par lettre de change à Lyon ; & ſuiuant ſon compte,le tenõs debiteur de l. 136377.16.- à f. 33. pour ſoude de ſon vieux compte f. 33. rabbatu les frais ; & faiſons crediteur ledict compte des marchandiſes par luy acheptées audict Roüan en debit à marchandiſes en Compagnie deſdicts f. 34. deſquelles, la vente en eſtant faicte, en faiſons bon $\frac{1}{3}$ à Picquet,& Straſſe, $\frac{1}{4}$ à Depures, & $\frac{1}{6}$ à Berthaud, & la ſoude dudict compte qu'eſt l. 21657. 14. 4. la portons en debit à Bleds de noſtre compte f. 32. d'autant que leſdictes marchandiſes procedent des effects deſdicts bleds. Nous remet auſſi ledict Sauſet de Paris, ſur Lumaga,& Maſcranny l. 50000.-- pour valeur comptée aux leurs de par delà : de laquelle ſomme il en eſt faict crediteur à ſondict compte f. 33. & debiteurs leſdicts Lumaga, & Maſcranny au Carnet d'Aouſt f. 15. & à ſon retour nous remet de comptant l. 53187. 18.- pour ſoude de ſondict voyage, rabbatu les frais. De toutes leſquelles parties en faiſons bon le $\frac{1}{3}$ à Picquet, & Straſſe, le $\frac{1}{4}$ à Depures, & le $\frac{1}{6}$ à Berthaud, à leurdict compte f. 40. paſſant ſon rencontre en debit à bleds és mains dudict Sauſet f. 34. leſquels bleds ſont auſſi faicts debiteurs de tous les frais y enſuiuis,& crediteur ledict Sauſet. Ce faict,ſoudons ledict compte des bleds és mains dudict Sauſet, le faiſant crediteur pour ſoude dudict compte de l. 43496. 17. 6. en debit à bleds de noſtre compte f. 32. Sur lequel compte nous voyons les profits qu'il a pleu à Dieu enuoyer en ladicte negociation, que treuuons ſe monter, pour noſtre quart, à l. 11422. 16. 11. deſquels ils ſont faicts debiteurs, & crediteurs profits & pertes à f. 41. Comme plus à plein eſt ſpecifié eſdicts comptes ; qu'eſt le vray ordre qui ſe doit obſeruer en pareil negoce.

L'ordre qu'on doit tenir en enuoyant vn Facteur à l'achapt.

PRemierement faut faire debiteur ledict Facteur de l'argent comptant qu'on luy donne à ſon deſpart,enſemble des lettres de change qu'il tirera,ou que luy ſerõt remiſes. Et par contre,le faire crediteur du monter de tout l'achapt par luy faict,tant au contant,que à credit, y compris les frais, & faire vn abregé de la marchandiſe par luy acheptée à terme, pour l'en porter debiteur à ſondict compte, & crediteurs ceux de qui leſdictes marchandiſes auront eſté acheptées. D'où il faut noter que lors qu'on a acheptê de diuers creanciers pour payer en diuers termes, on peut paſſer le rencontre en credit à compte de partimens,ſans aller dreſſer vn compte à part à chacun des crediteurs, veu que (peut-eſtre) on n'aura plus à faire auec telles perſonnes. Sur lequel compte de partimens leſdicts creanciers ſeront ſpecifiez,& en quel terme ils ſont à payer: & moyennant ce,le compte dudict Facteur ſoudera,ou bien il doit rendre la ſoude en argent contant, ou l'en porter debiteur à ſon compte propre. Comme par exemple,auons enuoyé Claude Catillon noſtre Facteur en Dauphiné,& Languedoc, pour faire achapt de draperie, & luy auons baillé contant l. 1000. — de laquelle ſomme l'auons porté debiteur ſur le

Carnet f.7. en credit à Caiſſe f.3. Enſemble d'vne lettre de change de l. 500. -- que luy auons remis ſur
Geraud Viguyer de Limoux,pour valeur comptée à ſon homme dont la Caiſſe en eſt creditrice à f. 3,
le faiſons auſſi debiteur ſur lediſt compte de l. 500. -- qu'auons payé ſuiuant ſa lettre à Nicolas Bocquet,d'ordre de Gaſca & Deldon,en credit à Caiſſe,& par contre le faiſons crediteur audiſt compte f. 7.
de tout l'achapt & deſpens , tant au contant , qu'à credit , ſe montant l. 4088. 13. Sçauoir , le contant
l.1984.5.9.& le credit l.2104.7.3.& paſſons ſon rencontre en debit à draps au liure à f. 29. là où eſt ſpecifié par le menu tout lediſt achapt , en apres le faiſons debiteur deſdiſtes l. 2104. 7. 4. pour tant qu'il
nous aſſigne à payer à diuers par cedules qu'il a faiſtes en noſtre nom , & lettres de change ; & en portons crediteur le compte de repartimens au grand Liure à f. 28. ſur lequel ſpecifions chaque debiteur, & le terme du payement. Apres ſoudons le compte dudiſt Catillon,audiſt Carnet f.7. moyennant
l.15.4.3.qu'il nous donne de contant,que faiſons crediteur lediſt côpte,& debitrice la Caiſſe.Le meſme
ordre a eſté obſerué en l'achapt des draps de France,& Poiſtou , au grand Liure f. 30. A eſté faiſt autre
achapt en Flandres par André Montbel, ainſi qu'appert au grand Liure f. 35. 36. ſur lequel ie ne don-
neray autre inſtruction,puis que le meſme ordre y a eſté obſerué , qui ſera pour fin & concluſion de ce
diſcours.

L'ordre qu'on doit tenir en enuoyant vn ſeruiteur dehors , pour aller faire vente de marchandiſe.

PAr exemple,auons enuoyé Claude Catillon noſtre homme au pays de Suiſſe , pour aller tenir les
foires de Sourſach ; & pour ceſt effeſt auons enuoyé audiſt Sourſach en foire de Pentecoſte,diuer-
ſe draperie dont les marchandiſes enuoyées audiſt lieu ſont faiſtes debitrices à f.31. & crediteurs draps
de laine à f.29.& 30. & par contre creditrices de la vente d'icelles faiſte audiſt lieu , en debit à Claude
Catillon,compte de voyages,f.31. pour debiteurs qu'il nous aſſigne , & crediteur des frais par luy faiſts
audiſt voyage en debit à marchandiſes enuoyées audiſt lieu. Le portons debiteur de la vente par luy
faiſte au contant à ſon compte courant au Carnet f.14.ſe montant fl.619.2.rabbatu les frais; & nous en
remet fl.611.1.2.par lettre de Chriſtophle Cromps,ſur Salicoffre à 110.Cruchers pour v valût l.1000.--
tournois,de laquelle ſomme il eſt faiſt crediteur audiſt compte f.14. & debiteurs leſdiſts Salicoffre audiſt Carnet f.15. & nous donne de contant pour ſoude de ſondiſt compte l. 13. 7. 6. pour la valeur de
florins 8. & 2.cruchers:& pour les marchandiſes reſtantes à vendre de ladiſte Foire,ont eſté remiſes par
lediſt Catillon és mains de Rodolphe Leon,de Surich, iuſqu'à la prochaine foire de ſainſte Frenne; laquelle venuë,y enuoyons d'autres marchandiſes,pour aſſortir les precedentes,& y renuoyons lediſt Catillon pour faire vente finale du tout , & ſe faire payer des debiteurs qui doiuent audiſt temps , & faire
l'eſcompte à ceux qui voudront payer par auance,pour terminer ce negoce. Ce qu'il nous aduiſe auoir
faiſt ; & parce luy tirons lettre de v 535.14.3que à 112.cruchers pour eſcu valent fl.1000.-- payables à
Rodolphe Leon,pour valeur receuë de Salicoffre : de laquelle ſomme l'en portons crediteur à ſondiſt
compte courant au Carnet f.14. & debiteurs leſdiſts Salicoffre f. 15. & pour ce qu'il aura de reſte , luy
donnons ordre que ne treuuant à le remettre, il change de dela toute ſa monnoye en Piſtoles & Se-
quins ; Ce qu'il a faiſt, & nous a baillé de contant à ſon retour dudiſt voyage 500.doublons d'eſpagne
changés à Bachs 65.l'vn,& 376.Sequins à Bachs 36.faiſant en tout fl.3069.1.& fl.5154.-- tournois,nous
donnant compte de tout ce qu'il a negocié : & ſuiuant iceluy en faiſons creditrices leſdiſtes marchandiſes f.31. en debit à luy-meſme f.31. & par contre , l'auons faiſt crediteur des frais par luy faiſts audiſt
lieu,& debitrices leſdiſtes marchandiſes. Faiſons auſſi crediteur lediſt compte des debiteurs qu'il nous
aſſigne de tous ceux qui ont payé, & debiteur lediſt Catillon à compte courant au Carnet f. 14. & par
contre crediteur de fl.42.7. pour eſcomptes qu'il a rabbatus , ſur laquelle partie ne tirons aucune monnoye de France dehors,la laiſſans ſans rencontre ; d'autant que la difference qu'il y aura à la ſoude dudiſt compte ſe portera en vn article en debit eſdiſtes marchandiſes, qu'eſt pour éuiter prolixité. Tellement qu'il ſe treuue debiteur à ſondiſt compte courant de fl. 4730. 10. de laquelle ſomme il ſe treuue
crediteur par contre pour ſoude dudiſt compte; Excepté en monnoye de France, ſur laquelle treuuons
de difference l.112.9.3. tournois qu'eſt tant pour perte de remiſe , change de diuerſes eſpeces , que eſcomptes par luy faiſts:de laquelle ſomme faiſons crediteur lediſt compte, & debitrices les marchãdiſes
enuoyées audiſt Sourſach, au grand Liure f.31. Comme ſe voit plus particulierement eſdiſts comptes.

---

*Inſtruction pour dreſſer les comptes d'vn Faſteur qui ſeroit enuoyé dehors pour negocier, lequel participe-
roit pour quelque portion,aux profits & pertes de ladiſte negociation.*

AVons eſtabli negoce en Piedmont, ſous l'adminiſtration de Pierre Alamel noſtre Faſteur , lequel
auons aſſocié pour ¼ aux profits & pertes,qu'il plaira à Dieu & enuoyer ſur le fonds de l.30000.--
qu'auons promis fournir en iceluy en marchãdiſes.Et du 6.Mars,auons donné de contant audiſt Alamel
à ſon

à fon defpart pour ledict lieu 1000.doublons d'Efpagne à l.7.6. l'vn,& à florins 46. Sont fl.46000.--que tant valent audict Piedmont : de laquelle fomme le faifons debiteur au grand liure f.9. & creditrice la Caiffe au Carnet f.3. Ce faict,dreffons vn compte de negoce de Piedmont au grand Liure f.11. Lequel faifons debiteur de toutes les marchandifes y enuoyées, & par contre crediteur de la vente d'icelles, paffant fon rencontre , fçauoir de la vente à terme à vn compte intitulé *Debiteurs de Piedmont* f.10. fur lequel compte chaque debiteur eft fpecifié,& le terme du payement : & pour la vente au contant, faifons debiteur ledict Alamel à fondict compte à f.9. enfemble de ce qu'il reçoit de nos debiteurs paffant fon rencontre en credit au compte des debiteurs de Piedmont f.10. 16. & 9. Le faifons crediteur par contre de l'achapt de riz,& filages par luy faict pour noftre compte, enfemble des frais y enfuiuis ; paffant fon rencontre en debit és comptes qui font marquez par le fueillet dudict compte. Et ne fe treuuant affez d'argent pour fournir audict achapt,en prend partie à Genes, & partie de delà, dont il nous en fait traicte, ainfi qu'appert par fondict compte. Et ayant faict la vente de toutes les marchandifes y enuoyées, foudons ledict compte de negoce de Piedmont f.11. & treuuons qu'il auance du cofté du credit de l.13022.3.1.qu'eft le profit qui s'eft faict audict lieu ; de laquelle partie faifons debiteur ledict compte pour foude d'iceluy,paffant fon rencontre en credit à profits & pertes audict negoce f.10.lequel compte de profits & pertes,eft auffi faict crediteur des prouifions des marchandifes acheptées par ledict Alamel,& d'autres auancées tant en remifes, que benefice de monnoye. Que fi ledict Alamel euft efté participant au profit des marchandifes par luy acheptées de delà, n'euft efté befoin prendre prouifion, ains euft fallu tenir compte à part d'icelles. Et defirant finir ledict negoce , luy donnons ordre receuoir tout ce qui nous eft deu de delà , & remettre à Genes partie de l'argent qu'il fe treuuera ; ce qu'il nous aduife auoir faict.Nous donnant de contant à fon retour dudict voyage 791.doublons d'Efpagne, ainfi qu'il eft amplement fpecifié à fondict compte f.9. Ce faict , venons à fouder ledict compte des profits & pertes que treuuons fe monter à l.18335.10.11. de laquelle fomme en faifons bon le $\frac{1}{4}$ audict Alamel, pour fa part dudict profit à luy appartenant, fuiuant nos conuentions ; qu'eft le vray ordre qu'on doit tenir en pareille negociation.

Inftruction pour dreffer les comptes d'vn negoce, & maifon qu'on auroit eftably en quelque lieu, pour s'enuoyer marchandifes, de part & d'autre ; & faire traictes, & remifes : fuiuant la neceffité, tenant correfpondance en diuers lieux.

PAr exemple , nous auons introduit negoce & maifon à Milan , pour illec faire fabriquer diuerfes fortes de draps de foye, & faire achapt par toute l'Italie des marchandifes que iugerons propres pour la France ; leur en renuoyant d'autres par contre, felon qu'ils iugent eftre de requefte. Commençant à dreffer vn compte fur le grand Liure à f.6. l'intitulant *Negoce de Milan*,lequel compte faifons debiteur des marchandifes qui leur font enuoyées, paffant fon rencontre en credit és comptes qui font marquez par le fueillet, & par contre crediteur des marchandifes qui nous font enuoyées, & debitrice chacune d'icelles à leur compte.Et en payement des Roys commencent à nous tirer par leurs lettres diuerfes parties,defquelles les faifons debiteurs à leur compte courant,au Carnet defdicts payemens f.10. fur lequel compte fe voyent generalement toutes les traictes & remifes faictes de part & d'autre en diuers lieux,fuiuant la neceffité.Et pour finir ledict compte, adiouftons le compte de Marchandifes du grand Liure f.6.que treuuons fe monter l. 80353. 0. 5. pour la valeur de marchandifes y enuoyées & l.60378.8.6 pour le monter de celles qu'ils nous ont enuoyé ; baillant le rencontre à chacune defdictes parties à vn compte general dudict negoce,que dreffons à f. 40. lequel compte faifons auffi debiteur de l.25881.0.4.Imperiales valant l.12403.2.11.qu'eft pour foude de leur compte courant du Carnet f.10. & nous enuoyent dudict Milan l'inuentaire par eux faict,auec le liure de raifon exactement tenu audict lieu,cotté A,& fuiuant iceluy faifons crediteur ledict compte general de l. 130500. -- monnoye Imperiale,valant l.65250. --tournois, pour le monter de tous les effects reftans en nature audict lieu, paffant fon rencontre en debit à vn compte des effects & facultez reftans audict Milan , tant en marchandifes, argent contant,que debiteurs fpecifiés audict compte f. 38. Apres faifons debiteur ledict compte general f.40. des creanciers qu'ils nous affignent à payer,& crediteur ledict compte des effects f.38.Ce faict, trouuons que ledict compte general auance du cofté du credit de l. 39669.2. 6. Imperiales, valant l.20372.5.2.tournois. Qu'eft fort qu'il a pleu à nous enuoyer audict negoce,de laquelle partie faifons debiteur ledict compte pour foude d'iceluy , & crediteurs les profits & pertes f. 41. Apres venons audict compte des effects & facultez de Milan f.38. Lequel faifons crediteur de la vente des marchandifes reftantes audict lieu qu'ils nous ont mandé auoir vendu à Piequet , & Straffe , que portons debiteurs au Carnet des Roys 1626.f.18. Et pour l'argent contant qu'ils ont en Caiffe,le nous ont remis par leur lettre fur Galiley & Bareilly, dont ledict compte en eft faict crediteur, & debiteurs lefdicts Galiley & Barelly audict Carnet f. 11. pour les debtes qui nous font deubs audict lieu ; Nous en a efté faict remife d'vne partie, & l'autre partie leur auons tiré par nos lettres. Lequel compte eft auffi faict debiteur des traictes qui nous ont eſté faictes par les Creanciers reſtans dudict negoce , qu'eſt pour fin & concluſion d'iceluy, renuoyant le lecteur eſdicts comptes pour plus claire intelligence.

Jnſtruction ſur le compte de Repartimens.

AVons dreſſé vn compte de Repartimens à f.28. Et ce, pour éuiter de remuer les comptes des Debiteurs, & Crediteurs ſi ſouuent, d'autant que s'il arriue qu'ayons vendu à vn Debiteur diuerſes ſortes de marchandiſes, ſeroit beſoin faire autant de parties à ſon compte, comme il y auroit de ſortes de marchandiſes: afin de bailler rencontre à chacune d'icelles; & par le moyen dudict compte le faiſons debiteur en vne partie du monter de toutes leſdictes marchandiſes, paſſant ſon rencontre en credit audict compte de repartimens, lequel credit venons à ſouder quant & quant, en le faiſant debiteur par contre du monter de chaque ſorte de marchandiſe en autant de parties comme il y aura de ſortes de marchandiſes, baillant rencontre en credit à chacune d'icelles comme ſe voit au compte d'Eſtienne Glotton f.16. lequel a eſté faict debiteur de l.3557. 11.8. pour diuerſes marchandiſes à luy venduës, & crediteur ledict compte de repartimens f.28. Lequel compte auons quant & quant ſoudé, en le faiſant debiteur par contre de cinq ſortes de marchandiſes, paſſant leur rencontre à chacune d'icelles. A eſté faict le meſme au compte de Robert Gehenaud f.16. ſur la partie de l. 1418. 9. 9. Auſſi faut noter que nous-nous ſommes ſeruis dudict compte de repartimens, pour y faire paſſer les crediteurs qui nous ont eſté aſſignez à payer par Claude Catillon noſtre homme à compte de voyages, par cedulles, ou lettres de change qu'il a faictes en noſtre nom, à diuerſes perſonnes ſpecifiées audict compte de repartimens. Et ce, pour éuiter de bailler vn compte à chacun d'iceux, puis qu'on iuge n'auoir plus à faire auec telles perſonnes: car en ce cas on le peut faire crediteur en ce compte, & non autrement, que ſi l'on auoit accouſtumé de negocier auec quelqu'vn d'iceux, ſeroit de beſoin luy dreſſer vn compte à part. Leſquels crediteurs venans à eſtre payez, on faict debiteur par contre ledict compte, & creditrice la Caiſſe s'ils ont eſté payez contant, que ſi l'on a reſpondu pour eux à quelqu'vn, on le faict crediteur ſur le Carnet, pour le ſouder en virement de parties. A eſté paſſé ſur ledict compte les marchandiſes qu'ont eſté venduës contant au Carnet f.14 ſe montant l.11776.19.10. de laquelle ſomme ledict compte eſt faict crediteur f.28. & par contre debiteur en huict parties, paſſant le rencontre de chacune d'icelles à leur compte propre. Et pluſieurs autres parties ſe peuuent paſſer par ledict compte de repartimens; deſquelles, pour éuiter prolixité, n'en ſera faict plus long diſcours.

Jnſtruction pour accommoder les eſcritures d'vne banqueroute.

S'Il arriue que quelqu'vn des debiteurs (n'ayant dequoy payer) demande delay pour ſatisfaire à chacun de ſes creanciers, & qu'il luy ſoit accordé, en payant neantmoins les changes. Cela s'appelle attermoyement: & partant on faut faire note au grand Liure ſur ſon compte, y ſpecifiant le terme du payement auec les changes qu'il doit payer à chaſque payement: le tout ſuiuant ſon contract d'accord receu par tel Notaire: & en cas que ledict debiteur baillaſt quelqu'vn pour caution, dire ſous caution de tel. Quand ledict debiteur fait perdre à ſes creanciers, le faut faire crediteur par contre de ce qu'il faict perdre, & debiteur profits & pertes. Et de ce qu'il reſte à payer, le faire crediteur ſur fondict compte pour ſoude, en le portant debiteur à autre compte, ſur lequel ſera ſpecifié le terme qui luy a eſté donné conformement au contract d'accord. Et s'il arriue que quelqu'vn faſſe banqueroute de quelque ſomme qui ſeroit en participation auec pluſieurs, faut faire comme cy-apres: Par exemple, a eſté faict banqueroute par Rouier à compte des debiteurs aſſignez par Boloſon f.24. de l.1617. 3. 9. en participation de luy, Seue, & nous, lequel fait perdre à ſes Creancier les ⅓ & le quart reſtant à payer dans vn an. L'eſcompte à ſa volonté, ſuiuant ſon accord; partant prenons les ⅔ de ladicte ſomme ſe montant l.1212.17.10. & faiſons crediteur ledict côpte des debiteurs aſſignez par Boloſon f.24 du tiers de ladicte partie appartenant audict Boloſon, pour ſa part de ladicte perte, paſſant ſon rencôtre en debit audict Boloſon f.25 compte des debiteurs que luy aſſignons, l'autre tiers en debit eſdicts Seue, compte dict f.24. & l'autre tiers eſt pour noſtre compte, que portons en debit à Doppions f.23. Ce faict, ledict Rouier paye audict Boloſon en payement d'Aouſt 1625. par eſcompte tout ce qu'il doit. Et partant luy a eſté rabbatu 35 pour ⅓ d'autant que la partie par luy deuë eſtoit payable en Roys 1628. Et ſuiuant ſon contract a eu vn an de ſurplus de ſes creanciers, tellement que ladicte partie n'eſcherroit qu'en Roys 1629. & payant en Aouſt 1625 ſont de 3.ans & ⅓ qu'on luy faict l'eſcompte, à raiſon de 10. pour ⅓ par an, recuenât à 35. pour ⅓ & parce ledict compte a eſté fait crediteur à f. 24. des ⅓ de l.404.6.--montant l.269.10.8. & debiteur ledict Boloſon au Carnet d'Aouſt 1625. f. 17. & par contre crediteur de l'eſcompte; & pour l'autre tiers reſtant, ledict compte en eſt auſſi crediteur, & debiteur ledict Boloſon à compte des debiteurs à luy aſſignez f.25. Ce faict, faiſons crediteurs leſdicts Seue du tiers de ladicte partie à eux appartenant

nant

nant au Carnet d'Aouſt 1625.f.17.paſſant ſon rencontre en debit eſdicts Seue à compte des debiteurs à eux aſſignez au grand Liure f.24.Les faiſant debiteurs auſſi de l'eſcompte de ladicte partie à 35. pour ÷ qu'eſt le vray ordre qu'on doit obſeruer en accommodant les eſcritures d'vne banqueroute.

Inſtruction pour accommoder l'eſcriture d'vne lettre de change proteſtée.

NOus a eſté remis de Plaiſance par Hieroſme Turcon vne lettre de change de v 2254. 8. 2. d'or ſol tirez en payement des Roys 1625.Sur Dominique,Hugues, & Octauio May; de laquelle ſomme ils ſont faicts debiteurs, & crediteur ledict Turcon audict Carnet des Roys 1625. f. 9. & parce que leſdicts May n'ont voulu accepter ladicte lettre au jour des acceptations, & ont laiſſé faire le proteſt. Contreſcriuons ladicte partie en les faiſant crediteurs d'icelle, & debiteur ledict Turcon à leur dict compte f.9.lequel Turcon faiſons auſſi debiteur de l.24.0.9.tant pour noſtre prouiſion de ladicte partie à ÷ pour ÷ que pour l'expedition du proteſt paſſant ſon rencontre en credit à profits & pertes f. 9. Et pour nous preualoir d'icelle ſomme de l. 24. 0. 9. La luy auons tirée à payer aux noſtres de Milan à 120.pour ÷ valant v 6. 13.7. d'or de marc, que à ₡ 150. Imperiaux pour v valent l.50.1.10. monnoye imperiale , de laquelle ſomme il eſt faict crediteur,& debiteurs les noſtres f.9.& 10.pour ſoude de compte. Nous a eſté faict lettre pour Plaiſance,par Euſtache Rouiere de v. 813. d'or de marc , que à 123. pour ÷ valent v 1000.d'or ſol,tirez ſur Iean Baptiſte Paulin,payable en foire de S.Marc à Hieroſme Turcon, dequoy l'auons faict debiteur au Carnet des Roys f.13.& crediteur ledict Rouiere f.4.En apres auons aduis dudict Turcon comme ledict Paulin n'a voulu accepter ladicte lettre,&a laiſſé faire le proteſt,& partant ledict Turcon nous fait remiſe pour leſdicts v 813. d'or de marc , de v.816.12.6. y compris la prouiſion & proteſt,changez pour Lyon à 79.÷ pour ÷ font v 1023.18.11.valât l.3071.16.9.tournois,de laquelle ſomme l'auons faict crediteur audict Carnet f.13. & debiteur ledict Rouiere f.4. remettant le proteſt és mains dudict Rouiere , pour auoir action contre ledict Paulin. Qu'eſt l'ordre qui ſe doit tenir en dreſſant les parties d'vne lettre de change proteſtée.

Inſtruction ſur les aſſeurances qui ſe font ſur vn vaiſſeau, au chargement de diuerſes marchandiſes.

LOrs qu'on veut negocier ſur Mer , ceux qui ne veulent encourir aucun riſque,ſe font aſſeurer l'argent qu'ils deſirent y foncer,moyennant 10.15.ou 20.pour ÷ plus ou moins qu'ils donnent de profit aux aſſeureurs; que ſi le Vaiſſeau vient à ſe perdre leſdicts aſſeureurs doiuent payer la partie par eux aſſeurée , comme par exemple , a eſté faict vn chargement en Amſterdam ſur le Vaiſſeau S. Pierre f. 14. pour deſcharger à Marſeille,ſe montant l.2175.7.4. monnoye de gros , ſur quoy en auons faict aſſeurer en Anuers l.1450. -- de gros à 8.pour ÷ ſe montant l. 116. -- qu'ont eſté payez contant aux aſſeureurs par Iean Oort noſtre commiſſionnaire, de laquelle ſomme en auons faict debiteur ledict Vaiſſeau,& crediteur ledict Oort,ou plus grand ſomme à f. 14. En apres auons aduis que ledict Vaiſſeau a eſté pris ſur mer au Capt de Gab en Eſpagne,par les Corſaires d'Argers.Et ſuiuât ceſt aduis,ledict Oort retire deſdicts aſſeureurs leſdicts l.1450. -- de laquelle ſomme en faiſons crediteur ledict Vaiſſeau, & debiteur ledict Oort. A eſté pris autre aſſeurance à Chambourg de l. 2000. de gros à 10. pour ÷ ſur le chargement du Vaiſſeau,le Cheualier de Mer chargé en Angleterre pour deſcharger audict Marſeille, lequel eſt arriué à bon port ; & partant leſdicts aſſeureurs ont eu de bon l.200. -- de gros pour l'aſſeurance deſdictes l.2000. -- comme ſe voit à f.15. Et quand nous voudrions faire des aſſeurances à diuerſes perſonnes,& encourir le riſque de la Mer,faudroit dreſſer vn compte d'aſſeurance , & le faire crediteur de l'argent que nous receurions pour les parties aſſeurées à diuers ; Et cas aduenant que quelque Vaiſſeau ſe perdiſt,& qu'il faluſt payer la partie aſſeurée,en faudroit faire debiteur ledict compte,& crediteur celuy à qui la partie auroit eſté aſſeurée,n'en ayant produit aucun exemple , d'autant que cela n'eſt en practique à Lyon ; n'y ayant que la Flandre qui faſſe valoir le plus ce negoce ; qui ſera pour donner fin à ceſte inſtruction.

---

*Inſtruction pour dreſſer vn liure intitulé,*Carnet des payemens des Foires de Lyon.

NOus auons dreſſé vn liure intitulé , *Carnet des payemens des Foires de Lyon* , auec ſon Bilan. Afin d'alleger le grand Liure de beaucoup de parties qui le rendroient incontinent plein,paſſant ſeulement en iceluy les comptes de temps , & ſur ledict Carnet les comptes courants. or la difference qu'il y a de compte de temps à compte courant , eſt que lors qu'on vend de marchandiſes à vn debiteur payable à certain temps,on le faict debiteur à ſon compte de temps ; que ſi c'eſt pour contant , on le porte à ſon compte courant audict Carnet. Auſſi toutes parties priſes , & baillées à change ſont eſcrites ſur

B 3   ledict

ledict Carnet,enſemble le compte de Caiſſe,ventes au contant,& toutes parties virées ſur la place,com-
me ſe voit diſtinctement en iceluy. Et premierement pour dreſſer ledict Carnet faiſons vn petit liuret,
l'intitulant *Bilan d'acceptations*,ſur lequel eſcriuons au iour des acceptations toutes les lettres de change
à nous tirées & remiſes,& faiſons vne petite croix à coſté, lors qu'elles ſont acceptées; ou bien ſi celuy
auquel elle a eſté preſentée eſt en doute s'il la doit accepter, ou non,& demande temps d'en deliberer,
on met vn V,qui ſignifie voir la lettre ; & s'il refuſe la receuoir,ſoit qu'il ne treuue celuy qui la luy a tirée à payer,bon & ſoluable,ou pour autre occaſion,on met à coſté vn S,& vn P, qui ſignifie ſous proteſt.
Cela faict,faiſons vn extraict ſur vn papier à part des Debiteurs & Crediteurs , qui ſe treuuent eſcheus
ſur le grand Liure en payemens des Roys 1625. Puis dreſſons vn compte au premier fueillet dudict
Carnet,l'intitulant le grand Liure A,doit pour les crediteurs qui ſe treuuent eſcheus en iceluy, paſſant
ſon rencontre en credit à chacun d'iceux ; & par contre faiſons crediteur ledict compte du grand Liure,
au Carnet f.1. des debiteurs extraicts dudict grand Liure,dreſſant vn compte en debit à chacun d'iceux.
En apres prenons ledict Bilan d'acceptations, faiſans debiteur, & crediteur vn chacun des lettres de
change contenuës en iceluy. Cela faict,faiſons vn extraict des Debiteurs & Crediteurs dudict Carnet,
dreſſant vn autre liuret intitulé *Bilan des payemens des Roys*, ſur lequel eſcriuons au premier fueillet leſdicts debiteurs,& par contre les crediteurs; & s'il ſe treuue plus de crediteurs,que de debiteurs,& qu'il
faille prendre d'argent à change , on eſcrit en debit audict Bilan ceux de qui on a arreſté les parties
qu'on veut à change.

Et au 6. iour du mois deſdicts payemens, portons ledict Bilan ſur la place , nous adreſſans à ceux à
qui nous deuons,leur preſentant de virer partie,& leur donner pour debiteurs vn ou pluſieurs qui nous
doiuent ſemblable partie; ce qu'accepté par nos creanciers, l'eſcriuons reſpectiuement ſur ledict Bilan,mettant la datte en chef,comme plus à plein eſt ſpecifié en iceluy. En apres prenons ledict Carnet
ſur lequel eſcriuons toutes les parties virées , chacune à ſon compte , en cottant le fueillet du debit &
credit dudict Carnet en marge de chacune partie. Et lors que la partie n'a eſté virée toute entiere tant
d'vn debiteur,que crediteur,nous mettons à coſté audict Bilan la partie reſtante, iuſqu'à ce qu'elle ſoit
entierement ſoudée,& puis y faiſons vne raye ſur les chiffres de la ſomme totale,pour demonſtrer qu'elle eſt entierement payée ; Continuant de virer, & rencontrer, payer, & receuoir,iuſqu'à la fin deſdicts
payemens ; Obſeruant és payemens enſuiuans le meſme ordre qu'en iceluy.Puis venons au grand Liure
f.5. y dreſſant vn compte intitulé *Carnet des payemens des Roys doit*,& par contre *a d'auoir* : Mettant en debit toutes les parties qui ſont en credit audict Carnet f.1. & en credit audict grand Liure les parties du
debit dudict Carnet , paſſant le rencontre deſdictes parties à leur compte audict grand Liure, & celles
qui n'ont point de compte audict liure,leur en dreſſer vn nouueau, portant la ſoude deſdicts payemens
des Roys en Paſques,& de Paſques en Aouſt,& Touſſaincts. Il y en a beaucoup qui tiennent vn Carnet
à part ſur chaque payement,lequel ordre ie n'ay voulu imiter, pour eſtre trop prolixe ; Ains ay voulu
mettre les quatre payemens de l'année en vn liure,afin de n'eſtre obligé à remuer ſi ſouuent les comptes,& à ſouder leſdicts Carnets,tous les payemens.Me contentant d'en faire vne ſoude des 4. payemens
à la fois : & auant que ce faire , ponctué toutes les parties , pour recognoiſtre ſi les ſommes qui ſont en
debit ont leur rencontre de meſme ſomme en credit.Enſemble ſi les ſommes du credit ont leur rencontre en debit.Et apres ſoudons tous les comptes ouuerts dudict Carnet, paſſant leur rencontre en debit
& credit au compte du grand Liure ſur ledict Carnet f. 20. & treuuons à la ſoude d'iceluy les ſommes
ſemblables tant du credit,que du debit ; ce qui denote que ledict Carnet a eſté tenu en bon ordre. Et
faut noter que ſur ledict compte du grand Liure on n'y doit paſſer que les parties qui doiuent aller en
en iceluy;& pour les autres,on dreſſe à la ſortie dudict Carnet, vn compte du Carnet des payemens enſuiuans,là où ſe paſſent les parties qui doiuent aller au nouueau Carnet, & y obſeruant l'ordre qui ſera
donné y-apres de ſouder le liure A,& commencer vn liure B.

---

*Inſtruction pour tirer vn Bilan general du grand Liure , & voir les profits qui ſe ſont faicts en vne
Année : & par meſme moyen ſouder ledict grand Liure A, pour commencer vn liure B.*

LA pluſpart des Marchands qui negocient,tant en compagnie,que en particulier,ont accouſtumé de
faire Inuentaire tous les ans , pour voir les profits qu'il a pleu à Dieu leur mander en ladicte année.
Or pour ce faire, ie ponctué toutes les parties dudict liure;pour recognoiſtre ſi les parties qui ſont en debit ont leur rencontre de ſemblable ſomme en credit,ſemblablement ſi les parties du credit auront rencontre de meſme ſomme en debit. Ce faict, tire vn Inuentaire dudict liure ſur vn papier à part de chaſque ſorte de marchandiſe ; & pour ce faire , confronte la vente auec l'achapt, faiſant vn petit poinct à
coſté du N° du debit de l'achapt, & credit de la vente, ou des ℔. & bales, lors que la marchandiſe ſe
treuue venduë ; & ayant ainſi ponctué chaque partie de la vente auec l'achapt, ie commence à faire note ſur ledict papier à part des marchandiſes que ie treuue n'eſtre ponctuées, qui ſont celles qui ſe doiuent treuuer en reſte dans la boutique & magaſins ; deſquelles en fais crediteur ledict compte pour
                                    ſoude,

foude, paffant fon rencontre en debit à vn compte de marchandifes en general f. 43. (fi mieux on n'ay-
me bailler rencontre à autre compte és mefmes marchandifes) & ce qui auance du cofté du credit eft le
profit qui s'eft faict fur la vente defdictes marchandifes, duquel profit en fais vne partie en debit, paffant
fon rencontre en credit à profits & pertes f.41. Et ayant ainfi verifié & foudé chaque forte de marchandifes, viens à fouder le compte des defpenfes generales, faifant vne partie de fon refte en credit audict
compte, paffant fon rencontre en debit à profits & pertes. En apres fais vn extraict fur vn papier à part
de tous les debiteurs, des marchandifes reftantes, & de l'argent contant qui fe treuue en Caiffe ; faifant
vne addition de toutes lefdictes parties, qui treuue fe monter l. 40578 5. 4. 5. & par contre fais vn autre
addition de tout le credit dudict liure confiftant au capital de chacun des affociez, profit enfuiuy au
negoce, & creanciers : toutes lefquelles parties adiouftées, treuuons fe monter à ladicte fomme de
l. 40578 5. 4. 5. conforme au debit, ce qui denote que le liure eft en fon deuoir. Et en cas que la fomme du
debit n'euft efté femblable à celle du credit, falloit recommencer à repontcuër & readiouster tout ledict
liure, iufqu'à ce qu'on euft troüué la faute. Car il ne fe peut faire que le credit ne foit toufiours égal au
debit, d'autát que toutes les parties qui font mifes en debit fe doiuent rencontrer en credit, & partant il
fe treuue autát efcrit en debit, qu'en credit. Et fuiuát ceft extraict fe treuue qu'ó a profité l. 16271 3.15.4.
depuis le 3. Ianuier 1625. fins au 3. Auril 1626. Lequel profit confifte, tant en marchandifes, argent
contant, que debiteurs, payables en diuers termes : & qui voudroit faire le compte au iufte des profits
faicts pour le contant, fins audict iour 3. Auril 1626. faudroit rabbatre l'efcompte de toutes les parties
qui font payables en diuers termes rabbatant 2. $\frac{1}{2}$ pour $\frac{1}{2}$ pour chaque payement. Et par ainfi on treuueroit au iufte le net profit faict en ladicte année ; en prefuppofant que les debtes fuffent bons & folua-
bles : & c'eft l'ordre qu'il faut tenir toutesfois & quantes qu'on voudra faire Inuentaire pour fçauoir ce
que l'on a profité ; ne foudant aucun compte fur ledict liure, que celuy des marchandifes, qu'il faut remuer à compte noüueau, & porter toutes les defpenfes à compte de profits & pertes ; foudant ledict
compte de profits & pertes, pour le porter à autre noüueau, afin que fur iceluy on voye en vn article le
profit faict en vne année. Et ainfi pourfuiure toutes les années enfuiuantes iufqu'à ce que le liure foit
plein. Lequel eftant rempli, fi la compagnie fe continuë, faut commencer vn liure noüueau qui fera
marqué à la lettre B, Et pour ce faire venons à fouder tous les comptes qui font ouuerts audict grand
Liure, pour paffer leur refte au compte du liure B, dreffé à f. 44. En apres venons à efcrire fur ledict liure B, fur lequel nous dreffous vn compte du liure A, à f.1. le faifant debiteur de ce qu'il nous affigne à
payer, paffant fon rencontre en credit, à vn compte dreffé à chacun des creanciers, fur lequel eft fpecifié
le terme du payement, & le fueillet du liure A, d'où la partie a efté extraicte ; & par contre, faifons crediteur ledict compte f.1. des debiteurs qu'il nous affigne à receuoir en debit à chacun d'iceux. Tous lefquels comptes eftans dreffés, nous pourfuiuons ledict liure en l'ordre du precedent. Et parce que
beaucoup de gens treuuent penible de tenir compte à part fur chaque forte de marchandife, ils fe pourront feruir du compte des marchandifes en general, dreffé à f.6. paffant fur iceluy toutes fortes de marchandifes : Bien eft vray que tenant ledict compte, faut tenir liure de Nº, afin de donner raifon de tout.
Et le temps de la Compagnie eftant expiré, ne defirans la continuer d'auantage, ils font le defpart d'i-
celle d'vn commun confentement en la forme que s'enfuit.

Inftruction fur le defpart de la Compagnie.

PRemierement faut voir combien fe monte la part des profits de chacun des affociez ; & pource
nous venons au compte des profits & pertes à f. 3. que treuuons eftre crediteurs de l. 16271 3.15.4.
pour tout le profit de ladicte Compagnie ; de laquelle fomme en prenons $\frac{1}{2}$ valant l. 81356.17 8. appartenant à Gabriel Alamel, & les $\frac{3}{8}$ à Iean Fontaine, montant l. 56949.16.4. & à Iean Pontier pour les $\frac{1}{8}$
l. 24407.1.4. tournois, de toutes lefquelles fommes en fais trois parties en debit audict compte de profits
& pertes pour foude d'iceluy, paffant leur rencontre en credit efdicts affociez à compte de fonds, Sçauoir au compte de Gabriel Alamel f. 2. les l. 81356. 17. 8. au compte de Iean Fontaine f. 2. lefdictes
l. 56949.16.4. tournois, & à celuy de Iean Pontier f.2. l'autre partie de l. 24407.1.4. pour leur part dudict profit. Apres fais vne defpart des marchandifes reftantes f. 6. Et pour l'argent contant treuué
en Caiffe a efté defparty d'vn commun confentement à chacun d'eux, ainfi qu'il eft fpecifié au compte
de Caiffe f.6. Bien eft vray que ledict argent contant deuoit eftre employé pour payer les creanciers de
ladicte compagnie. N'eftant pas mefme loifible à aucun des affociez de retirer leur part des profits, ny
mefme fon capital, iufqu'à ce que les creanciers fuffent entierement fatisfaits, demeurant ledict liure
ouuert iufqu'à ce temps-là ; neantmoins pour conclurre ce liure i'ay chargé chacun des affociez de leur
part des creanciers, & debiteurs de ladicte compagnie, en la forme que s'enfuit, demeurans neantmoins
garants les vns des autres.
Premierement faifons le calcul de ce que montent tous les crediteurs prenant charge entre eux de
les payer, fçauoir ledict Alamel, pour la fomme de l. 25172.8.10. Iean Fontaine l. 20630.7.6. & Iean
Pontier

Pontier pour l. 268. 12. 9. de toutes leſquelles parties ils ſont faicts crediteurs à leurdict compte de fonds , & leſdicts creanciers debiteurs pour ſoude de leur compte , pour tant que leur aſſignons à rece-uoir deſdicts aſſociez. En apres fais le meſme deſpart des debiteurs de ladicte compagnie dont ledict Alamel en a pris à ſes riſques d'vn commun accord à l. 181992. 13. 4. Ledict Fontaine à l. 129929. 1. 6. & ledict Pontier à l. 48048. 11. 3. de toutes leſquelles parties les faiſons debiteurs à leur compte de fonds f. 2. en ſpecifiant les parties, & les debiteurs qui les doiuent payer, paſſant le rencontre deſdictes ſommes en credit à chacun deſdicts debiteurs pour ſoude de leur compte , pour tant que leur aſſignons à payer eſdicts aſſociez ſuiuant le partage entre eux faict, leſquels comptes de fonds ſe treuuent ſoudez, d'autant que les ſommes totales du debit & credit ſont ſemblables : ce qui denote que leſdictes parties ont eſté miſes en leur deuoir. Et cecy ſuffira pour entiere inſtruction de tout ce qui concerne l'Art de tenir Liures de raiſon. Renuoyant le Lecteur à l'œuure meſme, pour y voir beaucoup d'autres comptes diffe-rents, qui ne requierent aucune inſtruction. Faiſant ſuiure cy-apres diuerſes inſtructions ſur les negoces qui ſe font és principales villes de la Chreſtienté.

NEGO

NEGOCE DE MILAN.

℔. 100.—de Milan rendent à Lyon————————℔. 69.——
La braffe des draps de Soye rend à Lyon ÷ & parce faut prendre ÷ & ÷ dudiÆt.
La braffe des draps de laine rend à Lyon ÷ d'aune,& parce fe multiplie par 4. & partit par 7.
₰ 20.————de Milan fe calculent pour Lyon à ₰ 10.————tournois.

M ILAN on tient les efcritures à liures, fols , & deniers , qui fe fomment en 20. &
en 12. parce que ₰ 20.font vne liure,& 12. deniers vn fol. Laquelle liure peut valoir
enuiron ₰ 10. -- tournois,vn peu plus ou moins , felon la varieté de l'argent ; & à ce
prix nous auons aualué tous les comptes dudiÆt Milan,y ayant fort peu de difference du prix du change à cefte reduÆtion ; d'autant que le plus part du temps Milan
change pour Lyon à ₰ 119.ou 121. vn peu plus ou moins , toufiours approchant de
₰ 120. pour v, qu'eft le pair. Et fe fait venir à Lyon dudiÆt Milan diuerfes fortes de
draps de Soye façonnez, Or filé, Sargettes , Soyes ouurées,Doppions, Bas de foye, Toiles d'or, & argent,
& autres marchandifes : Et par exemple,fi vn Marchand veut faire venir de l'or filé , & defire fçauoir à
combien luy reuiendra le marc pefant 9. onces dudiÆt Milan , à raifon qu'il coufte audiÆt Milan , pour
contant ₰ 98. -- l'once.Pour le plus brief faut voir à combien reuient le marc , multipliant les ₰ 98. par
9. onces/(valeur du marc) feront ₰ 882. -- qui font l.442. monnoye dudiÆt Milan , & l. 22.1. monnoye
de France,furquoy faut adioufter pour frais d'embalage,dace de Milan, & Sufe, & Doüanne de Lyon,
fuiuant le calcul que i'en ay fait au iufte l.2.6. -- tournois pour marc,font l.24.7. -- tournois,& à ce prix
reuient le marc de la premiere forte en monnoye de France, quand l'once coufte ₰ 98. de Milan ; & les
autres fortes fe vont augmentant toufiours de ₰ 5.pour once , & à Lyon de ₰ 20. -- pour marc , qu'eft
₰ 103. -- l'once,la feconde forte reuenant à l.46.7.le marc, monnoye de Milan , que font l.2 3.3.6. furquoy faut adioufté ₰ 46. -- font l.2 5.9.6.le marc de la feconde forte, & ainfi faire de toutes les autres fortes.
Car fi l'on croyoit, apres auoir treuué le prix de la premiere forte , aller augmentant de ₰ 20. -- pour
marc,toutes les autres,comme c'eft la couftume,on ne treuueroit pas fon compte : car il y importe plus
à ₰ 5. Imperiaux d'auantage once,que à ₰ 20. -- tournois pour marc.

Pour faire le compte des foyes ouurées dudiÆt Milan , faut fçauoir que ℔ 100. -- dudiÆt Milan rendent à Lyon ℔ 69. -- & fe paye pour frais d'embalage l.18. -- dace de Milan l. 175. -- monnoye Imperiale pour chacune bale de ℔ 300. -- & pour le port de Milan à Lyon,& dace de Sufe l.46.10. -- Doüianne de Lyon l. 26. -- tout l.72.10. -- par exemple,fur vne bale trame de ℔ 300.--- à l.14.10. la ℔.
montant l.4350. --faut adioufter l. 193. pour embalage , & dace de Milan, feront l. 4543. -- monnoye dudiÆt Milan , faifant l. 2271. 10. -- tournois, & auec l.72.10. -- pour port, dace, & doüanne de
Lyon,font l 2344. -- lefquelles faut partir par ℔ 207. (valeur de l.300. poids de Milan)& de la partition
en viendra l.11.6.6.pour la valeur de la ℔ à Lyon. Ou pour le plus facile, & brief faut multiplier lefdi-
Ætes l.14.10. -- (valeur de la ℔ dudiÆt Milan de leur monnoye) par 50.& partir le prouenu par 69. viendra l.10.10.2.furquoy faut adioufter ₰ 16.4.(d'autant que tous les frais qui fe payent tant à Milan , qu'à
Lyon,reuiennent audiÆt prix de ₰ 16.4.pour ℔) & feront l. 11. 6.6. valeur de la ℔ dudiÆt Lyon au contant pour les Doppions de Milan,il fe paye audiÆt Milan l.12.-- pour embalage , & l.175. pour dace dudiÆt Milan,& pour le port de Milan à Lyon,dace de Sufe , & doüanne dudiÆt Lyon l.64.3.4. pour bale.
Et faifant le compte comme deffus on trouuera à combien reuient la ℔ à Lyon,& par exemple, l.5.15.-
de Milan la ℔ des Doppions audiÆt Milan , fçauoir combien de liures tournois vaut la ℔ dudiÆt Lyon
poids de la foye.Multipliant lefdiÆtes l.5.15.-- par 50.& partiffans le prouenu par 69. en viendra l.4.3.4.
Surquoy faut adioufter ₰ 15.3. pour les frais , & feront l.4.18.6. pour la valeur de la ℔ dudiÆt Lyon pour
contant.

Il y en a qui font la reduÆtion du poids de Milan à celuy de Lyon à 70. pour ÷ , & pour fçauoir fuiuant icelle à combien reuient la ℔ en monnoye de France, au plus facile & brief , faut multiplier la valeur de la ℔ dudiÆt Milan de leur monnoye par 5.& partir par 7. adiouftant au prouenu de la partition
les frais reuenant pour les foyes ouurées à ₰ 16.4.pour ℔,& les Doppions à ₰ 15.3.& en ce faifant, viendra la valeur de la ℔ dudiÆt Lyon,en liures tournois.

La raifon de cecy eft que la ℔ dudiÆt Milan ne reuient qu'à 10. onces ÷, qui font des parties de la ℔
₰ 14. Lefquels font contenus en ₰ 10. -- tournois (valeur de la liure dudiÆt Milan) les ÷, & pour cefte
raifon faut prendre les ÷ ou multiplier par 5.& partir par 7.

Les draps de foye,& toiles d'or & argent fe vendent à la braffe , qui fe reduifent en aunes de Lyon,

C   en

en prenant le tiers , & le $\frac{1}{7}$ du tiers , lesquels adiouftez enfemble font aunes de Lyon : & pour fçauoir à combien reuient l'aune de Lyon en liures tournois , fuiuant le prix de la braffe de Milan de leur monnoye,faut prendre $\frac{1}{7}$ de la valeur de la braffe,& la luy adioufter,fon produit donnera la valeur de l'aune de Lyon,en liures tournois.

Les draps de laine font d'autre mefure plus grande,& fe multiplie par 4. & partit par 7.pour faire aunes ; d'autant que la braffe tire $\frac{4}{7}$ de l'aune de Lyon. Et pour fçauoir à combien reuient l'aune en liures tournois,faut prendre 3.fois $\frac{1}{7}$ l'vne de l'autre de la valeur de la braffe , & les adioufter enfemble , leur produit fera la valeur de l'aune de Lyon en liures tournois.

Toutes lefquelles briefuerez cy-deffus ne peuuent feruir , que tant que la liure dudict Milan vaudra ϕ 10. -- tournois,fur quoy faut faire confideration des frais qui fe payent, fçauoir vne Caiffe de draps de foye de 16. pieces ou enuirõ payera à Milan pour l'embalage l.24.dace de Milan l.194.--quelque fois vn peu plus ou moins , felon les couleurs , font l. 218.--valant l. 109. -- tournois, pour le port de Milan à Lyon l.25.10.-- dace de Sufe l.40.-- quelque peu plus ou moins , pour la Doüanne de Lyon les veloux rouge cramoify payent l.3.5.la ℔,cancelé cramoify ϕ 58.8. -- violet cramoify ϕ 53.9. les autres couleurs ordinaires & noires ϕ 37.4. pour ℔,Gafes ϕ 48. la ℔. Les bas de foye ϕ 18.4.la ℔.Crefpons ϕ 26.6. La marchandife qui s'achepte dans Milan payé la dace,& celle qui ne fait que paffer,ne paye que le tranfit, qu'eft l.15.-- Imperiales par Caiffe,ou pour bale.Qui fuffira pour l'inftruction de ce negoce.

NEGOCE DE PIEDMONT.

℔ 100.------de Thurin,& Raconis, rendent à Lyon. ------------------------------------ ℔.77.
    Le quintal à Thurin fe diuife en 4.Rub,d'autant que chaque Rub pefe ℔ 25.
        Le Ras tire demy aune de Lyon.
        Le florin fe calcule pour Lyon à ϕ 3 .tournois.

EN Piedmont on tient les efcritures à florins , & gros ; le florin valant 12. gros , lequel florin vaut à prefent ϕ 3. -- tournois, à raifon que la piftole y vaut fl.48. $\frac{1}{7}$ & à Lyon l. 7. 6. C'eft pourquoy on a aualué tous les comptes fuiuant cefte reduction,d'autant qu'à ce prix-là n'y peut auoir , que fort peu de variation. Il fe fait venir à Lyon dudict Piedmont filages de Raconis, Acier,Riz,& autres marchandifes. On y enuoye draps de laine de toutes fortes,femence de vers à foye, Sarges de Londres,bas d'eftame , & autres marchandifes , on vend les draps de laine en trois fortes de mefures , fçauoir , à canes de Languedoc , aunes de France , & à ras, lequel ras eft la mefure ordinaire dudict Piedmont tirant demy aune. Les Foires de Piedmont fe tiennent en Aft , deux fois l'an , fçauoir , à la my -Carefme , & à la Sainct Luc 18. Octobre. Chaque bale paye de dace à Raconis fl. 640. -- embalage fl. 35. port de Raconis à Thurin fl. 14.-- peage fl. 14. tout , fl. 703.-- ou enuiron , quelquefois vn peu plus ou moins. Port de Thurin à Lyon l. 20. 10.-- Doüanne dudict Lyon l.26. -- tous lefquels frais reuiennent à ϕ 14. 6. pour ℔ audict Lyon. Maintenant pour fçauoir à combien reuient la ℔ de Lyon des filages dudict Raconis , fuiuant le prix de la ℔ audict lieu de leur monnoye, au plus facile & brief faut multiplier les florins de la valeur de la ℔ dudict Raconis, par 15. & partir le prouenu par 77. Ce qui en viendra fera la valeur de la ℔ dudict Lyon en liures tournois : Exemple à fl.39. -- la ℔ audict Raconis.Et en les multipliant par 15.& partiffant par 77.viendra l.7.12. & à ce prix reuient la ℔ , fans y comprendre les frais,& y adiouftant ϕ.14.6. pour tous frais feront l.8. 6. 6. & à ce prix reuiendroit la ℔ audict Lyon,poids de la foye , tous frais payez fins renduës en Magafin , excepté la prouifion du Commiffionnaire,laquelle n'y eft comprife.

La raifon de cefte briefueté eft que ℔ 100.-- de Raconis rendent à Lyon ℔ 77.reuenant à 11.onces $\frac{77}{100}$ qui font des parties de la liure ϕ 15. $\frac{1}{7}$ lefquels font contenus en ϕ 3. -- tournois (prix du florin $\frac{77}{100}$ & pour cefte raifon faut multiplier par 15.& partir par 77.qui fera pour fin & conclufion de ce negoce.

NEGOCE DE GENES.

℔ 100.------de Genes rendent à Lyon. -- ℔ 72.------
    La Palme de Genes vaut $\frac{1}{14}$ de l'aune de Lyon.
      Les 9. Palmes font vne Cane de Genes.
    La Piftole d'Efpagne vaut à prefent Genes l.11.12. & à Lyon l.7.7.
    L'efcu d'or en or d'Italie vaut à prefent ϕ 115. monnoye courante dudict Genes.

A Genes tiennent les efcritures,d'aucuns à l. ϕ. & $\mathcal{g}$. de monnoye courante,& d'autres à l. ϕ.& $\mathcal{g}$. de monnoye d'or. L'efcu d'or en or d'Italie vaut à prefent ϕ 115. monnoye courante dudict Genes,
                                                   quelque

quelquefois plus ou moins,felon que la monnoye eſt de requeſte,neantmoins ledict eſcu ſe donne touſiours pour ₰ 68.monnoye d'or.Il ſe fait venir dudict Genes des Veloux,Satins,Damas, Taffetas,& Sarges;& ſe vendent les draps de ſoye à palmes,& les Sarges à Canes , (dont les 9.palmes font vne cane,)à
liures, ₰,& ₰,de monnoye courante; ſi que pour reduire ladicte monnoye en monnoye d'or,la faut premierement reduire en eſcus de monnoye courante de ₰ 115.-- par exêple,voulant reduire l.18782.8.7.
monnoye courante,en monnoye d'or,les faut partir par l.5.½ prix de l'eſcu d'or en monnoye courante,
& ſeront v 3266.10. -- qu'il faut multiplier par l.3.8.prix dudict v en monnoye d'or,& ſeront l.11106.2.6.
monnoye d'or, valeur deſdictes l.18782.8.7.monnoye courante. Et pour treuuer la valeur en ſols tournois de l'aune de Lyon,ſuiuant le prix de la palme monnoye de Genes,à raiſon que la piſtole d'Eſpagne
vaut à preſent audict Genes l.11.12.& à Lyon l.7.7.pour le plus facile & brief faut multiplier par 441.
Le prix de la palme,& partir le prouenu par 145. Ce qui en viendra ſera la valeur de l'aune de Lyon en
monnoye de France.Par exemple à ₰ 58.-- la palme des veloux monnoye courante audict Genes , ſçauoir combien de liures tournois, vaut l'aune de Lyon; & en multipliant,comme dict-eſt leſdicts ₰ 58.
par 441.& partiſſant le prouenu par 145.viendra ₰ 176.5. tournois, & à ce prix reuient l'aune de Lyon,
quand la palme couſte ₰ 58.& quand la piſtole ſeroit à plus haut ou moindre prix, il ne faut que voir
à combien reuient pour liure,& le partir par ₰ 4.2. (qu'eſt la palme de Genes) & de ſon produit viendra
les parties qu'il faudra prendre du prix de la palme,pour auoir la valeur de l'aune en l.tournois.

Toutes leſquelles briefuetez ne ſeruent que d'inſtruction au Marchand , pour ſçauoir comme il ſe
doit gouuerner à la vente , lors qu'il ne ſçait comme la traicte en ſera faicte. Car ſi l'on ſçauoit à quel
prix on doit tirer,l'on pourroit faire ſon compte au iuſte,ſuiuant icelle. Par exemple , vne Caiſſe Satins
de Genes contenant 3103.palmes à ₰ 41.La palme a couſté l.6361.3.monnoye courante dudict Genes,
reduicte en monnoye d'or (faiſant comme deſſus)ſont l. 3761.7.2. laquelle ſomme nous a eſté tirée à
Noue en v 1106.5.8.à ₰ 68. pour v,& de ce lieuſe ſont preualus à Lyõ auec leur prouiſiõ en v 1353.12.5.
d'or ſol,valant l.4060.17.3. tournois,ſurquoy faut adiouſter pour le port de Genes à Lyon l. 30. -- dace
de Suſe l.35.& Doitanne de Lyon l.252. -- tout l. 4377. 17.3. tournois, & à ce prix reuiennent leſdicts
3103.palmes de Genes en monnoye de France,que,pour ſçauoir à combien reuient l'aune , faut reduire
leſdictes palmes en aunes, & ſeront aunes 646.½ , & partiſſant leſdictes l.4377.17.3. par ledict aunage,
viendra l.6.15.5. prix de l'aune de Lyon, tous frais payez, comme ſe voit ſpecifiquement en ce liure à
f.19.& ſur le Carnet f.4.ou ſe voyent diuerſes parties tirées de Genes à Noue,& de Noue à Lyon, dont
la plus grand part des changes que fait Genes ſont ſur Noué.Faut noter que ſur le Carnet au compte
de Lumaga de Genes ſe treuue en debit l.41597.8.monnoye courante dudict Genes, faiſant l.26041.5.
tournois,& en credit ſe treuuent les remiſes qu'ils ont faictes à Noue de noſtre ordre pour ſoude de leur
debit,ſans que la monnoye de France ſoit tirée dehors, d'autant qu'ils ne ſont tenus , que de ſouder le
debit de leur monnoye, laquelle eſtant ſoudée, nous faiſons vne aualuation ſur chaque article du credit , pour remplir la monnoye de France leſdicts l. 41597.8. ont rendu en monnoye de
France l.26041.5.-- Auſſi faut noter que la partie de l.22400. -- monnoye dudict Genes qu'ils doiuent
pour vente de bled,a eſté remiſe à Noue en v 4075.8.11. d'or de marc, ſans que la monnoye de France
ſoit tirée dehors,iuſqu'à ce que ceux de Noue en ont fait la remiſe à Lyon en v 5141.12. -- d'or ſol, valant l.15424.16. -- & pour lors on ſoude ledict compte de Genes en liures tournois , mettant pour leſdictes l.22400. -- dudict Genes les l.15424.16. -- tant en debit que credit. Et iuſques à tant que la remiſe ſoit faicte à Lyon,les comptes demeurent ouuerts pour la monnoye de France , & ſoudés en leur
monnoye.Qui ſera pour donner fin à ce negoce,& commencement au negoce de Florence.

N E G O C E D E F L O R E N C E.

℔ 100.——de Florence rendent à Lyon.————————℔ 76.½ poids de la ſoye.
4. braſſes font vne cane,& 100.braſſes font à Lyon aunes 49.——
L'eſcu d'or de Florence ſe calcule à l.3.——tournois.

A Florence on tient les eſcritures à v. ₰.& ₰.d'or,de l.7.½ pour eſcu qui ſe ſomment en 20.& en 12.
parce que ₰ 20. font vn v,& 12. ₰ vn ſol , d'aucuns les tiennent à ducats de l.7. -- pour ducat: les
marchandiſes ſe vendent à l. ₰ & ₰. de leur monnoye , & pour reduire les liures en v , faut multiplier
par 2.& partir par 15.d'autant que 15. demy liures font l'eſcu, pour reduire leſdictes liures en ducats
faut prendre ⅐ les taffetas , & armoiſins forts , ſe vendent à la ℔ qui eſt de 12. onces,& les ſatins ſe vendent à la braſſe,& pour reduire leſdictes braſſes de Florence en aune de Lyon,faut multiplier par 49.&
partir par cent,les ſarges de Florence ſe vendent à canes,& 4 braſſes font vne cane ; ſi que pour les reduire en aunes de Lyon,faut multiplier leſdictes canes par 4.& ſeront braſſes, leſquelles faut multiplier
par 49. & partit par 100. & ſeront aunes; Il ſe peut calculer à raiſon de l. 3. -- tournois, pour vn v
d'or de Florence,d'autant que la plus part du temps Florence change pour Lyon à v 98.pour ½,ou 102.

C 2   vn vn peu plus ou moins, toufiours approchant du 100. qu'eſt le pair. Et qui deſireroit ſçauoir , ſuiuant ce prix-là, à combien peut reuenir l'aune des draps de ſoye de Florence renduë dans Lyon. Au plus facile & brief , faut multiplier la valeur de la braſſe de Florence (monnoye dudict lieu) par 40. & partir le prouenu par 49. ou prendre ⁷⁄₁₀ d'vn ⁷⁄₁₀ ce qui en viendra ſera la valeur de l'aune à Lyon en liures tournois. Et par exemple 706. braſſes ⅛ Satin à l.7. la braſſe monnoye de Florence, ont couſté ▼ 659.3.4. d'or de Florence, & en multipliant les l.7.-- (valeur de la braſſe) par 40. & partiſſant le prouenu par 49. viendra l.5.14.3. ⅓ monnoye de France , valeur de l'aune de Lyon ; que pour ſçauoir ſi le compte eſt iuſte, faut reduire les braſſes de Florence en aunes à raiſon dicte de 49. pour ⁷⁄₁₀ & ſeront aunes 346.⁷⁄₁₀ leſquel-les multipliées par l.5.14.3. rendront l.1977.10. faiſant ▼ 659.3.4. ce qui denote que ceſte reduction eſt iuſte, & faut noter qu'il ſe paye pour embalage, & gabelle de Florence, port, & dace de Suſe, & Doüanne de Lyon enuiron l.400.-- pour Caiſſe, quelquefois plus ou moins, ſelon les couleurs ; Tellement que ſur vne Caiſſe que tireroit aunes 700. -- il y importeroit de ₤ 11. 5. pour aune qu'il faudroit adiouſter auec les l.5.14.3. & ſeroient l.6.4. 8. que reuiendroit l'aune des ſatins de Florence renduë dans Lyon, tous frais payez, lors que la braſſe vaudroit audict Florence l.7.-- de leur monnoye.

Qui deſireroit treuuer le prix de l'aune, ſuiuant la traicte qui en ſeroit faicte, faudroit premierement reduire les braſſes en aunes, & les partir par le monter de la traicte, y ioinct , tous les frais, & de ſon pro-duit viendroit la valeur de l'aune de Lyon.

Pour treuuer le prix de l'aune de Lyon en l.tournois, des ſarges de Florence, ſuiuant le prix de la cane dudict lieu de leur monnoye, faut prendre le ⁷⁄₁₀ de la valeur de la cane, & le multiplier par 40. & partir le prouenu par 49. Ce qui en viendra ſera la valeur de l'aune de Lyon en liures tournois. Surquoy faut no-ter que la bale Sarge, ou reuerche paye pour frais d'embalage, port, dace , & Doüanne de Lyon enuiron l.105.-- pour bale de pieces 3.⅓ tirant aunes 118. ou enuiron, reuenant à ₤ 18. pour aune de frais ou enui-ron, qu'il faut adiouſter de plus à la valeur de l'aune , lequel negoce eſt amplement traicté en ce liure, à f.21.22. où ſe voyent les achapts faicts audict Florence, d'vne Caiſſe ſatins, & 2. bales ſarges, & reuerches de Florence auec les frais y enſuiuis. C'eſt pourquoy feray fin à ce negoce, pour traicter cy-apres du negoce de Lucques.

NEGOCE DE LVCQVES.

℔ 100.——de Lucques, poids ſubtil des Balances , rendent à Lyon.————— ℔ 72.⁴⁄₅
℔ 100. ——dudict lieu, poids de la Doüanne, rendent à Lyon.—————℔ 81. —
La ℔. dudict lieu ſe diuiſe en 12. onces.
Les 2. braſſes dudict lieu font vne aune à Lyon.

A Lucques tiennent leurs eſcritures à ▼. ₰. & ₰. d'or, de l.7.⅓ pour ▼, qui ſe ſommét en 20. & en 12. parce que ₰ 20. -- font l'eſcu, & 12. ₰ vn ſol. Et les marchandiſes ſe vendent à tant de ducats la ℔. Si que pour reduire les ducats en eſcus, faut multiplier le nombre des ducats par 4. & partir le prouenu par 71. adiouſtant le vingt ſur les ducats, & feront ▼ de l.7.⅓. Il ſe fait venir dudict Lucques des ſatins, & damas, qui ſe vendent à la ℔, qu'eſt de 12. onces, comme ſe voit en ce à f.23. ayant fait venir dudict lieu vne Caiſſe ſatins, & damas, montant ▼ 1089.17.5. de laquelle ſomme ils ſe ſont preualus par Plaiſance en ▼ 831.19. 2. à 131. pour ⁷⁄₁₀ ſur Hieroſme Turcon , & de ce lieu ſe ſont preualus ſur nous à Lyon auec leur prouiſion en ▼ 1030. 10.6. à 81. pour ⁷⁄₁₀ font l. 3091. 11.6. port, & dace de Suſe l. 105.9. Doüanne de Lyon l. 149.8 -tout l.3 346.8.6. valeur de ladicte Caiſſe, ſurquoy faut noter que audict Luc-ques on paye ⁷⁄₁₀ de plus pour les couleurs, c'eſt pourquoy on adiouſte au poids le quart des couleurs, afin de le reduire, comme ſi l'on achepteroit tout en noir. La raiſon eſt que les couleurs decroiſſent en teinture d'vn quart pour ℔, & le noir croiſt en poids d'vn quart pour ℔. L'incarnadin d'Eſpagne paye plus que les autres couleurs enuiron l. 5.10. -- pour ℔, & le rouge cramoiſy enuiron l. 10. 10. -- Maintenant qui deſi-reroit faire le compte à combien reuient l'aune de Lyon , tant des couleurs, que du noir. Et premiere-ment pour le damas, qu'eſt à plus haut prix que les ſatins. Faut conſiderer que ſur toute la Caiſſe il s'eſt fait de frais audict Lucques ▼ 38. ⅓ diſant, ſi ▼ 1051. de Lucques (valeur de ladicte Caiſſe) donnent de frais ▼ 38. ⅓ combien ▼ 58. 16. valeur du damas viendra ▼ 2.2. 9. qu'il faut adiouſter auec leſdicts ▼ 58.16.6. Seront ▼.60.19.3 & puis dire ſi ▼ 1089. de Lucques (valeur de ladicte Caiſſe, auec les frais dudict Lucques) couſtent l.3 346. -- tournois, combien couſteront ▼ 60.19.3. (valeur du damas) viendra l.187.8. qu'il faut partir par aunes 31. que tire ledict damas, ſeront l.6.0.10. valeur de l'aune dudict damas à Lyon, tous frais payez. Et faiſant ainſi des noirs, puis des couleurs , & apres de l'incarnadin d'Eſpagne, on treuuera la valeur de l'aune de chacun. Faiſant premierement combien ſe montent les noirs à ducats 4.16.-- & les diſtraire de ▼ 984.1.8. (que montent tous leſdicts ſatins) & adiouſter à l'incarnadin d'Eſpa-gne les ▼ 8.13.7. qu'il monte de plus que les autres couleurs , & puis partager les frais, comme deſſus. Ce qui ſuffira pour entiere inſtruction de ce negoce.

NEGOCE DE BOLOIGNE.

℔ 100.——de Boloigne rendent à Lyon ℔. 77.——
La braſſe dud.ct lieu tire 8/11 de l'aune de Lyon.
La liure de ₤ 20.——ſe peut calculer à ₤ 11. 3.tournois.

A Boloigne on tient les eſcritures à l. ₤. & ₰. qui ſe ſomment en 20. & en 12. parce que ₤ 20. font vne liure, & 12.deniers vn ſol. On fait venir dudict Boloigne diuerſes ſoyes ouurées, Satins, Creſpes, & autres marchandiſes. Les draps de ſoye ſe vendent à braſſes qui ſe reduiſent en aunes de Lyon, multipliant par 8. & partiſſant par 15. parce que la braſſe dudict lieu tire 8/11 de l'aune de Lyon. Et pour le payement des marchandiſes, il ſe preualent la plus part du temps par Plaiſance, ne faiſant traicte, que fort rarement en autre lieu. Dont pour faire ladicte traicte, ils reduiſent premierement les liures en ꝟ de l. 4. 5.piece leſquels eſcus ils changent pour Plaiſance à raiſon de 150. ⅓ plus ou moins, pour auoir audict Plaiſance ꝟ 100. — d'or de marc, comme ſe voit en ce, à f. 18. pour vne Caiſſe ſatins de Boloigne, montant l. 3095.14.7. qui ſont ꝟ 728. 8. de l. 4. 5. — piece tirées à Plaiſance en foire de Sainct Marc, en ꝟ 482.7.8.changées à 151.pour 100. & de ce lieu ſe font preualus ſur nous à Lyon, auec leur prouiſion à ⅓ pour ½ en ꝟ 604.19.8. d'or ſol à 80. pour ½ ſont l. 1814. 19. — & ſe paye de frais pour chacune Caiſſe, ſçauoir pour l'embalage, & port de Boloigne à Milan l. 77.13. — mōnoye de Boloigne que ſont l. 43.15.3. tournois, à raiſon que la Piſtole d'Eſpagne vaut à preſent l. 13. 2. — & à Lyon l. 7.7. port de Milan à Lyon l. 2 5.10. — dace de Suſe l. 30. — Doüianne de Lyon l. 243. 6. 3. quelquefois plus ou moins, ſelon qu'il y a de cramoiſy, en tout l. 342.11.6. & pour ſçauoir à combien reuient l'aune, ſuiuant le prix de la traicte, faut adiouſter leſdicts frais auec les l. 1814. 19. — Seront l. 2157. 10. 6. qu'il faudroit partir par l'aunage que contiennent toutes les pieces, ſon produit ſeroit la valeur de l'aune de Lyon en liures tournois, pourueu que tous les ſatins fuſſent à vn meſme prix. Et quand il y en a de diuers prix comme à ladicte Caiſſe, dont les cramoiſy ſont à ₤ 15. — dauantage pour braſſe, que les autres. Faudroit dire ſi l. 3095.14.3. (prix de ladicte Caiſſe monnoye de Boloigne) couſtent l. 2157. 10. 6. monnoye de France, combien couſteront l. 2017.10.7. (prix des cramoiſy) & de ſon produit viendra ce que montent tous les cramoiſy en monnoye de France, & partiſſant par l'aunage que contiennent leſdicts cramoiſy, viendra la valeur de l'aune, & ainſi faire des autres couleurs, quand elles ne ſont à vn meſme prix.

Vne bale ſoye paye pour le port de Milan à Lyon, dace de Suſe, & Doüianne dudict l. yon l. 72. 10. — tournois, comme ſe voit en ce à f.7. dont vne bale organcin de Boloigne peſant ℔ 260. — poids dudict lieu à l. 19. la ℔. rendu à Milan, monte l. 4940. — monnoye dudict Milan tirez à Plaiſance en ꝟ 762. 4. d'or de marc, changez à 152. ⅓ pour ½, & de ce lieu ſe ſont preualus à Milan ſur les noſtres auec leur prouiſion à ₤ 149.9. pour ꝟ ſont l. 5725.19. — tranſit de Milan l. 15. tout l. 5740.19. — monnoye Imperiale chāgée pour Lyon à ₤ 120. — pour ꝟ, ſont l. 2870.9.6. port, dace, & doüianne l. 72.10. — tout l. 2942.19.6. que pour ſçauoir à combien reuient la ℔, faut voir que leſdictes ℔ 260. — de Boloigne à 77. — rendent à Lyon ℔ 200. — & partiſſant leſdictes l. 2942.19. 6. par leſdictes ℔ 200. — ſon produit donnera la valeur de la ℔ dudict Lyon, tous frais payez. Et quand on n'auroit receu le compte de la traicte, & que l'on voudroit ſçauoir à combien reuient la ℔ à Lyon, à raiſon que la piſtole d'Eſpagne vaut à preſent audict Boloigne l. 13.2. reuenant à ₤ 11.3. tournois, pour ₤ 20. — dudict Boloigne, pour le plus facile & brief, faudroit multiplier le prix de la liure dudict Boloigne de leur monnoye par 225. & partir le prouenu par 308. & de ſon produit viendra la valeur de la liure de Lyon, en monnoye de France. Exemple, à l. 19. — de Boloigne la ℔ dudict lieu, ſçauoir à combien reuient la ℔ de Lyon en l.tournois. Et multipliant comme dict-eſt leſdictes l. 19. par 225. & partiſſant le prouenu par 308. viedra l. 13.17.7. tournois, ſurquoy adiouſté ₤ 7. 3. pour les frais (d'autant que à l. 72. 10. — de frais pour bale, reuient à ₤ 7.3. pour ℔) ſeront l. 14.4.9. tournois, & à ce prix reuient à Lyon la ℔ deſdictes ſoyes.

Et pour ſçauoir, ſuiuant le prix de la braſſe dudict Boloigne de leur monnoye, à combien reuient l'aune à raiſon dicte de ₤ 11.3. pour vne liure dudict Boloigne. Au plus facile & brief, faut multiplier la valeur de ladicte braſſe par 135. & partir le prouenu par 128. & en viendra la valeur de l'aune. Exemple, à l. 5. de Boloigne la braſſe audict Boloigne, combien l'aune? & multipliant leſdictes l. 5. — par 135. & partiſſant le prouenu par 128. viendra l. 5.5.6. valeur de l'aune à Lyon, ſans y comprendre les frais qui peuuent reuenir de plus à ₤ 11.6. pour aune, à raiſon que la Caiſſe contenant enuiron 600. aunes, couſte de frais l. 342. Qui ſera pour donner fin à ce negoce, & commencement à celuy de Naples.

NEGOCE DE NAPLES.

Les Canes de Naples fe reduifent en aunes de Lyon,multipliant par 8. pour faire palmes,d'autant
que la cane tire 8.palmes,& apres multiplier les palmes par 4. pour en faire des quarts,& partir
par 17. parce que 17.quarts font vn aune.

℔ 100. —— de Naples rendent à Lyon. —————————————————℔ 68.——
Le ducat fe peut calculer à ♅ 48. ——tournois.

A Naples tiennent les efcritures à ducats, taris, & grains, lefquels fe fomment en 5.& en 20. parce
que 5. taris font vn ducat & 20. grains vn tari. Ils diuifent encor le grain en 12.caualots: & fe fait
venir dudict lieu des foyes ouurées , & autres , crefpons , & autres marchandifes qui fe vendent à taris,
grains,& caualots,ou à carlins, dont vn tari fait deux carlins,& le carlin 10. grains. Par exemple,a efté
achepté audict Naples ℔ 275.Organcin à carlins 37. ÷ la ℔,font carlins 10243.7. grains,faifant à raifon
de 10.carlins pour ducat,D.1024.t.1. & g.17. Les marchandifes qu'auons faict venir dudict Naples,ont
efté acheptées par les noftres de Milan, lefquels ont acquitté la traicte qu'en a efté faicte à Plaifance,
comme fe voit en ce à f.7. montant lefdictes ℔ 275.— Organcin de Naples auec les frais d.1131. & 3.
tari,lefquels ont efté tirez à Plaifance en v 802.11. — d'or de marc, changes à 141.pour ÷, & de ce lieu
fe font preualus fur les noftres de Milan,auec leur prouifion à ♅ 150.pour v,font l.6008.19.8.trafir dudict Milan l.15.— tout l.6023.19.8. faifant à ♅ 120.pour v l.5011.19.10.pour dudict Milan à Lyon,dace
de Sufe,& doüanne dudict Lyon l.72.10. — tout l.3084.9.10.valeur de ladicte bale ; que pour fçauoir à
combien reuient la ℔ , faut voir que lefdictes ℔ 275. rendent à Lyon, ℔ 187. 0. & partiffant lefdictes
l.3084.9.10.par 187.viendra l.16.9.10.valeur de la ℔ à Lyon,tous frais payez.
S'eft auffi faict venir vne Caiffe crefpons de Naples , montant auec les frais en ce , à f.12. ducats
789.4.16. tirez audict Plaifance à 149.pour ÷ en v 530.3.5.& de ce lieu fe font preualus fur les noftres
de Milan à ♅ 150.— font l.4004.10.— auec l.15.— pour le tranfit que à ♅ 120.pour v,font l.2002.5.port,
dace , & doüanne l.123. — tout l.2125. 5. — & pour fçauoir à combien reuient l'aune , faut reduire les
canes 435.2.p.en aunes,feront aunes 819.& partiffant lefdictes l.2125.5.— par 819.viendra l.2.11.6.& à
ce prix-là reuient l'aune dudict Lyon,tous frais payez. On peut calculer vn ducat à ♅ 48.— tournois,re-
uenant à 125.pour ÷ qu'eft à peu pres l'ordinaire du change de Naples pour Lyon , ou bien quand la
traicte fe fait à Plaifance , à 149.pour ÷,& que de Lyon on remet audict Plaifance à 120.reuient le mefme. Et partant calculant vn ducat pour ♅ 48. on peut fçauoir (quand on n'auroit aduis de la traicte) à
combien peut reuenir l'aune,ou la ℔ des foyes,& crefpós,multipliant les ducats que vaut la ℔ par 60.&
partiffant le prouenu par 17.fon produit fera la valeur de la ℔ de Lyon en monnoye de France, fans aucuns frais,lefquels peuuent reuenir à ♅ 35.pour ℔,tát pour la doüanne de Naples, prouifion à 2. pour ÷
que port,dace,& doüanne dudict Lyon.Et par exemple , à carlins 37. ÷ la ℔ font d. 3. & carlins 7. ÷ les
multipliant par 60.& partiffant fon produit par 17. viendra l. 13.2. 11. furquoy adioufté pour les frais
♅ 35. — font l.14.17.11.& à ce prix-là reuiendroit la ℔ à Lyon defdictes foyes, quand la traicte feroit
faicte comme dict-eft.
Pour treuuer le prix de l'aune de Lyon en liures tournois,fuiuant le prix de la cane dudict Naples en
ducats,à raifon dicte de ♅ 48. — tournois pour ducat. Au plus facile & brief faut multiplier les ducats,
que vaut la cane par ♅ 25.6. tournois,& de fon produit viendra les fols tournois , que doit valoir l'aune
dudict Lyon, fans y comprendre les frais qui peuuet reuenir enuiron à ♅ 7.3. pour aune,à raifon que les
frais d'vne Caiffe crefpons contenant 435.canes,peuuent monter enuiron à l.300.— tant pour l'embalage,doüanne de Naples, tranfit de Milan , port iufqu'à Lyon , dace de Sufe , que doüanne dudict Lyon,
comme fe voit au compte des crefpons en ce à f.12. qui fera pour finir ce negoce, & commencer celuy
de Venife.

NEGOCE DE VENISE.

Les braffes de Venife fe reduifent en aunes de Lyon,les multipliant par ♅ 10.9. tourvois , & tenir les
liures qui en viendront, pour autant d'aunes, à raifon que 80. braffes dudict lieu tirent aunes 43.
de Lyon.

℔ 100.—— de Venife rendent à Lyon. ——————————————℔ 63. ÷
Le ducat de Venife fe peut calculer à ♅.50. ——tournois pour ducat.

A Vdict lieu tiennent les efcritures , d'aucuns à ducats,& gros de 1.6. ÷ pour ducat lefquels fe fomment en 24.parce que 24.gros valent vn ducat ; & d'autres les tiennent à liures, fols , & gros, qui
valent

valent 10.ducats pour liure,& fe fomment en 20.& en 12.faifant que $ 20.de gros font vne liure, & 12. deniers vn fol.Il fe fait venir dudict Venife diuerfes foyes,Camelots,Tabis,& autres marchandifes. Et du payement des marchandifes au payement de change , le vendeur fait bon à l'achepteur 18. ou 20. pour ÷ plus ou moins,comme fe voit au compte des camelots en ce à f.21. pour 15. bales camelots de Venife à diuers prix,montant auec l'embalage & prouifion d.5075.22. Surquoy diftrait d.845.23. pour age à 120.pour ÷, pour reduire le payement en monnoye de change, refte d.4229.23.gros, lefquels fe peuuent calculer à $ 50.- tournois pour ducat(d'autant que de ce prix-là au prix de la traicte n'y peut auoir,que fort peu de difference ; changeant la plus part du temps Venife pour Lyon, ou Lyon pour Venife, à 120. pour ÷ vn peu plus, ou moins, toufiours fort approchant de 120. qu'eft le pair.) Sont l.10574.18.-- & fe paye de frais pour le port, dace, & doüanne de Lyon, l.83.6.8. pour bale, reuenant pour lefdictes 15.bales à l.1250.- font en tout l.11824.18.-- que montent lefdictes 15.bales camelots, & pour fçauoir à combien reuient la piece tant de ceux de 2. fils ; que 3. & 4. fils ; faut premierement voir que lefdicts camelots montent,fans les frais d.4867.15.-- & il fe donne pour reduire le payement en monnoye de change d.845.23. & parce que les frais & prouifion de Venife fe montent d.208.7. --les faut diftraire defdicts d.845.23.refte d.637.16.difant par regle de 3. Si d. 4867.15. -- valeur de tous les camelots) donnent de benefice d. 637. 16. combien d. 1966. 3.-- (valeur des camelots 2. fils) viendra d.257.13.lefquels diftraicts de d.1966.3.-- refte d.1708.14.-- que font à $ 50.-- pour ducat l.4271.8.2. Surquoy adioufté l.583.6.8. pour les frais defdicts 7. bales,de Venife à Lyõ font en tout l.4854.14.10. & à ce prix-là reuiennent les 294. pieces 2.fils; Er partiffant lefdictes l. 4854. 14. 10. par 294. viendra l.16 10.3.valeur de la piece defdicts camelots pour contant : & d'autant qu'il fe fait 2. ans , & ÷ de terme,faudroit y adioufter de plus 25. pour ÷ & feroient l.20.12.9. pour le terme. Et pour les autres pieces de 3.& 4.fils,faifant de mefme on treuuera la valeur de chacunc. Il fe voit en ce à f.3.l'achapt de 8. bale foye lege,pefant net lb 2578. poids de Venife,montant à gros 50.÷ la lb , d.5424.13.-- & auec les frais,& prouifion de Venife d.5608.10.-- Surquoy diftrait d 973.8. pour l'age, refte d. 4635. 2. calculé à $ 50.- tournois pour ducat , font l. 11587. 15.2. & auec l.664.10.-- pour port, dace, & doüanne de Lyon font l.12252.5.2 à ce prix reuiennent lefdictes 8.bales foye ; que pour fçauoir à combien reuient la lb, faut voir que rendent lefdictes lb 2578. au poids de Lyon, & feront lb 1624. partiffant lefdictes l.12252.5.2.par 1624 on treuuera la valeur de la lb de Lyon.Tous lefquels comptes ne feruent que d'inftruction au Marchand,pour fçauoir comme il fe doit gouuerner à la vente, en attendant le compte de la traicte, laquelle eftant venue,on peut faire le compte au iufte fuiuant icelle.Par exemple , il s'eft faict venir deux Caiffes tabis de Venife à f.22. mõntât auec les frais d.2875.15.-- furquoy diftrait pour l'age à 119.pour ÷ d. 459. 3. refte d.2416. 12.en monnoye de change, tirez à Lyon à d. 123. ÷ pour÷ font l.5870.0.9.port,dace,& doüanne de Lyon l. 663.17. font l. 6533.18. 5. valeur defdictes deux Caiffes. Et pour treuuer la valeur de l'aune de Lyon , faut faire comme a efté demonftré cy-deffus au compte des Camelots,d'autant qu'en ladicte Caiffe,il y en a de differens prix , & en ce faifant on treuuera la valeur de l'aune de chacun,fuiuant fon prix.On pourroit bien treuuer le prix de l'aune de Lyon en liures tournois ,fuiuant le prix de la braffe dudict Venife de leur monnoye en multipliant par 200. les ducats que vaut la braffe, & partiffant le produit de la multiplication par 43. viendroit la valeur de l'aune en l tournois,à raifon dicte de $ 50.pour ducar,fans y comprendre aucuns frais, ny age de monnoye. Qui fera pour donner fin à ce negoce,pour traicter cy-apres du negoce de Meffine.

NEGOCE DE MESSINE EN SICILE.

lb 100.——— de Meffine,rendent à Lyon.————lb 70. ÷

A Meffine tiennent les efcritures à Onces,Taris,& Grains,qui fe fomment en 30.& en 20. parce que 30. taris font vne once, & vingt grains vn tari , le tari vaut 2.carlins, & vn carlin 10. grains, & vn grain 6 picolis,& vn pont y vaut 8.picolis. Il fe fait venir dudict lieu des Soyes Meffines,qui fe vendent à tant de taris la lb,comme fe voit en ce à f.18. au compte de Diecemy, & Benafcey ,leur ayant efté enuoyé de Marfeille v 5000. -- de reaux à $ 70. pour v, chargez fur vne galere de France, que à tari 15. & grains 15 pour efcu,valent audict Meffine onces 2625.-que leur auons ordonné employer en Soyes, ce qu'ils ont fait,& nous donnent compte de 10.bales foyes Meffines qu'ils ont chargées fur vne Galere de Genes , Capitaine Dom Carles Deria , pour configner à Deburgues à Tholon , lequel doit enfuiue l'ordre que luy en fera donné,par Benoift Robert de Marfeille,montant lefdictes 10.bales auec les frais faicts audict Meffine,& prouifion à 2.pour ÷ onces 3057.5.6.dequoy ils font faicts crediteurs,fans tirer la monnoye de France dehors,d'autant qu'on ne peut fçauoir à combien elle reuiendra,que la traicte ne foit faicte du furplus,qu'eft onces 432.5.16.qu'ils ont fourny de plus qu'ils n'ont receu,pour fe preualoir de ladicte fomme, la prennent à change pour Noue, fuiuant noftre ordre en v 810. 7. 3. d'or de marc, à carlins 32. pour v, fur Lumaga, lefquels s'en font preualus fur nous auec leur prouifion en

v 1010.

ꝟ 1010.0.3.d'or fol,valant l.3030.0.9.tournois.Et pour lors faut tirer la monnoye de France dehors,ſça-
uoir au compte deſdicts Diecemy ,& Benaſcey , au debit deſdictes onces 432. 5.16.mettre l.3030.0.9.
tournois,faiſât auec les reaux qu'ils ont receu l.2053o.o.9.tournois,&ſoude le credit par la meſme ſomme. Maintenant pour ſçauoir à combien elles reuiennent la Ꝕ à Lyon. Faut conſiderer qu'il y en a de
differens prix,& que leſdictes 10.bales reuiennent à onces 2826.2.10.ſans les frais,& leſdicts frais montent onces 231.3.6.ſurquoy faut voir combien chaque ſorte deſdictes ſoyes en doit ſupporter, diſant, ſi
2826.2.10.(prix deſdictes 10.bales)donnent de deſpens, onces 231. 3. 6. combien en donneront onces
2258.20.(prix de 8.bales à tari 30.16.la Ꝕ,)viendra onces 184.16. -- pour leſdictes 8.bales,leſquelles ,ad-
iouſtées auec leſdictes onces 2258.20.font onces 2443.6. & tant montent leſdictes 8.bales auec les frais
de Meſſine,& prouiſion.Puis dire par regle de 3.ſi onces 3057.(valeur de toutes les ſoyes auec les frais)
couſtent l.11392. 1. 5.(auec les frais de Meſſine à Lyon) combien leſdictes onces 2443. viendra.
l.17095.-- tournois , & tant valent leſdictes 8. bales , peſant Ꝕ 2200. -- qui reuiennent poids de Lyon
Ꝕ 1551. & partiſſant leſdictes l.17095. -- par leſdictes Ꝕ 1551.-- viendra l. 11. 0. 5. pour la valeur de la
Ꝕ de Lyon,tous frais payez,& faiſant le meſme compte pour les autres deux bales reſtantes, on treuuera la valeur de la Ꝕ de Lyon,ſuiuant le prix de ce qu'elles couſtent audict Meſſine. Ou pour le plus facile & brief , multiplier les taris de la valeur de la Ꝕ audict Meſſine par 400. & partir le proueu par
1269.ſon produit ſera la valeur de la Ꝕ de Lyon en l.tournois.Par exemple , à taris 30. & grains 16.la Ꝕ
de Meſſine,les multiplier par 400. -- feront 12320. qu'il faut partir par 1269. & en viendra l. 9. 14. 1.
valeur de la Ꝕ à Lyon,ſans y comprendre aucuns frais,leſquels reuiennent,tant les frais de Meſſine , que
port,dace,& doüanne de Lyon,enuiron à ◎ 25.pour Ꝕ, leſquels adiouſtez auec l. 9.14.1. ſont l.10.19.1.
que reuient la Ꝕ audict Lyon, tous frais payez, quand l'eſcu de reaux de ◎ 70. -- tournois , vaut audict
Meſſine taris 15.& 15 grains,qui ſera pour donner fin à ce negoce,&cōmencement à celuy de Bergame.

ℵEGOCE DE BERGAME.

Les braſſes de Bergame ſe reduiſent en aunes de Lyon,multipliant par 5. & partiſſant par 9. d'autant
que la braſſe dudict lieu tire ⅓ de l'aune de Lyon.
Ꝕ 100.——— de Bergame rendent à Lyon Ꝕ 68. — poids de la ſoye.
Vne liure dudict lieu ſe peut calculer pour ◎ 6. 6. tournois à raiſon que la piſtole d'Eſpagne
vaut audict lieu l.22.10. de leur monnoye,& à Lyon l.7.7. tournois.

A Bergame tiennent les eſcritures à l. ◎. & ◇, qui ſe ſomment en 20. & en 12. faiſant que ◎ 20.font
vne liure,& 12.deniers,vn ſol. Il ſe fait venir dudict lieu des tapiſſeries,ſargettes , burats, & autres
marchandiſes qui ſe vendent à l. ◎.& ◇. de leur monnoye , comme ſe voit en ce à f. 13. ayant fait venir
dudict lieu 6.bales tapiſſeries de Bergame contenant 12. pieces de diuerſes hauteurs , reuenant l'vne
pour l'autre à l.7. -- la braſſe , ſont l.3780.-- embalage & port iuſqu'à la Canonica l. 102.-tout l.3882.
monnoye de Bergame,faiſant doublons d'Eſpagne 172.10 8.à l.22.10.piece, & à l.15. monnoye de Milan,ſont l.2588. -- tranſit dudict Milan l.120.-- port de la Canonica à Milan l.4.16.-- tout l.2712. 16.--
que ſont l.1356.8.-- tournois,pour le port iuſqu'à Lyon,dace de Suſe , & doüanne dudict Lyon l.277. --
reuenant à l.46.3.4. la bale,tout l.1633.8. pour la valeur deſdictes 12. pieces, tous frais payez. Maintenant pour ſçauoir à combien reuient l'aune, pour faire reduire les braſſes 540.-- qui contiennent leſdictes 12.
pieces)en aunes,& ſeront aunes 300.-- pour partiteur de l.1633.8. & de ſon produit viendra l. 5.9.valeur
de l'aune à Lyon,tous frais payez , & d'autant qu'il y en a de differentes hauteurs , car plus doit valoir
celle de braſſes 5. ⅓.que celle de braſſes 4. ⅓. On peut faire differêce ſur chaque quart d'aune, de plus
d'hauteur de ◎ 10. tournois pour aune ; ou pour le plus facile & brief multiplier la valeur de la braſſe
par 117.& partir le proueu par 200.-- & ce qui en viendra,ſera la valeur de l'aune à Lyon en l.tournois.
Exemple , à l.7. La braſſe audict Bergame, les multipliant par 117. & partiſſant le proueu par 200.--
viendra l 4.1.10.-- Surquoy adiouſté l.1.5.pour les frais de Bergame à Lyon,ſont l.5.6.10. & à ce prix reuiendroit l'aune à Lyon.tous frais payez,quand la braſſe vaudroit l.7.-- monnoye de Bergame,& la liure
dudict lieu vaudroit ◎ 6.6.tournois. La meſme briefueté ſe peut obſeruer à l'achapt des burats , & ſar-
gettes. Et partant ne s'en fera plus long diſcours,faiſant ſuiure cy-apres le negoce de Mantoüe.

ℵEGOCE DE MANTOVE.

Les braſſes de Mantoüe ſe reduiſent en aunes de Lyon,multipliant par 8.& partiſſant par 15.d'autant
que la braſſe tire ⁷⁄₁₅ de l'aune de Lyon.
Ꝕ 100.——dudict lieu rendent à Lyon.————Ꝕ 66,—

A Vdict lieu tiennent les eſcritures à liures,ſols,& deniers,qui ſe ſomment en 20.& en 12. parce que
◎ 20. font vne liure,& 12. ◇,vn ſol. Il ſe fait venir dudict Mantoüe diuerſes ſoyes,taffetas,& autres
marchan

marchandifes,comme fe voit en ce,à f.12.ayant fait venir dudict lieu,vne bale bourre de foye,pefant net
℔ 303.-- à ♎ 95.-- la ℔,montant l.1435.15. prouifion à 2.pour ÷ l.28.7. embalage , dace , courratage,&
port,iufqu'à Milan tout l.1594.-- monnoye dudict Mantouë,faifant ducatons 166.10.à l. 9. 12.-- pour
ducaton,& à ♎ 115.de Milan font l.1954.14.9. tranfit l. 10. tout l.964. 14. 9. que à ♎ 110. pour v valent
l.1482. 7. 4. tournois, port de Milan à Lyon, dace de Sufe, & doüanne dudict Lyon l. 67. 10.-- tout
l.1549.17.4.valeur de ladicte bale bourre:que pour fçauoir à combien reuient la ℔ à Lyon faut voir que
lefdictes ℔ 303.-- de Mantouë rendent à Lyon ℔ 200. -- & partiffant lefdictes l.1549. 17. 4. tournois par
200.-- viendra l.2.15.-- valeur de la ℔ à Lyon,poids de la foye tous frais payez,qui fuffira pour ce negoce, faifant fuiure cy-apres le negoce de Modena.

NEGOCE DE MODENA.

Les braffes de Modena fe reduifent en aunes de Lyon,multipliant par 8. & partiffant par 15. comme celles de Mantouë.
℔ 100.------dudict lieu rendent à Lyon.------------℔ 77.÷.

ILs tiennent leurs efcritures à l. ♎, & ♎, qui fe fomment en 20. & en 12.
Il fe fait venir dudict lieu diuerfes foyes, comme fe voit en ce à f.7. ayant fait venir vne bale organcin pefant ℔ 268.÷ à l. 25. 10.-- font l. 6846. 15.-- embalage, & dace de Modena l. 42. 16. -- tout
l.6889.11.-- monnoye dudict Modena,que font doublons d'Efpagne 382.÷ à l.18.piece,& à l.15.-- monnoye de Milan font l.5741. 5.-- port de Modena à Milan l.40. 5.trafit dudict Milan l.15.-- tout l.5796.10.-
monnoye de Milan,que à ♎ 120.pour v,font l.2898.5.-- tournois port de Milan à Lyon, dace de Sufe, &
doüanne dudict Lyon l.71.10. -- tout l. 2970.15. -- valeur defdictes liures 268.÷ poids de Modena , qui
rendent ℔ 208.poids de la foye, & partiffant lefdictes l. 2970.15. par 208. -- viendra la valeur de la ℔ à
Lyon, tous frais payez.
Ayant fuffifamment traicté de la negociation qui fe fait en Italie , nous finirons,pour traicter du negoce d'Alemaigne.

NEGOCE D'ALEMAIGNE.

EN Alemaigne tiennent les efcritures, d'aucuns à florins, & cruchers , le florin valant 60. cruchers,
d'autres à florins,bach,& cruchers,le florin valant 15.bach,& le bach 4. cruchers , & d'autres à flo-
rins,fols,& deniers,qui fe diuifent en 20.& en 12.faifant que fols 20. font vn florin,& 12.deniers , vn fol.
Le florin fe peut calculer à ♎ 33.4.tournois,& les 9.bach à ♎ 20.-- tournois.
L'aunage d'Alemaigne fe reduit en aunes de Lyon,prenat le ÷,& le quart des aunes d'Alemaigne lef-
quels adiouftés enfemble ferôt aunes de Lyon,d'autât que l'aune dudict lieu tire ÷ de l'aunage de Lyon.
Il fe fait venir d'Alemaigne quars de Conftance,Conftance en fac,Bouquerans , Noirs, & Couleurs,
Arquebufes,Piftolets,& Roüers,toiles d'Alemaigne,toiles de Mafade,& plufieurs autres marchandifes.
Les Foires de Francfort,fe tiennent à la my-Carefme, & à la my- Septembre;& fi la remife eft hors de
Foire,faudra attendre ladicte Foire,& faudra que l'argent demeure demy année , qui font deux Foires,
& s'vfe de faire bon 6.7. & iufqu'à 8.pour ÷ tant de plus que de moins.
A Sourfach y a deux Foires, qui fe tiennent l'vne à la Pentecofte , & l'autre à la faincte Frenne , qui
commence le 13. Septembre, comme fe voit en ce, f.31. Faut noter que les draps fe vendent audict
lieu à tant de bach l'aune de France,& fe fait terme d'vne foire à l'autre , qui fuffira pour entiere inftruction de ce negoce,faifant fuiure cy-apres le negoce de Flandres.

NEGOCE DE FLANDRES.

Les aunes de Flandres fe reduifent en aunes de Lyon , prenant le tiers & le quart de l'aunage dudict Flandres , lefquels adiouftés enfemble feront aunes de Lyon : à raifon que l'aune dudict
lieu tire ÷ de l'aunage de Lyon.
℔ 100.------d'Anuers rendent à Lyon,poids de la foye ℔ 102. ------

AVdict lieu tiennent les efcritures à liures,fols,& deniers,monnoye de gros, qui fe fomment en 20.
& en 12. parce que ♎ 20.font vne liure,& 12.deniers,vn fol.
La liure de gros fe peut calculer à l.6. -- tournois.
Il fe fait venir de Flandres Camelots de l'Ifle & autres,Sarges de Honfcot,Toiles baptiftes, & Cam-
brais,Croifez,fil Defpine,Tapifferies,Sarges de Seigneur,& Leydem , & autres marchandifes lefquelles
fe vendent partie en monnoye de gros,& partie à florins,lequel florin fe diuife en ♎ 20.& le fol,en 12.♎,
&.6.florins font vne liure de gros,comme fe voit au côpte de l'achapt faict en Flandres,par André Mont-
D   bel

bel à f.37.commençant à Paris,là où il fait achapt de 4.bales bas d'eftame, à Amiens des farges de Londres,& de là pour Flandres,& arriue à l'Ifle,où il fait achapt des camelots de l'Ifle,qui fe vendent à
tant de fols de gros,la piece(tirant enuiron aunes 10. ÷ de Lyon)& camelots ÷ (ainfi appellez,d'autant
qu'ils tirent ⅓ d'aune de Flandres de large)farges de Honfcot, tirant enuiron aunes 20.de Lyon. Camelots ÷ à Cambray il a fait achapt des toiles Cambray & Baptiftes , tirant la piece enuiron aunes 12,
÷ de Lyon ; & fe vendent à tant de liures de gros la piece la premiere forte ; & les autres vont augmentant de ₡ 20.chacune,plus ou moins,felon qu'on les defire.A Valancienne s'achetent les mefmes marchandifes qu'à Cambray.A Tourney il a fait achapt de 27.demy pieces tripe de veloux,tirant la demy-
piece aunes 5.÷ de Lyon. A Gam,de fil d'Efpine, qui fe vend à la ℔, femblable à la ℔ de Lyon poids de
marc de 16.onces,toiles de Gam qui fe vendent à tant de gros l'aune, tirant la piece enuiron aunes 30.÷
de Flandres,vn peu plus ou moins.En Anuers a fait achapt des Croifez à tant de fols, la piece tirant aunes 12.de France,Tapifferies de Flandres à tant de fols l'aune quarrée dudict Flandres ; à Amfterdam a
fait achapt des toiles natuçelles(qu'on appelle Caneuas de Flandres) à tant de gros l'aune dudict Flan-
dres:toiles houppées à tant de fols de gros,la piece(tirant enuiron aunes 20.de Flandres.)A Midelbourg
Michel Pic,luy a fait achapt,fuiuant fon ordre és lieux cy-apres nommez des marchandifes enfuiuantes,
& s'en eft preualu de la valeur à Paris,au pair fur Lumaga,& Mafcranny. Sçauoir à Arlem 100. pieces
toiles d'Holande de aunes 25. la piece,reuenãt l'vne pour l'autre à vn florin l'aune.A Leydem,farges de
Leydem(autrement appellées farges d'Ipre)& farges de Seigneur à tant de florins, la piece tirant aunes
20.de Lyon.Toutes lefquelles marchandifes venant d'Holande, fe chargent pour aller au port de Flef-
fingue,pour faire voile à Roüan,ou à S.Valery en Picardie.Et quand les paffages des Holandois auec les
Flâmans font libres,l'on enuoye par Mer lefdictes marchandifes en Anuers, qui là fe chargent par terre
pour Lyon à l.10.pour quintal de voyture. Et pour fçauoir à combien reuient l'aune de Lyon defdictes
marchandifes,monnoye de France,fuiuant le prix de la piece ou de l'aune de Flandres, en monnoye dudict Flandres : faut premierement fçauoir combien d'aunes tire la piece , & partir la valeur de la monnoye de France par ledict aunage,viendra la valeur de l'aune.Par exemple,voulant fçauoir combien reuient l'aune à Lyon des farges de Seigneur,à raifon que 20.pieces ont coufté fl.1960.-- (qui font autant
que l.1960.--tournois d'autant que ledict florin vaut ₡ 20.--tournois)& lefdictes 20.pieces tirant aunes
20.la piece,font aunes 400.-- furquoy faut noter qu'il y a vne des frais faicts tant à l'achapt , que voyture,& doüanne de Lyon,enuiron 14.pour ÷ tellement que auec lefdictes l.1960. (valeur defdictes 20.
pieces) faut adioufter l. 274. pour tous frais , feront l. 2234. lefquels faut partir par aunes 400.feront
l.5.11.8.valeur de l'aune à Lyon defdictes Sarges de Seigneur tous frais payez.

Pour trenuer la valeur de l'aune de Lyon en l.tournois,fuiuant le prix de l'aune de Flandres en monnoye de gros,au plus facile & brief , faut multiplier par 10.÷ la valeur de l'aune d'Anuers , & ce qui en
viendra fera la valeur de l'aune de Lyon. Exemple , à ₡ 8. 6. de gros l'aune de Flandres viendra ₡ 87.5.
tournois,que font l.4.7.5.tournois,pour la valeur de l'aune de Lyon, qui fera pour donner fin à ce negoce,pour traicter cy-apres du negoce qui fe fait fur Mer.

NEGOCE SVR MER.

IL fe voit en ce liuţe,à f.14 15.& 17. diuers chargemens fur Mer , & defchargemens de diuerfes marchandifes. Et premierement le chargement du Vaiffeau le Cheualier de Mer , Capitaine Chreftien
Iauicen de Rotterdam,auec lequel auons conuenu & accordé(par l'entremife de IeanOort d'Amfterdã)
qu'il fera tenu de liurer & tenir preft fon Nauire(à prefent feiournant deuant Amfterdam)fans retarde-
ment,bien eftanché,& pourueu d'ancres,voiles,cables,cordages,victuaille , & autres appartenances neceffaires auec onze perfonnes,& que ledict Nauire fera equippé de 6. pieces de fonte 4. paffe-volans ou
pieces iettant pierres,Item armes de main,moufquets,arquebufes,picques,poudres,plomb,balles,& autres munitions neceffaires ; Et ce faict, ledict Chreftien Iauicen auec fon Nauire , au premier temps &
vent conuenable que Dieu enuoyera, partira & fera voile de ce païs à droicte route vers Iernioms , ou
ailleurs en Angleterre;pour illec charger le refte,ou prendre fa charge entiere,foit de poiffon, ou autres
marchandifes à noftre vouloir , iufques à pleine & competante charge ; auec lefquelles marchandifes il
fera voile,auec l'aide de Dieu , en toute diligence vers l'eftroit,en tous lieux , haures , & places que bon
nous femblera,& en icelles faire voile, aller , & retourner en haut , & en bas,charger,defcharger,& re-
charger par tout ou iugerons eftre noftre profit ; iufques que finalement nous aurons depefché ledict
Nauire , pour retourner auec la charge ; eftant tres-expreffement accordé que ledict Nauire fera feul à
noftre profit,fans que ledict Iauicen puiffe prédre en fon dictNauire aucuns biens ou marchãdifes d'autres,que de nous,à peine de tous dommages & interefts : fera tenu venir en France,& en Flandres, pour
defcharger & charger en tout ou en partie,& puis apres pourfuiure ledict voyage vers Amfterdam, & y
defchargera & deliurera fidelement & loyalement lefdictes marchandifes,ainfi que par nous luy fera ordonné. Et moyennant ce,nous luy promettons payer , fçauoir pour chacun mois qu'il aura feruy & qu'il
aura par nous efté retenu,la fomme de fept cens florins de ₡ 20.piece,valant l.700.tournois,à cõmencer
apres

apres que ledict Nauire sera passé Texel,& arriué en Mer,& deslors courra cõtinuellemẽt ledict salaire, &apres ledict Iaulcẽ nous enuoye la police du chargemẽt faict sur ledict Vaisseau,en la forme que s'ẽsuit.

Ie Chrestien Iaulcen,maistre apres Dieu du Vaisseau nommé,*le Cheualier de Mer*,ancré à present deuant Amsterdam,pour auec le premier temps conuenable que Dieu donnera suiure le voyage, iusqu'au deuant de la ville de Marseille,là où sera ma droicte descharge, confesse auoir receu dedans le mien Vaisseau dessous le tillac de vous Iean Oort, les marchandises ensuiuantes nombrées, & marquées du nombre,& marque cy-contre,le tout sec & bien conditionné;sçauoir 139000.merluches,& 1180.barils harens,le tout pour compte,d'Alamel,Fontaine, & Pontier, lesquelles marchandises ie promets deliurer audict Marseille,au Sieur Benoist Robert,ou partie d'icelle,ainsi que par luy me sera ordonné, sauf les perils & fortunes de la Mer: en foy dequoy i'ay escrit, & signé 3. pareilles à la presente,desquelles l'vne estant accomplie,les autres seront de nulle valeur. Faict à Amsterdam ix.

Laquelle police dudict chargement nous enuoyons à Marseille audict Robert,auec ordre de retirer,& vendre la quantité des marchãdises qu'il iugera se pouuoir debiter audict Marseille,& le reste enuoyer descharger à final és mains de Maluasie,lequel doit ensuiure l'ordre que luy en sera donné par nostre Pierre Alamel: & estant ledict Vaisseau venu à bon port audict Marseille, ledict Robert fait descharger 500.barils harens,& 500.bales merluches, qu'il iuge se pouuoir debiter audict Marseille, & enuoye le reste à final és mains de Maluasie, lequel le recharge de 1536.sacs riz acheptez de compte à ÷ auec ledict Oort,pour descharger en Amsterdam és mains dudict Oort, lequel en doit faire la vente; & estant arriué audict lieu à bon port,ledict Oort fait vente desdicts riz,& nous en donne compte comme se voit plus particulierement en ce,à f.14.& 17.

S'est fait autre chargement audict Amsterdam sur le Vaisseau S. Pierre, (Capitaine Pierre Samson,) de poiure,plomb,estein,& cuirs,pour faire voile,& descharger audict Marseille és mains dudict Robert, lequel Vaisseau a esté pris par les Corsaires d'Argers,au Capt de Gab en Espagne, duquel n'a esté retiré que l.1450.--de gros qu'auions fait asseurer en Anuers que lesdicts asseureurs ont payé audict Oort en ce, à f.14.

Auons aussi chargé à Marseille sur le Vaisseau l'Ange Gabriel, Capitaine Iean Baptiste Lagorio, qui part de Marseille pour Alep v 6000.-- de reaux pour consigner audict lieu à Pierre Lamy, pour y faire achapt des soyes,ainsi que sera traicté au negoce de Turquie.

Autre chargemẽt a esté par nous faict de diuers bleds en compagnie,auec plusieurs,remis és mains & puissance de Pierre Sauset nostre Facteur, pour faire conduire à Marseille, charger sur Mer,pour faire voile és villes d'Espagne, & Portugal, qu'il entendra en auoir plus grand diserte pour vendre à nostre plus grand auantage,ainsi que se voit au compte desdicts bleds à f.34. Partant finirons ce negoce, pour traicter du Negoce d'Angleterre.

NEGOCE DE LONDRES EN ANGLETERRE.

Les 9. Verges de Londres font aunes 7.de Lyon.

A Londres on tient les escritures à l.ʃ.&ð.de Sterlins qui se sommẽt en 20.& en 12.parce que ʃ 20. font vne liure,& 12.deniers,vn sol.Il se fait venir dudict lieu,sarges perpetuanes,futaines,bayettes, & autres marchandises,qui se vendent à l.ʃ.& ð.de sterlins la piece comme se voit en ce,à f.14. Ayant fait venir dudict lieu 250.pieces sarges perpetuanes chargées sur le Vaisseau de Iames Zerlãd,par Abraham Bech,pour consigner à Roüan,à Robin & Ferrary;sçauoir 200.pieces diuerses couleurs à ʃ 46.6.& 50.pieces noires à ʃ 35.de sterlins la piece,mõtant auec les frais & prouision de Londres l.621.6.--monnoye de sterlins,laquelle somme a esté changée pour Lyon,en sterlins 69.½ pour v,font l.6436.10.-tournois,& pour les frais faicts à Roüan,par Robin,& Ferrary à la reception,& enuoy desdictes perpetuanes l.197.5.-voyture de Roüan à Lyon,& doüanne dudict Lyon l.386.tout l.7019.15.- valeur desdictes 250. pieces,que pour sçauoir à combien reuient la piece à Lyon, tant des noires,que des couleurs, faut premierement voir que tous les frais de Londres montent l.68.16.que pour sçauoir combien de frais vient tãt pour les noirs,que pour les couleurs,faut dire par regle de 3.Si l.552.--(valeur desdictes perpetuanes sans les frais)donnent de frais l.68.16. -- combien l.465.-- (valeur des 200.pieces couleurs, & combien l.87.10.-- valeur des noires) viendra pour les couleurs l. 58. qu'il faut adiouster auec les l. 465. seront l. 523. -- & pour les noires l.10. 16.-- adioustez auec l. 87. 10. -- font l.98.6. -- puis dire, si l.621.-- prix, & frais desdictes perpetuanes coustent l.7019.15.-- tournois,combien l.523.-- & combien l.98. 6. viendra l.5909.2. pour les couleurs; & les partissans par 200. -- seront l.29.10.11.tournois,valeur de la piece des couleurs, & pour les noires viendra l. 1110. 13.-- lesquels partis par les 50. pieces de noir, seront l.22.4.3.valeur de la piece desdictes noires tous frais payez.

Auons aussi fait venir vn tonneau futaine d'Angleterre, contenant 64. demy pieces à ʃ 30. la demy piece, font l. 96. -- embalage, & autres frais l. 5. 6. 4. tout l.101.6.4. monnoye de sterlins de Londres, de laquelle somme auons fait crediteur Abraham Bech, sans tirer la monnoye de France dehors,

 iusqu'à

iufqu'à ce qu'il donne aduis auoir pris, à change ladicte partie pour Roüan , à fterlins 68. pour v, fur Robin,& Ferrary,que font l.1072.11.6.tournois,de laquelle fomme le faifõs debiteur,& crediteurs lefdicts
Robin,& Ferrary;& réplifſons fon credit,mettant pour lefdicts l.101.6.4.de fterlins,lefdicts l.1072.11.6.
tournois.On pourroit bien fi l'on vouloit , calculer la monnoye de Londres à l.10. -- tournois,pour vne
liure de fterlins reuenant à 72. fterlins pour v, & à ce prix n'y peut auoir que fort peu de difference fur
la traicte,chágeant la plufpart à 71.ou 73.pour v,pour Lyon,Roüan,ou Paris.Et auec lefdictes l.1072.6.
faut adioufter pour les frais faicts à Roüan l. 47. 5. voyture de Roüan à Lyon , & doüanne dudict Lyon
l.86.1.-- tout l.1205.17.6.valeur defdictes 64 demy-pieces; que pour fçauoir la valeur de chacune,faut
partir lefdictes l.1205.17.6.par 64. viendra l.18. 16. 10. valeur de chacune demy-piece,tous frais payez.
Aufſi s'eſt chargé quelques Vaifſeaux de poifſons fecs à Terre neufue, lernionts & Pleymonts en Angleterre,comme fe voit fpecifiquement au chargement du Vaifſeau, le Cheualier de Mer, en ce à f.15.
Et cecy fuffira pour l'inftruction de ce negoce,faifant fuiure cy-apres le negoce de Turquie.

NEGOCE DE TVRQVIE.

A Conftantinople tiennent leurs efcritures à piaftres,& afpres,dont vn piaftre vaut quelque fois 80.
afpres, d'autres fois 90. 100. 110. & 130. plus ou moins. Le pic de Conftantinople rend $\frac{1}{7}$ de
l'aune de Lyon à raifon que les 5.aunes font 9.pics. Il fe fait venir dudict lieu des camelots greges 3.&
4.fl's, & on y enuoye vne Caifſe draps de foye és mains de Iean Scaich,pour vendre à noftre plus grand auantage,qu'il a vendu à tant d'afpres le pic,fe montant afpres 161769. rabbatu les frais,& prouifion,faifant
piaftres 1470. $\frac{1}{7}$ à 110 afpres la piaftre,calculé à ♀ 47.tournois pour piaftre font l.3455.19.4.de laquelle
fe mne il nous tient crediteur ; & pour payement d'icelle nous enuoye 4. tables camelots bleus,4.fils,
contenant 168.pieces, montât auec les frais afpres 137003.valant l.1926.10.-- tournois,à raifon que les
afpres 161769.rendent l.3455.19.4.tournois,dont pour foude de compte,nous refte afpres 24766 qu'il
a remis de noftre ordre en Alep, à Pierre Lamy, en 265.piaftres,& 32.afpres à 93.afpres, & $\frac{1}{4}$ la piaftre
faifant v 176. $\frac{2}{7}$ de reaux à 1. $\frac{1}{2}$ piaftre l'efcu,& à ♀ 70.-- tournois,font l.618.6.8.tellement qu'il fe treuue d'auance fur ladicte remife l. 88. 17. 4. dequoy faifons creditrices lefdictes marchandifes , d'autant
que les profits qui fe font fur icelle font en participation auec Bolofon.
    Et pour fçauoir à combien reuient la piece defdicts camelots en liures tournois , faut adioufter auec
lefdictes l.2926.10.-- (valeur defdictes 168.pieces camelots)l.72.7.4 pour voyture,& doüanne de Lyon,
feront l.2998.17.4.lefquels faut partir par lefdictes pieces 168.& en viendra l. 17. 17. pour la valeur de
la piece defdicts camelots pour contant tous frais payez. Appert plus particulierement de ce compte à
l'inftruction qui fe donne des marchandifes en participation.
    En Alep,Tripoly,& Alexandrette,tiennent leurs efcritures à piaftres,medins,& afpres : la piaftre va-
lant 53.medins,& le medin vn afpre & $\frac{1}{4}$.

      Le Rotole d'Alep, rend à Lyon.————————————℔ 4. $\frac{1}{4}$
      Le Rotole de Tripoly , rend audict Lyon.——————℔ 4.

    Il fe fait venir defdicts foyes diuerfes foyes leges,ardaffes, & tripolines , comme fe voit au compte de
Lamy à f.19.Luy ayant efté enuoyé de Marfeille,par le Vaifſeau l'Ange Gabriel,Capitaine Iean Baptifte
Lagorio,v 6000. -- de reaux à ♀ 70. -- tournois , & v 12166. $\frac{1}{2}$ à ♀ 69. 9. par le Vaifſeau S. François de
Paule , Capitaine George Boulano , faifant piaftres 27250.à raifon de 1. $\frac{1}{2}$ piaftre pour v , que luy auons
ordonné d'employer en foyes , lequel nous donne aduis d'auoir faict achapt de 50.bales foye lege , pefant tott 52319. $\frac{1}{2}$ à diuers prix mõtant auec les frais& prouifion,piaftres 28263.& 36.medins calculez,
à raifon que les piaftres 27250.rendent l.63431.5. Sont l.65789.tournois prouifion de Robert , nolis,&
autres frais par luy fournis tant à l'enuoy defdicts Reaux, que reception defdictes foyes l.6908. 18. y
compris l.500. -- qu'il a payez à Scipion Manfredy , Capitaine du Vaifſeau S.Antoine, pour noftre part
du repartiment du iect dudict Vaifſeau,ayans efté contraincts le Capitaine,& autres eftans dans iccluy,
pour fauuer leur vies,alleger,& iectter en Mer 30.bales de valeur de l.30000. -- qui ont efté reparties ra-
te pour rare à Marfeille,par le Conful & Officiers dudict Vaifſeau.Port de Marfeille à Lyon,& doüanne
dudict Lyon l.1531.7.6. tournois,valeur defdictes 50.bales,pour fçauoir à combien
reuient la ℔ à Lyon,faut reduire lefdictes rottes 2319. $\frac{1}{2}$ en ℔,feront ℔ 10437. $\frac{1}{2}$, & partifſant lefdictes
l.74229.6.par lefdictes ℔ 10437. $\frac{1}{2}$ viendra l. 7. 2. 3. valeur de la ℔ à Lyon tous frais payez ; & d'autant
que ledict Lamy a plus fourny, qu'il n'a receu , il a pris à change le furplus de Scipion Manfredy , Capitaine du Vaifſeau S. Antoine,pour rendre à Marfeille en v 498. -- de reaux qui luy ont efté payez par
ledict Robert, comme fe voit plus particulierement en ce , à f.19. & 3. Faifant fin à ce negoce , pour
commencer le negoce d'Efpagne,

NEGOCE D'ESPAGNE, ET PORTVGAL.

℅ 100.——de Valence en Espagne,rendent à Lyon.—— ℅ 73. ½
℅ 100.——d'Almerie, rendent à Lyon.————℅ 117.——
℅ 100.——de Tortosa, rendent à Lyon.———— ℅ 72.——
℅ 100.——de Sarragosse, rendent à Lyon.———— ℅ 73.½
130.Vatres de Valence en Espagne,rendent à Lyon aunes 100.——

A Valence,Barcelonne,& Sarragosse,tiennét leurs escritures à liures,sols,& deniers, qui se somment en 20.& en 12 parce que ₰ 20.font vne liure,& 12.₰,vn sol. Le ducat vaut ₰.24.-- & le real ₰ 2.-- A Seuille tiennent les escritures à marauedis, qui se somment en dixaines.

Le ducat vaut marauedis 375.- & le real 34. marauedis.

A Lisbonne en Portugal,tiennent leurs escritures à raix,qui se somment en dixaines.

Il se fait venir desdicts lieux,soyes,semence de vers à soye , drap d'Espagne , & autres marchandises, comme se voit à f.10.au compte de Poncet de Valence,ayant fait venir dudict lieu onces 6000.--semence de vers à soye,à diuers prix en 24. Caisses chargees sur la faloupe S.Iean Baptiste , patron Thomas Cabanes,pour porter à final,& consigner au Sieur Maluasie, lequel doit ensuiure l'ordre de Pierre Alamel.Montant auec les frais(y compris l'asseurance de l.1600.monnoye de Valence à 4.pour ½ qu'auons faict asseurer dudict lieu iusqu'à final)l.3712.2.-- monnoye de Valence,faisant 37121. reaux Castelan à ₰ 2.pour real,valant ▽ 3093.8.4.de 12.reaux piece,que à ₰ 70.-- tournois,pour ▽,font mōnoye de France l.10826.19.1.& pour payemét d'icelle somme prenent à change pour nous ▽ 2400.--de marc,à ₰ 16. pour ▽ sur Lumaga,& de ce lieu s'en font preualus sur nous à Lyon auec leur prouision en ▽ 2972.16.9. d'or sol,à 81 pour ½,font l.8918.10.3.tournois,restant encor à payer esdicts Poncet de Valence l.592.2. mōnoye de Valence,qu'ils nous ont tiré à Lyon en ▽ 493.8.4.de reaux à ₰ 70.pour ▽,faisant l.1726.19.2. tournois , & parce moyen leur compre demeure soudé en leur monnoye , & en monnoye de France se treuue d'auance l.181.9.9.sur la traicte faicte à Noue,que portons en credit à compte de profits & pertes de Piedmont f.10.Il s'est vendu à Calix(port de Mer pres Seuille)6000. asnées bled , qui ont rendu audict Calix 6000.fanegues(mesure dudict lieu)à marauedis 2300.la fanegue.

A Lisbonne a esté vendu 84000.--asnées bled,qui ont rendu 84000.alquid,mesure de Lisbonne,à 150. raix,l'alquid,reuenant à 3.½ alquid pour bichet ; ainsi qu'appert à f.34. qui sera pour finir le negoce qui se fait hors de France,pour traicter de la negociation qui se fait en France.

NEGOCE DE BOVRGOIGNE, BRESSE, Franche-Comté, & Lorraine.

IL se fait venir desdicts lieux bleds diuers,fer doux,& rompant,comme se voit en ce,à f.37.au compte d'André Montbel,ayant achepté à Dijon 6578.bandes fer doux,pesant ℅ 242000.-- poids de marc de Bourgoigne à l.52. le milliet,sont l.12584.-- qu'est poids de Lyon ℅ 283140. à raison de ℅ 100. -- desdicts lieux pour ℅ 117.de Lyon,à condition qu'ils le doiuent rendre à S.Iean de Laune , & de là se fait conduire à Lyon , à raison de l. 5. pour 40. bandes de voyture , reuenant pour lesdictes bandes 6578. à l.822 5.Doüanne de Lyon à raison de ₰ 26.8.pour cent bandes l.87.14.port au magasin à ₰ 8.pour cent bandes l.26.6.despence de bouche faicte en Bourgoigne l.40. -- tout l.976.5. -- adioustez auec l. 12584. (valeur desdictes bandes 6578.font l.13560.-- Et pour sçauoir à combien reuient le quintal à Lyon.Faut dire si ℅ 283140. poids de Lyon coustent l. 13560.-- Combien 100. -- viendra l.4.15.9. & à ce prix reuient le quintal du fer doux rendu à Lyon,tous frais payez.

Le fer rompant s'achepte à la Comté, y ayant faict achapt de 1815. bandes renduës à Grey,pesant ℅ 68270.à l.48.le millier sont l.3276.19. monnoye de Comté,à raison que la pistole se passe audict lieu à l.8.6.8.& à Lyon à l.7.6.-- Sont mōnoye de France l.2870.12 & 457.bādes audict prix,pesant ℅ 18270.-- font l.876.19.mōnoye dudict lieu valant l.768.4.tournois,en tout l.3638.16.-- surquoy adiousté l.857.-- pour voyture,doüanne,& autres menus frais sont l.4495. -- dont pour treuuer la valeur du quintal faut dire,si 101260 (poids de Lyon desdictes 2271. bandes fer rompant) coustent l. 4495.-- combien 100.-- viendra l.4.8.9.valeur du quintal à Lyon,dudict fer rompant tous frais payez.

Il a esté achepté audict lieu 1000.souchons,pesans audict Comté ℅ 7475.-- à l. 57. le millier rendu à Grey,font l.426.1.monnoye dudict lieu, valant l.373.4.-- tournois,& l.51.-- pour voyture, doüanne,& port au magasin,tout l.424.& faisant comme dessus,viendra l.4.16.10. pour la valeur du quintal à Lyō.

Il s'est fait achapt à Mascon de 700. asnées bled froment à l.9. l'asnée ; mesure dudict Mascon valant 7.bichets & ½ à Lyon, que sont 846.asnées dudict Lyon de 6. bichets, l'vne montant l.6300.-- lesquels partagez par 846.viendra l.7.9.-- pour la valeur de l'asnée à Lyon.

A Chalon s'est achepté 500. bichets bled pour 480.à payement à l. 7. -- le bicher mesure de Chalon

valant(à raison de 5.bichets & $\frac{1}{2}$ de Lyon pour vn bichet)437.asnées,montant l.3360. -- qui reuiennent
à l.7.13.9.l'asnée de 6.bichets de Lyon.

NEGOCE DE FRANCE.

℔ 100. de Paris rendent à Lyon , poids de ville de 16. onces.	℔ 116.
℔ 100. de Roüan.	℔ 120.
℔ 100. de Tholouse.	℔ 96.
℔ 100. de Marseille.	℔ 94.
℔ 100. de Montpellier.	℔ 96.
℔ 100. de la Rochelle.	℔ 94.
℔ 100. de Geneue.	℔ 130.
℔ 100. de Besançon.	℔ 116.
℔ 100. de Bourg en Bresse.	℔ 115.
℔ 100. d'Auignon.	℔ 96.

Les canes de Languedoc se diuisent en 8.pans , & la cane tire aune 1. $\frac{1}{2}$ pour reduire les canes en aunes,y faut adiouster $\frac{1}{2}$, & seront aunes,& s'il y a des pans auec les canes,faut figurer chaque pan
pour $\frac{1}{8}$ de liure,valant ♩ 2.6. & les aunes se reduisent en canes,en prenant $\frac{1}{2}$ des aunes, & $\frac{1}{4}$ dudict
demy adioustant ces deux produicts,& seront aunes.

POur treuuer la valeur de l'aune,suiuant le prix de la cane,faut prendre $\frac{1}{2}$ & $\frac{1}{4}$ dudict demy de la valeur de la cane,adioustant ces 2.produicts,viendra la valeur de l'aune , & pour treuuer la valeur de
la cane suiuant le prix de l'aune,faut y adiouster $\frac{1}{5}$ viendra la valeur de l'aune.

Il se fait venir à Lyon de France,Poictou,& Languedoc , diuerses sortes de draps de laine , comme se
voit au compte de Claude Catillon f.29.30.par l'achapt qu'il a fait esdicts lieux. Et faut noter qu'en l'a-
chapt des toiles de Roüan le vendeur fait bon à l'achepteur 20. pour $\frac{2}{3}$ c'est à sçauoir que de 120.aunes,
on n'en paye que 100.C'est pourquoy sur ledict achapt on distrait le $\frac{1}{6}$ de l'aunage,le reste est ce que l'a-
chepteur doit payer. Les Foires de Poictou pour la drapperie se tiennent 6.fois l'an, Sçauoir : à Niort le
iour saincte Agathe 5.Feurier,à la S.Iean de May 6.May : & le iour de S.André 30.Nouembre.

A Fontenay,le iour de S.Iean Baptiste 24.Iuin : le iour de S.Pierre premier Aoust:& le iour de S. Venant 12. Octobre.Ne se tenant lesdictes Foires que le lendemain de la feste ; & si elle arriue le Vendre-
dy,on la remet au Lundy ensuiuant.

Les Foires du Languedoc pour la drapperie , sont à Montaignac en Ianuier le iour S.Hilaire , & à la
my-Caresme,& à Pesenas à la Pentecoste,en Septembre,& Toussaincts.

Qui suffira pour conclurre tous les negoces que fait Lyon en toutes les parties de l'Europe. Ayant
fait voir amplement par iceux la plus grande partie des marchandises qui arriuent dans Lyon , dont on
pourra voir par la vente d'icelle,les lieux ou elles se debitent. Et faut noter qu'à la vente des soyes il se
donne ℔ 2.au poids, & puis la tare qu'il faut distraire , & faire la reduction du reste à 108. pour $\frac{2}{3}$ & sur
ce qui en viendra,se rabbat encor vne liure, & toutes les onces,n'en ayant esté fait aucune mention à la
vente d'icelles,ains iustement a esté mis par la vente le nombre des liures qui restent à payement, dont
pour conclusion nous ferons suiure vne table de la reduction du poids de ville de 16.onces,au poids de
marc de 15.onces poids de la soye,afin que plus facilement le Marchand puisse faire son compte.

Exemple sur l'explication de la Table cy-contre.

Vne bale soye crue , pesant poids de ville de Lyon.		℔ 219.		
Faut rabbatre ℔ 2. qu'on baille au poids.		℔ 2.		
	Reste	℔ 217.		
Tare de la Chemise , & Cordons.		℔ 1.13.onces $\frac{1}{2}$		
	Reste	℔ 215. 2.onces $\frac{1}{2}$		

℔ 215.poids de Lyon cy-dessus rendent ℔ 199.onces 1.$\frac{8}{}$. 1. & $\bar{g}$.16.

onces 2. — rendent	℔ 0.	1.	17.	16.
deniers 12. — rendent	℔		10.	10.
	℔ 199.	3.	6.	18.
Faut rabbatre vne liure,& les onces qu'on baille apres la reduction faicte.	℔ 1.	3.	6.	18.
Reste à Payement.	℔ 198.			

REDVCTION

Reduction des liures, poids de ville de Lyon, en liures, onces, deniers, & grains, poids de soye. La premiere colomne separée monstre les liures, poids de Lyon, & les 2. 3. 4. & 5. colomnes suiuantes monstrent les liures, onces, deniers, & grains, poids de soye.

℔	℔.	oñ.	℈.	g̃.	℔	℔.	oñ.	℈.	g̃.	℔	℔.	oñ.	℈.	g̃.	℔	℔.	oñ.	℈.	g̃.
1	0	13	21	8	63	58	5	0	0	115	115	11	2	16	187	173	2	5	8
2	1	11	18	16	64	59	2	21	8	116	116	8	0	0	188	174	1	2	16
3	2	11	16	0	65	60	2	18	16	117	117	8	21	8	189	175	0	0	0
4	3	10	13	8	66	61	1	16	0	118	118	7	18	16	190	175	21	21	8
5	4	9	10	16	67	62	0	13	8	119	119	6	16	0	191	176	22	18	16
6	5	8	8	0	68	62	14	10	16	130	110	5	13	8	192	177	11	16	0
7	6	7	1	8	69	63	13	8	0	131	111	4	10	16	193	178	10	13	8
8	7	6	2	16	70	64	11	5	8	132	122	3	8	0	194	179	9	10	16
9	8	5	0	0	71	65	10	2	16	133	123	2	5	8	195	180	8	8	0
10	9	3	21	8	72	66	10	0	0	134	124	1	2	16	196	181	7	5	8
11	10	2	18	16	73	67	8	21	8	135	125	0	0	0	197	182	6	2	16
12	11	1	16	0	74	68	7	18	16	136	125	21	21	8	198	182	5	0	0
13	12	0	13	8	75	69	6	16	0	137	126	12	18	16	199	184	3	21	8
14	12	14	10	16	76	70	5	13	8	138	127	11	16	0	200	185	2	18	16
15	13	13	8	0	77	71	4	10	16	139	128	10	13	8	201	186	1	16	0
16	14	12	5	8	78	72	3	8	0	140	129	9	10	16	202	187	0	13	8
17	15	11	2	16	79	73	2	5	8	141	130	8	8	0	203	187	14	10	16
18	16	11	0	0	80	74	1	2	16	142	137	7	5	8	204	188	13	8	0
19	17	8	21	8	81	75	0	0	0	143	132	6	2	16	205	189	11	5	8
20	18	7	18	16	82	75	14	21	8	144	133	5	0	0	206	190	11	2	16
21	19	6	16	0	83	76	13	18	16	145	134	3	21	8	207	191	10	0	0
22	20	5	13	8	84	77	11	16	0	146	135	2	18	16	208	192	8	21	8
23	21	4	10	16	85	78	10	13	8	147	136	1	16	0	209	193	7	18	16
24	22	3	8	0	86	79	9	10	16	148	137	0	13	8	210	194	6	16	0
25	22	2	5	8	87	80	8	8	0	149	137	14	1	16	211	195	5	13	8
26	23	1	2	16	88	81	7	5	8	150	138	13	8	0	212	196	4	10	16
27	24	0	0	0	89	82	6	2	16	151	139	11	5	8	213	197	3	8	0
28	24	13	21	8	90	83	5	0	0	152	140	11	2	16	214	198	2	5	8
29	26	12	18	16	91	84	3	21	8	153	141	10	0	0	215	199	1	2	16
30	27	11	16	0	92	85	3	18	16	154	142	8	21	8	216	200	0	0	0
31	28	10	13	8	93	86	1	16	0	155	143	7	18	16	217	200	13	21	8
32	29	9	10	16	94	87	0	13	8	156	144	6	16	0	218	201	12	18	16
33	30	8	8	0	95	87	14	10	16	157	145	5	13	8	219	202	11	16	0
34	31	7	5	8	96	88	13	8	0	158	146	4	10	16	220	203	10	13	8
35	32	6	2	16	97	89	11	5	8	159	147	3	8	0	221	204	9	10	16
36	33	5	0	0	98	90	11	2	16	160	148	2	5	8	222	205	8	8	0
37	34	3	21	8	99	91	10	0	0	161	149	1	2	16	223	206	7	5	8
38	35	2	18	16	100	92	8	21	8	162	150	0	0	0	224	207	6	2	16
39	36	1	16	0	101	93	7	18	16	163	150	13	21	8	225	208	5	0	0
40	37	0	13	8	102	94	6	16	0	164	151	12	18	16	226	209	3	21	8
41	37	14	10	16	103	95	5	13	8	165	152	11	16	0	227	210	2	18	16
42	38	13	8	0	104	95	4	10	16	166	153	10	13	8	228	211	1	16	0
43	39	11	5	8	105	97	3	8	0	167	154	9	10	16	229	212	0	13	8
44	40	11	2	16	106	98	2	5	8	168	155	8	8	0	230	212	14	10	16
45	41	10	0	0	107	99	1	2	16	169	156	7	5	8	231	213	13	3	0
46	42	8	21	8	108	100	0	0	0	170	157	6	2	16	232	214	11	10	16
47	43	7	18	16	109	100	11	18	16	171	158	5	0	0	233	215	10	0	0
48	44	6	16	0	110	101	11	18	16	172	159	3	21	8	234	216	10	0	0
49	45	5	13	8	111	101	11	16	0	173	160	2	18	16	235	217	8	21	8
50	46	4	10	16	112	104	9	10	16	174	161	1	16	0	236	218	7	18	16
51	47	3	8	0	113	104	9	10	16	175	162	0	13	8	237	219	6	16	0
52	48	2	5	8	114	105	8	0	0	176	162	14	10	16	238	220	5	13	8
53	49	1	2	16	115	106	7	5	8	177	163	13	8	0	239	221	4	10	16
54	50	0	0	0	116	107	6	2	16	178	164	11	5	8	240	222	3	8	0
55	50	13	21	8	117	108	5	0	0	179	165	11	2	16	241	223	2	5	8
56	51	11	18	16	118	109	3	21	8	180	166	10	0	0	242	224	1	2	16
57	52	11	16	0	119	110	1	18	16	181	167	8	21	8	243	225	0	0	0
58	53	10	13	8	120	111	0	13	8	182	167	7	18	16	244	225	13	21	8
59	54	9	10	16	121	111	10	13	8	183	169	6	16	0	245	226	13	18	16
60	55	8	8	0	122	112	4	10	16	184	170	5	13	8	246	227	11	16	0
61	56	7	5	8	123	113	13	8	0	185	172	4	10	16	247	228	10	13	8
62	57	6	2	16	124	114	11	8	0	186	173	3	8	0	248	229	9	10	16

Reduction des onces poids de ville de Lyon, en onces, deniers, & grains, poids de soye.

oñ.	oñ.	℈.	g̃.
1	0	20	10
2	1	17	16
3	2	14	12
4	3	11	8
5	4	8	4
6	5	5	0
7	6	1	20
8	6	22	16
9	7	19	12
10	8	16	8
11	9	13	4
12	10	10	0
13	11	6	20
14	12	3	16
15	13	0	12
16	13	21	8

Reduction des deniers poids de ville de Lyon, en deniers & grains, poids de soye.

℈.	℈.	g̃.
1.$\frac{1}{2}$	1	7.$\frac{1}{2}$
3.$\frac{1}{2}$	2	14.$\frac{1}{4}$
4.$\frac{1}{2}$	3	21.$\frac{1}{4}$
6.	5	5.
7.$\frac{1}{2}$	6	12.
9.	7	19.
10.$\frac{1}{2}$	9	2.$\frac{1}{4}$
12.	10	10.0
13.$\frac{1}{2}$	11	17.
15.	13	0.
16.$\frac{1}{2}$	14	7.
18.	15	14.
19.$\frac{1}{2}$	16	22.
21.	18	5.
22.$\frac{1}{2}$	19	12.$\frac{1}{4}$
24.	20	20.

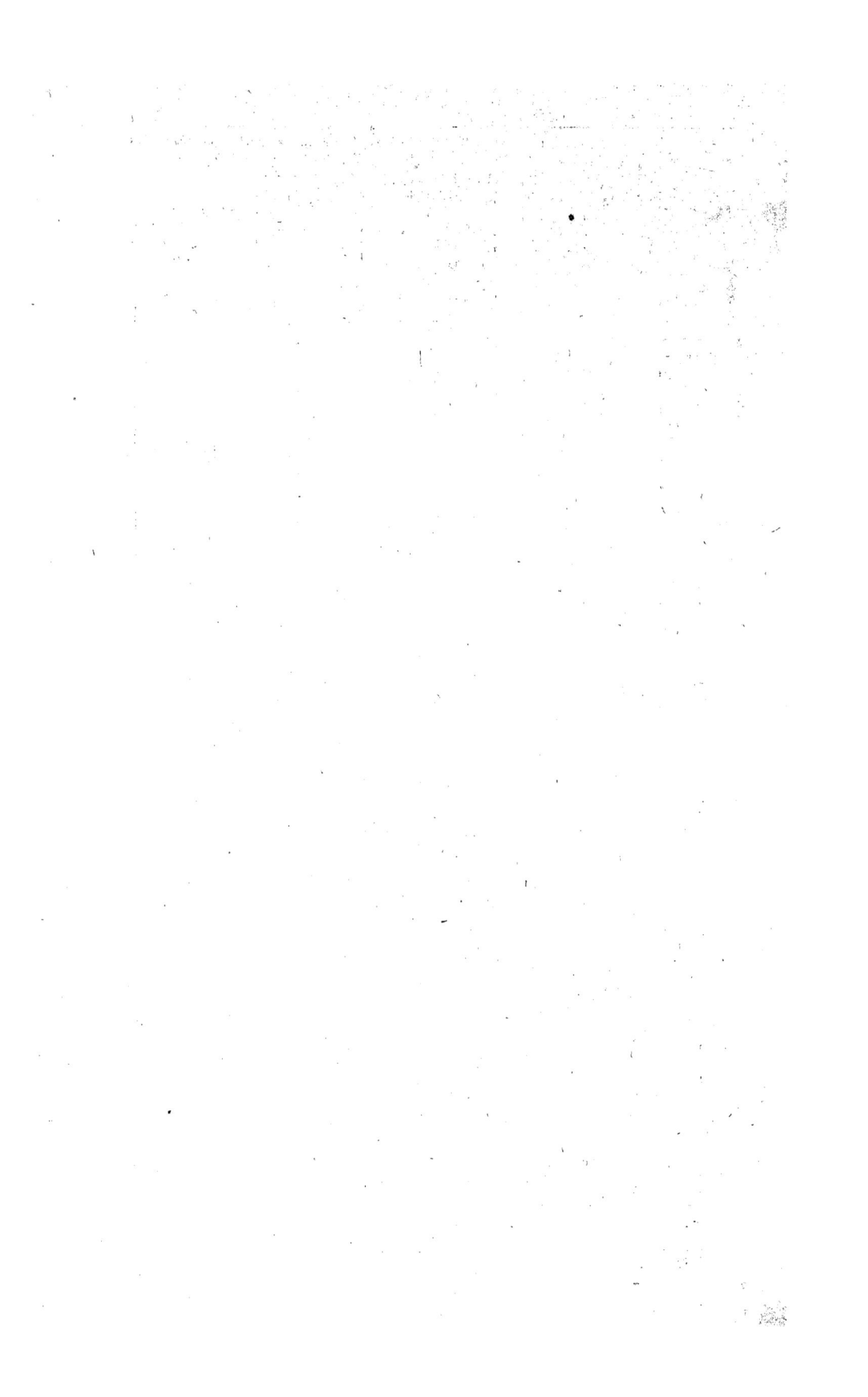

CY APRES SVIT LA METHODE DE DRESSER VNE SCRIPTE

de Compagnie, laquelle peut seruir generalement pour toutes sortes de Societez,
tant en commandite, que autrement.

Au nom de Dieu, & de la Vierge Marie.

VIVENT les paches & conuentions de la Societé & Compagnie faicte entre nous Gabriel Alamel, Iean Fontaine, &
Iean Pontier, Marchands à Lyon, & encor à Milan, pour negocier tant en marchandises d'Italie qui viendront de là icy,
que des marchandises que nous enuoyerons d'icy de delà, ou d'autres lieux, ainsi que nous verrons propre pour nostre
commodité : Priant Dieu en vouloir estre le conducteur.

PREMIEREMENT, ledict negoce se commencera au premier iour de Ianuier 1625. & durera trois années entieres
& consecutiues, qui finiront au premier iour de Ianuier 1628. Et seront tenus liures de raison en compte double, suiuant l'vsage mer-
cantil, tant à Milan, qu'à Lyon : dans lesquels chacun des participes sera crediteur en son compte capital, sçauoir

Ledict Alamel, de—————————————————————l.	100000.——
Ledict Fontaine, de—————————————————————l.	70000.——
Et ledict Pontier, de—————————————————————l.	30000.——

Lequel fonds & capital reuenant à la somme de—————————l.	200000.——

Sera mis tant en argent contant de poids & mise, debtes bons & exigibles, que marchandises bonnes & loyales auualuées au prix
courént en argent contant, & s'il se treuue que quelqu'vn desdicts associez leue aucune somme dudict negoce, ou qu'il manque à fournir
quelque partie du capital promis (passé vn payement) on le fera debiteur des Changes à raison de 12. ⁴⁄₇ pour ⁷⁄₇ par an en credit à ad-
uances ; Et ce pour la peine de la contrauention, & pour desdommager la compagnie, sans qu'on soit tenu de faire autre declaration,
que la presente.

Aduenant que quelques vns des debiteurs qui seront mis par lesdicts interessez, vinsent à manquer, ou n'auoir entierement payé à
la fin de la presente compagnie, ceux qui les auront mis seront tenus de les reprendre pour bons, comme encor s'il restoit quelques
marchandises qui eussent esté fournies par lesdicts interessez.

Ledict negoce se fera en ceste ville de Lyon en la maison & magasins où demeure ledict Alamel à present, & à Milan ledict negoce sera exercé par ledict Pontier dans la maison où il est à present, ou autres lieux qui seront treuuez plus à propos pour la commodité du negoce; & les loüages desdictes maisons & magasins seront payez au despens dudict negoce.

S'intitulera la raison dudict negoce tant en ceste ville, que audict Milan, sous les noms desdicts Alamel, Fontaine, & Pontier, auec
la marque qui sera formée au pied de la presente.

Tous les ans lesdicts Administrateurs, tant à Milan, qu'à Lyon, feront vn Bilan & inuentaire de tous les effects & facultez de la
compagnie en la meilleure forme que faire se pourra ; pour par la voir clairement en quel estat seront tous les affaires : Et de tout en
sera enuoyé coppie de part, & d'autre par eux signée.

Tous les frais & despences qu'il conuiendra faire pour l'achapt & vente des marchandises, recepte des debtes qui se creeront, &
gage des seruiteurs, seront supportez par ledict negoce.

Ne pourront aucun desdicts administrateurs exercer leurs personnes, ny leur industrie en aucune autre sorte de negoce, soit pour
eux, ou pour autruy; Et le faisant tout le dommage qui en pourroit aduenir tombera sur eux, & le profit appartiendra à la Compagnie.

Pourront louer lesdicts administrateurs chasque année pour leur entretenement & de leur famille, chacun la somme de mille liures,
qui sera mise à compte des despences du negoce.

Et aduenant que l'vn de nous vinse à deceder (que Dieu ne vueille) auant l'expiration de ladicte Compagnie, le negoce ne laissa de
continuer sous les mesmes noms & marques par les suruiuans, sans que les hoirs les puissent contraindre à dissolution plustost que dudict temps ; sinon qu'il vint du communtement desdicts suruiuans : Et seront tenus lesdicts hoirs de prendre le compte & re-
liqua des suruiuans, sans les pouuoir astraindre à reddition de compte en Iustice, ains par deuant & entre amis communs & marchands;
à peine de deschoir par lesdicts heritiers de tous les profits qui pourront estre audict negoce.

Les profits & pertes qu'il plaira à Dieu donner au present negoce, apres les debtes payez, chacun des interessez prendra des plus
claires & liquides effects restans, sa part & ratte de son capital ; & des profits qu'il aura pleu à Dieu enuoyer, on en leuera deux pour
cent, pour estre distribuez par chacun desdicts interessez la part qu'il luy touchera, à tels pauures que bon luy semblera, & le restant
sera reparty, sçauoir,

₵ 10. pour liure, qu'est 50. pour cent, audict Alamel,
₵ 7. pour liure, qu'est 35. pour ⁷⁄₇ audict Fontaine,
₵ 3. pour liure qu'est 15. pour ³⁄₇ audict Pontier.

₵ 20.—— 100.——

Et s'il arriue de la perte (que Dieu ne vueille) sera repartie comme est cy-dessus, dit des profits.

FINALEMENT il a esté conuenu que s'il arriue quelque different entre les parties, qu'ils s'en remettront au dire de deux marchands negocians, amis communs, & où ils ne pourront entre eux deux demeurer d'accord, ils en esliront vn tiers surarbitre, au dire &
iugement de deux desquels ils seront tenus de subir à peine de l. 3000. d'amande payables par le contreuenant aux acquiessans à re-
partir à la forme de leurs portions, Et ce auant qu'on puisse former aucun procez.

Nous soubsignés promettons d'effectuer tout le contenu aux paches & conuentions cy-dessus escrites, desquelles en a esté baillé à
chacun de nous vne copie; ausquelles nous voulons foy estre adioustée, & qu'elles soient de mesme force & valeur, que si elles
estoient passées par deuant Notaire, & tesmoings. Faict à Lyon, ce premier Ianuier, 1525.

Gabriel Alamel, Iean Fontaine, Iean Pontier.

AVTRE SCRIPTE DE COMPAGNIE EN COMMANDITE,
au grand Liure f. 27.

IESVS MARIA.

N O v s fouffignés Gabriel Alamel, Iean Fontaine, & Iean Pontier, d'vne part : Et Denis Berthon, & Oliuier Gafpard d'autre, tous Marchands à Lyon, Confeffons auoir ce ioürd'huy traicté & accordé entre nous les concordances & conuentions de commandite cy-apres declarées pour negociation des marchandifes de drapperie, & autres que nous verrons à propos, pour le temps & efpace de trois années entieres & confecutiues à commencer au 3. Ianuier 1625. & finir en mefme iour de l'année 1628.

C'eft à fçauoir, que pour faire ledict negoce nous ferons fonds de la fomme de l. 100000. ——— dont fera mis, fçauoir

Par lefdicts Alamel, Fontaine, & Pontier la fomme de ———————	l. 40000. ———
Et par lefdicts Berthon, & Gafpard, la fomme de ———————	l. 60000. ———
	l. 100000. ———

Eft accordé entre nous que lefdictes l. 100000.--feront mifes és mains defdicts Berthon, & Gafpard, pour d'iceux faire ledict negoce fous leurs noms, & non d'autres ; pour des profits qu'il plaira à Dieu donner pendant ledict temps, y participer, fçauoir par lefdicts Alamel, Fontaine, & Pontier, pour ÷ au total, & par lefdicts Berthon, & Gafpard, pour ÷ & pour la perte, fi aucune arriue, fera portée à la mefme proportion des participations cy-deffus, iufques à la concurrence du fonds fufdict, & profits, fi aucuns viennent de ladicte fomme ; duquel fonds & profits les debtes, fi aucuns font creez par lefdicts Berthon, & Gafpard, feront acquittez fans que lefdicts Alamel, Fontaine, & Pontier en puiffent eftre tenus, obligez, ny recherchez.

Accordons que lefdicts Berthon, & Gafpard, ne pourront obliger lefdicts Alamel, Fontaine, & Pontier, que pour leurs parts & portions dudict fonds, qu'eft de l. 40000.-- & profits qu'il plaira à Dieu, donner, quelque embarquement d'affaires qui fe puiffent faire conformément à la conuention cy-deffus. Car fans cefte claufe la prefente conuention n'euft peu auoir lieu.

Pour faire ledict negoce eft befoin tenir maifon en lieu propre pour la vente & diftribution de la marchandife, pour l'entretien de laquelle lefdicts Berthon, & Gafpard, leueront pour chacun an fur la maffe principale & profits, la fomme de l. 3000.-- tant pour les defpens de bouche, loüage de ladicte maifon, que gage de feruiteurs, qu'ils prendront en payement en payement par quart.

Et pour le regard des meubles & vtenfiles feruans à la boutique, & magafins, frais, & voyages, perte, de voytures, pourfuites de procez neceffaires faire pour l'vtilité dudict negoce, & tous autres frais, feront pris & leuez fur la maffe & profits, defquels lefdicts Berthon, & Gafpard, donneront bon & fidele compte.

Lefdicts Berthon, & Gafpard feront tenus de tenir liures d'achapts, liures iournaux, liures de Caiffe, liure de n°, & grand Liure de raifon par parties doubles, pour l'intelligence & ordre dudict negoce, & pour debter & raifon aufdicts intereffez, lors & quand qu'ils en feront requis ; mefme par chacune defdictes 3. années fera faict inuentaire, de tous les effects au bas defquels fera rapporté le bilan du grand Liure figné & arrefté dont ils bailleront coppie pour feruir à tous.

Aduenant la fin defdictes 3. années, aucun ne pourra prendre ny leuer aucun fonds ny profits, que les debtes creez par lefdicts Berthon, & Gafpard, ne foient entierement acquittées, & le refte des effects tant marchandifes, que debtes appartiendront aufdicts intereffez ; pour le regard des marchandifes & meubles, en fera par nous faict lots qui feront iettez à la maniere accouftumée ; & pour les debtes en fera faict ceffion & tranfport, par lefdicts Berthon, & Gafpard à chacun des intereffez, pour ce qui leur apparriendra, fi mieux n'eft aduifé d'vn commun accord qu'elles foient follicitées, pourfuiuies, & receuës par lefdicts Berthon, & Gafpard à frais communs, qui feront pris des plus clairs & liquides deniers defdicts effects.

Ne pourront lefdicts Berthon, & Gafpard, faire aucun negoce pour leur compte particulier, ains employeront toute leur induftrie, & labeur pour le profit & vtilité des intereffez aux prefentes conuentions.

Lefdicts Alamel, Fontaine, & Pontier, verront quand bon leur femblera les liures de raifon, & autres neceffaires, & tout ce qui defpendra dudict negoce.

S'il arriuoit decez à l'vn de nous pendant ledict temps (ce que Dieu ne vueille) nos vefues, on heritiers feront tenus d'entretenir les fufdictes conuentions auec les reftans, fous les mefmes noms & marque, fans que ladicte vefue ou heritiers y puiffent pretendre aucune chofe iufques à ladicte expiration, ains feront tenus de fournir vn homme à leurs defpens, pour aider au negoce au lieu dudict premourant.

Et fi pour caufe des affaires dudict negoce, il furuient quelque difficulté entre nos dictes vefues ou heritiers, foit par faute d'intelligence, ou autrement, remettront le iugement defdictes difficultez à deux Marchands lefquels feront par nous ou nofdictes vefues (fans aucun aduis de parens) conuenus, & en cas de difcord en pourront prendre vn tiers, au iugement defquels nous-nous rapportons, tout ainfi que fi par Arreft de nos Seigneurs de la Cour auoit efté iugé, à peine aux contreuenans de l. 3000. -- la moitié aux paures, & l'autre ÷ aux parties obferuantes.

Et tout ce que deffus promettons, & nous obligeons les vns aux autres garder & obferuer, & entretenir de poinct en poinct felon fa forme & teneur, fans y contreuenir en aucune façon que ce foit, à peine de tous defpens dommages & interefts : Et des prefentes en a efté faict & figné deux coppies, l'vne pour lefdicts Alamel, Fontaine, & Pontier, & l'autre pour lefdicts Berthon, & Gafpard. Faict à Lyon, ce 3. Ianuier, 1625.

Gabriel Alamel, Iean Fontaine, Iean Pontier, Denis Berthon, Oliuier Gafpard,

AV

AV NOM DE LA SAINCTE TRINITE,

Pere, Fils, & sainct Esprit, de la Vierge Marie, de tous les
Anges, Saincts & Sainctes de Paradis; Commence
ce grand Liure de raison, intitulé A, de nous
Gabriel Alamel, Iean Fontaine, &
Iean Pontier, ce 3. Ianuier 1625.

En ouurant ce Liure ; auant toutes choses , nous inuoquerons l'aide de Dieu,
en ceste maniere.

CEST à toy souueraine Sapience , souueraine Bonté, & souueraine Puissance , que nous auons recours au commencement de nos labeurs , à ce qu'il te plaise les preuenir, conduire, & arrouser
tellement des graces de ton sainct Esprit , que rien ne soit par nous entrepris , ou negocié , qui ne vise
à ta gloire , à nostre salut , & au bien de nostre prochain. Ainsi soit-il.

GABRIEL ALAMEL compte de temps doit donner du 3. Ianuier l. 100000. —— pour
semblable somme qu'il doit mettre pour son fonds capital en ce negoce, tant en marchandises , debtes,que deniers contans,pour negocier , en compagnie de Iean Fontaine,& Iean Pontier, l'espace de
3. années,commençant ce iourd'huy,& à mesme iour finissant,de l'année 1628. aux charges & condi-
tions amplement portées & declarées par la scripte de compagnie,recours à icelle, & en ce , —— à 2. l. 100000. ——

—— 1625. ——

IEAN FONTAINE compte de temps,doit donner du 3.Ianuier l. 70000. —— qu'il a promis fournir en argent contant, pour negocier en compagnie de Gabriel Alamel , & Iean Pontier l'e-
space de 3.années commençant ce iourd'huy , & à mesme iour finissant , de l'année 1628. Ainsi qu'a-
pert par la scripte de compagnie,de laquelle somme le faisons crediteur à compte capital, en ce , —— à 2. l. 70000. ——

—— 1625. ——

IEAN PONTIER compte de temps doit donner du 3.Ianuier l. 30000. —— qu'il doit fournir,tant en marchandises qu'argent contant , pour negocier l'espace de 3. années auec Gabriel Alamel,& Iean Fontaine,commençant ce iourd'huy,& à mesme iour finissant,de l'année 1628. Apert par
la scripte de Compagnie , & en ce, —— —— —— —— —— à 2. l. 30000. ——

AVOIR du 3. Ianuier, pour la valeur des marchandifes par luy fournies au prefent negoce, eualuées au prix courant, en argent contant, debitrices en ce, — à 3. l. 55900.
Porté debiteur au Carnet des Roys 1625. f. 2. pour foude de fondict fonds. — à 5. l. 44100.

l. 100000.

—— 1625. ——

AVOIR que le portons debiteur au Carnet des Roys 1625. f. 2. & en ce, — à 5. l. 70000.

—— 1625. ——

AVOIR du 3. Ianuier 1625. pour la valeur des marchandifes qu'il a apportées en ce negoce, pour part de fondict fonds, en ce, — à 4. l. 13390.
Porté debiteur au Carnet des Roys 1625. f. 2. & en ce, — à 5. l. 16610.

l. 30000.

GABRIEL ALAMEL compte de fonds & capital, doit donner, que le portons crediteur au liure B, folio 2. & en ce ——————————————————————————— à 44. l. 100000. ———

————————— 1625. —————————
IEAN FONTAINE compte de fonds & capital, doit donner, que le portons crediteur
au liure B, f. 2. pour soude de ce compte. ————————————————————————— à 44. l. 70000. ———

————————— 1625. —————————
IEAN PONTIER compte de fonds & capital, doit donner, que le portons crediteur au liure B, f. 2. pour soude du present. ———————————————————————————————— à 44. l. 30000. ———

Soyes

AVOIR du 3.Ianuier l. 100000.— tournois,qu'il a promis fournir en ce negoce,tant en marchandifes , debtes que argent contant pour participer aux profits qu'il praira à Dieu y mander,ou pertes, que Dieu ne vueille,pour ⅟₄ qu'est ◑ 10. pour liure , Appert par les conuentions plus particulierement entre nous paffées par la fcripte de Compagnie par nous fignée, & en ce ——— ——— —— à 1. l. 100000. —— —

1625.

AVOIR du 3.Ianuier 1625.l.70000.— tournois,pour femblable fomme qu'il a promis fournir en argent comptant en la prefente compagnie , en laquelle il participe à raifon de ◑ 7. pour liure aux profits ou pertes qu'il plaira à Dieu y mander , appert plus particulierement par la fcripte de dicte Compagnie entre nous paffée, & en ce , ——— ——— ——— —— à 1. l. 70000. —— —

1625.

AVOIR du 3.Ianuier l.30000.— tournois,qu'il a promis fournir en ce negoce fous la participation de ◑ 3.— pour liure de profit ou perte,comme il eft porté par la fcripte de compagnie & en ce — à 1. l. 30000. —— —

E 4 Auoir

SOYES DE MER doiuent pour les cy-apres.

b. 20.	℔ 4100.	Net Soye lege à l.9. — la ℔ } pour Gabriel Alamel à compte de son fonds.		à 1.	l. 55900.	—	—
b. 10.	℔ 1900.	Soye Messine à l.10. — la ℔ }					
b. 50.	℔ 10437.$\frac{1}{2}$	pour rottes 2319.$\frac{1}{2}$ soye lege acheptée en Alep, montant auec les frais en ce		à 19.	l. 65789.	—	—
		Port de Marseille à Lyon, & Doüanne dudict Lyon, desdictes 50. bales.		à 4.	l. 1531.	7.	6.
		Frais ensuiuis à Marseille à la reception desdictes 50. bales fournis par Robert.					
		Pour courratage de changer reaux contre monnoye	l. 115. 12.—				
		Prouision du chargement de ▽ 18166.$\frac{2}{3}$ de Reaux à $\frac{1}{2}$ pour %	l. 211. 8.9.				
		Pour nolis desdictes 50. bales, pesant ℔ 12177. à Marseille estimées à l.7. la ℔, & à 3. pour % sont	l. 2557. —				
		Auarie des Soldats en Alep, & quarantaine à ſ. 12.9. pour %	l. 543. 7.9.	à 3.	l. 6908.	18.	6.
		Droit d'armement à 1.$\frac{1}{2}$ pour % l. 1278.10. table de Mer, & gabelle l. 800. tout	l. 2078. 10.—				
		Pour nostre part du repartiment du iect du Vaisseau S. Antoine.	l. 500. —				
		Prouision dudict Robert à 1. pour %, & autres menus frais.	l. 903. —				
b. 10.	℔ 1966.	Pour ℔. 2750. soyes Messines montant auec les frais en ce		à 18.	l. 20530.	—	9.
		Pour voyture desdictes 10. b. de Tholon à Lyõ l. 129.5. & doüanne dudict Lyon l. 180. tout		à 4.	l. 309.	5.	—
		Frais ensuiuis à Tholon à la reception desdictes 10. bales venues sur vne Galere de Genes, prouision sur le chargement de la Galere pour Messine de l. 17500. à $\frac{1}{3}$ pour cent, & courratage à 1. pour mille	l. 75. 16.8.				
		Encaissement de ▽ 5000. de reaux.	l. 5. 10.—	à 3.	l. 552.	15.	8.
		Pour nolis de Messine à Tholon l. 450. port au Magasin l. 1.9. tout	l. 451. 9.—				
		Prouision du Sieur Deburges de Tholon à ſ. 40. -- pour bale.	l. 20. —				
b. 8.	℔ 1662.	pour ℔ 2578. soye lege à gros 50.$\frac{1}{2}$ monnoye de Venise, sont	d. 5424. 13.—				
		Embalage, prouision a 2. pour %, & autres menus frais	d. 183. 21.—				
			Ducats 5608. 10.—				
		Surquoy distrait pour age desdicts d. 5608.10. à 121. pour cent, pour reduire le payement en monnoye de change.	d. 973. 8.—				
		Reste monnoye de change.	d. 4635. 2.—				
		Calculé à ſ 50. -- tournois pour vn ducat, sont en credit à tasca de Venise.		à 21.	l. 11587.	15.	1.
		Pour port, dace, & doüanne, en credit à despences.		à 4.	l. 664.	10.	—
		Pour perte sur la monnoye d'Alep, en ce		à 19.	l. 3.	11.	8.
		Profit qu'il a pleu à Dieu enuoyer sur ce compte.		à 41.	l. 53428.	13.	4.
b. 98.	℔ 20065.$\frac{1}{2}$			—	l. 217205.	17.	6.

— 1625. —

BENOIST ROBERT de Marseille, doit donner pour vente par luy faicte au contant des marchandises venues sur le Cheualier de Mer.	l. 13528. 4.—	à 15.	l. 20810.	14.	—
A Geoffroy des Champs, pour Roys 1625.	l. 7282. 10.—				
Qu'il a receu de nostre ordre en Arles, de Girard Pillet, en ce		à 32.	l. 6344.	—	—
Porté crediteur au Carnet des Roys 1625. f. 12. & en ce		à 5.	l. 78086.	15.	2.
		—	l. 105241.	9.	2.

— 1625. —

POVR les parties cy-contre,		à 3.	l. 95663.	3.	6.
Pour frais par luy faicts au chargement de ▽ 5000. -- de reaux, & l. 471. 9. qu'il a payé de nostre ordre à Deburges de Tholon, pour nolis de 10. bales soye venues de Messine, y compris sa prouision tout,		à 3.	l. 552.	15.	8.
Qu'il nous assigne à receuoir de Geofroy des Champs, debiteur au Carnet des Roys, 1625. f. 2. & en ce,		à 5.	l. 7282.	10.	—
▽ 498. de reaux à ſ 70. -- l'vn qu'il a payé à Scipion Manfredy, par lettre de Pierre Lamy d'Alep, debiteur en ce,		à 19.	l. 1743.	—	—
		—	l. 105241.	9.	2.

AVOIR ponr les cy-apres.

b. 10.	℔ 2050.--Net soye lege à l.10.15.-- pour Cesar,& Iulien Granon,pour Pasques 1627.	à 6.	l.	12037.	10.	--
b. 8.	℔ 1662.--Soye dicte à l.7.10.-- baillée à ouurer à diuers,en debit à soyes ouurées,	à 25.	l.	12465.		--
	℔ 1406.--Soye Messine, de Meso fine,à l.13. —— pour Verdier, Piquet, & Decoquiel,	à 22.	l.	18278.		--
b. 20.	℔ 1900.--Soye dicte moyenne à l.11.-- pour Cesar,& Iulien Granon de Tours, debiteurs,	à 6.	l.	12800.		--
	℔ 560.--Dicte à l.11.-- baillée à ouurer, à diuers,en debit à soyes ouurées,	à 25.	l.	6160.		--
b. 10.	℔ 2050.--Soye lege à l.11.-- pour Verdier, Picquet, & Decoquiel, debiteurs en ce,	à 22.	l.	22550.		--
b. 25.	℔ 5219.--Soye dicte à l.10.17.6. pour Vespasian Boloson, debiteur en ce,	à 21.	l.	56756.	12.	6.
b. 5.	℔ 1044.--Soye dicte à l.10.16.3. pour Estienne Chally, pour Pasques 1628. en ce,	à 19.	l.	11288.	5.	--
b. 20.	℔ 4174.--Soye dicte à l.10.15.-- pour Hierofme Lantillon,debiteur en ce,	à 28.	l.	44870.	10.	--
b. 98.	℔ 20065.--		l.	217205.	17.	6.

————— 1625. —————

AVOIR pour frais par luy faicts à la reception de 50.bales à luy enuoyées de Beaucaire,pour icel-les charger sur la premiere Barque qui partira,pour final, ———— à 11. l. 97. 11. --

Pour v 6000.de reaux,à ⊕ 70. l'vn,qu'il a chargez de nostre ordre, sur le Vaisseau l'Ange Gabriel, & consignez a Iean Baptiste Lagorio,Capitaine dudict Vaisseau,qui part de Marseille pour Alep, auec ordre de les consigner audict lieu à Pierre Lamy,debiteur en ce, ———— à 19. l. 21000.

v 12166.⅓ de reaux à ⊕ 69. 9. l'vn, qu'il a consigné à George Boulano, Capitaine du Vaisseau S.François de Paule,qui part de Marseille pour Alep, pour consigner audict lieu à Pierre Lamy,debi-teur en ce, ———— à 19. l. 41431. 5. --

v 5000.de reaux qu'il a chargés sur vne Galere de France,qui part de Marseille pour Messine, auec ordre de les consigner audict lieu à Diecemy, ———— à 18. l. 17500. -- --

Qu'il a payé pour voyture de Lyon à Marseille,& sortie dudict Marseille,d'vne Caisse veloux, qu'il a chargée sur le Vaisseau S.Hilaire,pour Constantinople, ———— à 20. l. 17. 15. --

Comptant pour 57. bales cotton en laine, pesant net ℔ 12897. à l.35.-- le cent , sont l.4513.19. Courratage l.18.-- embalage l.25.13. port,& poids l.10.3.-- prouision à 1.pour cent l.45.-- Sortie de Marseille l.45.-- qu'il a enuoyé aux nostres de Milan,par voye de final en ce, ———— à 6. l. 4657. 15. --

Comptant pour 42.bales Galles à l'espine, pesant ℔ 9750. à v 15.de quars, la charge de l. 300. sont l.1552.port & poids l.8.6.Embalage l.6.6. courratage l.7.6. prouision à 1. pour cent l. 15. sortie de Marseille l. 15. ennuoyé aux nostres de Milan , en ce, ———— à 6. l. 1603. 18. --

Comptant pour 31.bale Basanes d'Auignon,pesant net ℔ 7225. à l. 19. le ⁴⁄₇ Sont l.1371.15.-- port, & poids l.4.15. embalage l.35.2. droict de Marseille l.13.10. Prouision à 1.pour cent l.13.10. Courra-tage l.6.8. tout chargé pour final,sur la barque S.Esprit,Capitaine Iulien Raymond, pour les nostres de Milan, ———— à 6. l. 1446. -- --

Pour nolis,& autres frais par luy faicts à la reception de 50. bales soye lege venues d'Alep, sur le Vaisseau S.Antoine,y compris sa prouision, en ce, ———— à 3. l. 6908. 18. 6.

	l.	95665.	3.	6.

OR FILE' DE MILAN, doit pour les cy-apres.

Marcs 50. or filé 5. à l.25.						
Marcs 60.dit 55. à l.26.						
Marcs 80.dit 555. à l.27.		Pour Iean Pontier à compte de fon fonds, en ce,	à 1. l.	13390.		
Marcs 90.dit 5555. à l.28.						
Marcs 100.dit 55555. à l.29.						
Marcs 100.dit 555555. à l.30.						

Marcs 20.dit 55. onces 180. à 🜍 103. l'once.					
Marcs 60.dit 555. onces 540. à 🜍 108. l'once.	Sont marcs 200.à onces 9.pour marc fabrique de				
Marcs 60.dit 5555. onces 540. à 🜍 113. l'once.	Gariboldy, enuoyé dans vne Caiffe,n°.7.	à 6. l.	5061.	10.	
Marcs 40.dit 55555. onces 360. à 🜍 118. l'once.	Pour port, dace, & doüanne, reuenant à 🜍 46.				
Marcs 20.dit 555555. onces 180. à 🜍 123. l'once.	pour marc,	à 4. l.	460.		
Marcs 3.dit 5. onces 27. à 🜍 98. l'once.					
Marcs 40.dit 55. onces 360. à 🜍 103. l'once.					
Marcs 70.dit 555. onces 630. à 🜍 108. l'once.					
Marcs 60.dit 5555. onces 540. à 🜍 113. l'once.	Marcs 131. fabrique de Peragallo enuoyé dans				
Marcs 30.dit 55555. onces 270. à 🜍 118. l'once.	vne Caiffe,n°.22.	à 6. l.	5791.	1.	
Marcs 28.dit 555555. onces 252. à 🜍 123. l'once.	Pour port,dace, & doüanne,	à 4. l.	531.	6.	
	Pour aduance,en credit à profits,& pertes.	à 41. l.	1378.	13.	
Marcs 911.			l.	27613.	10.

DESPENCES GENERALES doiuent

l. 111.17. 6.En credit à negoce de Milan, pour l'embalage, & dace,de la n°. 3.	à 6. l.	111.	17.	6
l. 72. 8. --En credit de Milan , pour l'embalage, & dace,de la n°. 4.	à 6. l.	72.	8.	
l. 181. 10. --En credit vt fuprà pour l'embalage,& dace,de la n°. 7.	à 6. l.	181.	10.	
l. 103. 10. --En credit vt fuprà pour l'embalage,& dace,de la n°. 19.	à 6. l.	103.	10.	
l. 105. 10. --En credit vt fuprà pour l'embalage,& dace,de la n°. 23.	à 6. l.	105.	10.	
l. 99. 10. --En credit vt fuprà pour l'embalage,& dace,de la n°. 24.	à 6. l.	99.	10.	
l. 10304. 13. 4.En credit à pareil compte,pour foude du prefent.	à 39. l.	10304.	13.	4
		l.	10978.	18.	10

AVOIR pour les cy-apres vendûs à diuers.

Marcs 20. or filé 55. à l. 26.—		
Marcs 60. dit 555. à l. 27.—		
Marcs 60. dit 5555. à l. 28.—	Enuoyé à Taranget, & Rousier, pour vendre pour nostre compte, par le Coche en ce, — à 26.	l. 5580.
Marcs 40. dit 5555. à l. 29.—		
Marcs 10. dit 55555. à l. 30.—		
Marcs 10. dit 55. à l. 29.— pour Robert Gehenaud de Paris , debiteur en ce, — à 28.		l. 290.
Marcs 50. dit 5. à l. 28.—		
Marcs 55. dit 55. à l. 29.—		
Marcs 80. dit 555. à l. 30.—	pour Charles Hauard de Paris, debiteur en ce, — à 31.	l. 14540.
Marcs 90. dit 5555. à l. 31.—		
Marcs 100. dit 55555. à l. 32.—		
Marcs 100. dit 555555. à l. 33.—		
Marcs 3. dit 5. à l. 18.10.—		
Marcs 40. dit 55. à l. 19.10.—		
Marcs 70. dit 555. à l. 30.10.—	pour Robert Gehenaud de Paris, debiteur en ce, — à 16.	l. 7203. 10.
Marcs 60. dit 5555. à l. 31.10.—		
Marcs 30. dit 55555. à l. 31.10.—		
Marcs 28. dit 555555. à l. 33.10.—		

Marcs 911.— ——— l. 27613. 10.

———

1625.

AVOIR pour les cy-apres.

l. 8. 8.— En debit à negoce de Milan, pour frais ensuiuis sur n° 1. à 3. —	à 6.	l. 8.	8.
l. 39. 4.— En debit à negoce de Milan, pour frais ensuiuis sur n° 4. à 17. —	à 6.	l. 39.	4.
l. 320.—.— En debit vt suprà, pour frais ensuiuis sur n° 23. à 183. —	à 6.	l. 320.	
l. 22.—.— En debit vt suprà, pour frais ensuiuis sur n° 193. à 194. —	à 6.	l. 22.	
l. 309. 5.— En debit à Soyes de Mer, pour frais ensuiuis sur 10. bales soyes Messines, —	à 3.	l. 309.	5.
l. 1531. 7. 6. En debit à Soyes de Mer, pour frais ensuiuis sur 50. bales soye lege, —	à 3.	l. 1531.	7. 6
l. 664.10.— En debit vt suprà, pour frais ensuiuis sur 8. bales soye lege , —	à 3.	l. 664.	10.
l. 72.10.— En debit à Soyes d'Italie, pour frais ensuiuis sur vne bale trame , —	à 7.	l. 72.	10.
l. 72.10.— En debit vt suprà, pour frais ensuiuis sur vne bale organcin de Bologne, —	à 7.	l. 72.	10.
l. 72.10.— En debit vt suprà, pour frais ensuiuis sur vne bale organcin dict —	à 7.	l. 72.	10.
l. 72.10.— En debit vt suprà, pour frais ensuiuis sur vne bale organcin de Milan, —	à 7.	l. 72.	10.
l. 72.10.— En debit vt suprà, pour frais ensuiuis sur vne bale organcin de Modena, —	à 7.	l. 72.	10.
l. 72.10.— En debit vt suprà, pour frais ensuiuis sur 1. bale organcin de Naples, —	à 7.	l. 72.	10.
l. 279.10.— En debit vt suprà, pour frais ensuiuis sur 6. bales filage de Raconis, —	à 7.	l. 279.	10.
l. 460.—.— En debit vt suprà, pour frais ensuiuis sur 10. bales filage dict —	à 7.	l. 460.	
l. 695.—.— En debit vt suprà, pour frais ensuiuis sur 15. bales filage dict —	à 7.	l. 695.	
l. 460.—.— En debit à or filé, pour frais ensuiuis sur n° 7. —	à 4.	l. 460.	
l. 531. 6.— En debit à or filé, pour frais ensuiuis sur n° 22. —	à 4.	l. 531.	6.
l. 123.—.— En debit à crespons de Naples, pour frais ensuiuis sur n° 27. —	à 11.	l. 123.	
l. 67.10.— En debit à bourre de soye, pour frais ensuiuis sur n° 8. —	à 11.	l. 67.	10.
l. 67.10.— En debit vt suprà, pour frais ensuiuis sur n° 29. —	à 11.	l. 67.	10.
l. 191.10.— En debit à Doppions, pour frais ensuiuis sur n° 9. à 11. —	à 11.	l. 191.	10.
l. 128. 6. 8. En debit vt suprà , pour frais ensuiuis sur n° 25. —	à 11.	l. 128.	6. 8
l. 63. 3. 4. En debit à Sargettes de Milan, pour frais ensuiuis sur n° 21. —	à 13.	l. 63.	3. 4
l. 277.—.— En debit à Tapisserie de Bergame, pour frais ensuiuis sur n° 13. à 18. —	à 13.	l. 277.	
l. 360.—.— En debit à Crespes de Bologne, pour frais ensuiuis sur n° 21. —	à 13.	l. 360.	
l. 386.—.— En debit à negoce de Piedmont, pour frais sur 150. perpetuanes, —	à 11.	l. 386.	
l. 86. 1.— En debit vt suprà pour frais ensuiuis sur 32. pieces fustaine d'Angleterre, —	à 18.	l. 86.	1.
l. 1053. 6.— En debit à Satins de Bologne de compte à ⅓ auec Fiorauanty, —	à 19.	l. 1053.	6.
l. 696. 9. 4. En debit à Draps de Soye de Genes, pour frais y ensuiuis, —	à 19.	l. 696.	9. 4
l. 6.—.— En debit à marchandises enuoyées à Constantinople, —	à 20.	l. 6.	
l. 171.15. 4. En debit à Camelots en compagnie auec Boloson, —	à 21.	l. 171.	15. 4
l. 1150.—.— En debit à Camelots de Leuant, de nostre compte , —	à 21.	l. 1250.	
l. 293.16. 8. En debit à Satins de Florence, pour frais y ensuiuis, —	à 21.	l. 293.	16. 8

——— l. 10978. 18. 10

9

CARNET DES PAYEMENS des Roys 1625, doit pour les debiteurs cy-apres, qui ont payé esdicts payemens, sçauoir,

	f°	à	l.		
Gabriel Alamel, pour soude de son fonds,	f° 2.	à 1.	44100.	—	
Iean Fontaine à compte de son fonds,	f. 2.	à 1.	70000.	—	
Iean Pontier, compte dict	f. 2.	à 1.	16610.	—	
Geoffroy Deschamps,	f. 2.	à 3.	7282.	10.	
Claude Catillon, compte de voyages,	f. 7.	à 28.	2104.	7.	3
Clemence Goyet, de couleur, & Debeausse par Caisse,	f. 3.	à 21.	840.	—	
Vespasian Boloson,	f. 6.	à 20.	1024.	2.	6
Picquet, & Strasse,	f. 2.	à 40.	52486.	7.	
Iacques Depures,	f. 4.	à 40.	39364.	15.	3
Leonard Berthaud,	f. 4.	à 40.	26243.	3.	6
Cesar, & Iulien Granon, de Tours,	f. 11.	à 6.	22037.	10.	
Porté crediteur en payement de Pasques, pour soude,	f. 15.	à 38.	128119.	3.	7
			l. 410211.	19.	1

AVOIR pour les crediteurs cy-apres qui ont esté payez esdicts payemens, sçauoir,

		à	l.		
Negocé de Milan, par Iean Huguonin par Caisse	f° 3.	à 6.	l. 1260.		
Pierre Alamel par Caisse,	f. 3.	à 9.	l. 7300.		
Negoce de Milan par Gabriel Chabre, par Caisse,	f. 3.	à 6.	l. 750.		
Negoce dict pour Michel Cotte par Caisse,	f. 3.	à 6.	l. 2340.		
Negoce dict pour marchandises au contant par Caisse,	f. 3.	à 6.	l. 3923.	8.	
Les Deputez des creanciers de Laurens Iacquin, pour Picquet, & Strasse,	f. 2.	à 9.	l. 7500.		
Octauio, & Marc-Antoine Lumaga de Noue, par Poncet de Valence,	f. 4.	à 10.	l. 8918.	10.	3
Eustache Rouiere, & Pierre Alamel;	f. 4.	à 9.	l. 3087.	19.	3
Antoine & Isac Poncet de Valence, par les leurs de Lyon, par Caisse,	f. 3.	à 10.	l. 1726.	19.	2
Franchotty, & Burlamaquy,	f. 5.	à 14.	l. 6436.	10.	
Gilles Hannecard d'Anuers,	f. 5.	à 14.	l. 14103.	9.	
Octauio & Marc-Antoine Lumaga, de Genes,	f. 4.	à 19.	l. 21291.	17.	
Robin & Ferrary de Roüan,	f. 5.	à 17.	l. 13493.	1.	9
Lumaga & Masetanny de Lyon,	f. 5.	à 18.	l. 1814.	19.	
Dieceny & Benascey, par Lumaga de Noue,	f. 4.	à 18.	l. 3030.		9
Iean Iacques Manis de Lyon,	f. 6.	à 20.	l. 1798.	15.	
Alexandre Tasca de Venise,	f. 6.	à 21.	l. 10574.	18.	
Augustin Sexty de Lucques,	f. 6.	à 23.	l. 3091.	11.	6
Denis Berthon, & Oliuier Gaspard,	f. 6.	à 27.	l. 40000.		8
Laurens Fiorauanty de Bologne,	f. 6.	à 18.	l. 1900.	2.	
Claude Catillon compte de voyages,	f. 7.	à 29.	l. 4088.	13.	
Bleds diuers acheptez contant,	f. 3.	à 32.	l. 99660.		
Verdier, Picquet, & Decoquiel,	f. 7.	à 32.	l. 6107.	10.	
Picquet, & Strasse,	f. 2.	à 40.	l. 2114.	13.	4
Iacques Depures,	f. 4.	à 40.	l. 1586.		
Leonard Berthaud,	f. 4.	à 40.	l. 1057.	6.	8
Pierre Sauset par Caisse,	f. 3.	à 33.	l. 50000.		
André Montbel par Caisse,	f. 3.	à 36.	l. 11025.		
Benoist Robert de Marseille,	f. 12.	à 3.	l. 78086.	15.	2
Pierre Alamel, par Louys Boillet par Caisse,	f. 3.	à 9.	l. 2143.	19.	7
			l. 410211.	19.	1

Negoce de Milan doit poir les marchandifes cy-apres y enuoyées de Lyon, fçauoir

7e.	Barils atens à l.15.le baril y enuoyez par vôye de final, ———	l.	4900.—.—	à 15.	l.	2450.—.—
11350.	tb merluches à l.15, le ½ en 50.bales y enuoyées dudiɛt final, ———	l.	3211.—.—	à 15.	l.	1605. 10.
50.	Pieces draps de laine y enuoyées de Thurin en 10.bales n° 1.à 10.par Alamel, ———	l.	9519. 4.—	à 11.	l.	4759. 12.—
57.	Bales cotton en laine n° 1.à 57.y enuoyées de Marfeille par Robert , ———	l.	9315.10.	à 3.	l.	4657. 15.—
42.	Bales galles à l'efpine n° 58. à 100.enuoyées dudiɛt Marfeille, à final par lediɛt Robert , ———	l.	3207.16.	à 3.	l.	1603. 18.—
51.	Bales bafannes d'Auignô,n° 101.à 151.enuoyées audiɛt final par lediɛt Robert, ———	l.	2891.—.—	à 3.	l.	1446.—.—
300.	tb argent faux à l.4.4. la tb achepté contant d'Hugonin au Carnet des Roys 1625. f.3. & enuoyé dans 3.bales eftamine, n° 1.à 3. ———	l.	2520.—.—	à 5.	l.	1260.—.—
10.	Balins eftamines d'Auuergne à ♈ 25. le balin en 3.bales , n° 1. à 3.confignées à Pons S.Pierre le 3.Mars 1625.acheptées comptant de Chabre, &c. au Carnet des Roys 1625. f.3. & en ce ———	l.	1500.—.—	à 5.	l.	750.—.—
	Emballage & fortie de Lyon defdiɛtes n° 1.à 3. ———	l.	16.16.—	à 4.	l.	8. 8.—
117.	Douzaines marroquins hoirs en galle à l.20. — la douzaine en 14. bales n° 4. à 17. confignées audiɛt Pons S. Pierre le 3.dudiɛt, acheptés contant de Michel Cotte audiɛt Carnet des Roys 1625. f.3. & en ce , ———	l.	4680.—.—	à 5.	l.	2340.—.—
	Embalage & fortie de Lyon defdiɛtes 14.bales,n° 4.à 17. ———	l.	78. 8.—	à 4.	l.	39. 4.—
1000.	tb fil fin de Cremieu à l.42.10.— le ½ l. 425.—⎫					
285.	tb 8.onces foye à filer or,à l.12.à tb. l.3486.8. ⎬ en 6.bales n°18.à 23.achepté comptant audiɛt Carnet, ———	l.	7846.16.—	à 5.	l.	3923. 8.—
	Embalage & port iufqu'à Bourgoin , l. 12.⎭					
34516.	tb Caffonnade blanche en 160. bales , n° 24.à 183. confignées à Schen le 10. Auril 1625. ———	l.	26766. 9. 6.	à 34.	l.	13383. 4. 9
	Emballage defdiɛtes 160.bales à ⊕ 40. la bale, ———	l.	640.—.—	à 4.	l.	320.—.—
50.	Pieces bayettes d'Angleterre à l.95. la piere en 9. bales , n° 184.à 192. confignées audiɛt ———	l.	9500.—.—	à 34.	l.	4750.—.—
480.	tb Cochenille Meftecque à l. 15.— la tb en 2. bales n° 193. à 194. confignées à Pons S.Pierre le 30.Auril 1625. ———	l.	14400.—.—	à 34.	l.	7200.—.—
	Pour l'embalage defdiɛtes 11.bales, ———	l.	44.—.—	à 4.	l.	22.—.—
72.	Onces mufc hors de veffie à l.12.— l'once dans lefdiɛtes, n° 193.194. ———	l.	2880.—.—	à 34.	l.	1440.—.—
34.	Pieces draps de Languedoc en 4.bales,n° 195.à 198. confignez audiɛt Pons S. Pierre, le 15.Septembre 1625.montant en ce, ———	l.	3863.11. 4.	à 29.	l.	1931. 15. 8
35.	Pieces draps de France en 4.bales,n° 199.à 202. confignez audiɛt le 15. dudiɛt ———	l.	2784.10.—	à 30.	l.	1392. 5.—
488.	Pieces marchandifes de Flandres en 5. bales, n° 203. à 207. confignées audiɛt Pons S.Pierre le 3.Octobre 1625. montant en ce, ———	l.	50140.—.—	à 35.	l.	25070.—.—
		l.	160706. 0.16.	———	l.	80353. 0. 5
	Pour les parties cy-contre que portons en credit à compte general , ———	l.	110756.17. 2.	à 40.	l.	60378. 8. 6
		l.	281462.18. —		l.	140731. 8. 11

——————————— 1625. ———————————

CESAR, ET IVLIEN GRANON de Tours, doiuent du 15. Ianuier 1625.pour

Pafq.	1627. l'efcompte en Roys 1625.pour tb 1050.foye lege à l.10.15. liuré audiɛt Iulien, ———			à 3.	l.	11037. 10.
Aouft	1626. l'efcompte à volonté pour tb 593.bourre de foye à ⊕ 58.liuré audiɛt le 22. Aouft 1625. ———			à 27.	l.	1719. 14.
Aouft	1627. l'efcompte en Toulfainɛt 1625.pour tb 1900.foye Meffine à l.12. liuré à Derichy le 25.dudiɛt, ———			à 3.	l.	22800. —
Touff.	1626. pour tb 207.bourre de foye à l.3. liuré audiɛt Derichy le 3, Septembre 1625. —l.621.—⎫			à 11.	⎱	1146. —
	Pieces 3.aunes 75. tapifferie de Bergame rouge à l.7. l'aune,hauteur aunes 3. ———l.525.—⎭			à 13.	⎰	
Roys	1627. pour tb 240.traine de Meffine à l.15.liuré audiɛt le 25.Decembre 1625. ———			à 25.	l.	3600.
				———	l.	51303. 4.—

A V O I R pour les marchandiſes cy-aptes, à nous enuoyées dudict Milan, ſçauoir,

		à	l.		
Bale 1. ℔ 300. — trame de Milan , n° — 1. l.	4543.—.—	à 7. l.	2271.	10.	—
Bale 1. ℔ 260. organcin de Bologne, n° — 2. l.	5740.19.—	à 7. l.	2870.	9.	6
Pieces 16. veloux diuerſes couleurs dans vne Caiſſe , n° — 3. l.	7148. 7.6.	à 8. l.	3574.	3.	9
Pour l'embalage , & dace de Milan de ladicte, n° — 3. l.	223.15.—	à 4. l.	112.	17.	6
Pieces 9. Gaſes dans vne Caiſſe , n° — 4. l.	1178. 7.—	à 10. l.	589.	3.	6
40. paires bas de ſoye 1/2 } 18. paires dict 1/3 } dans ladicte n° — 4. l.	1788.—.—	à 10. l.	894.		
Embalage 1.18.— & dace de Milan l.126.16. de ladicte, n° — 4. l.	144.16.—	à 4. l.	72.	8.	—
Pieces 4. creſpons dans ladicte, n° — 4. l.	1249.18.—	à 12. l.	624.	19.	—
Bale 1. ℔ 244. organcin de Bologne, n° — 5. l.	5722.19.9.	à 7. l.	2861.	9.	10
Bale 1. ℔ 303. organcin de Milan, n° — 6. l.	5495.10.—	à 7. l.	2747.	15.	—
Marcs 200. or filé dans vne Caiſſe, n° — 7. l.	10125.—.—	à 4. l.	5062.	10.	—
Pieces 4. creſpon leger dans ladicte, n° — 7. l.	749.—.—	à 10. l.	374.	10.	—
85. paires bas de ſoye 1/2 } 52. paires dict 1/3 } dans ladicte, n° — 7. l.	3637.—.—	à 10. l.	1818.	10.	—
Pour l'embalage & dace de Milan, de ladicte, n° — 7. l.	363.—.—	à 4. l.	181.	10.	—
Bale 1. ℔ 300. bourre de ſoye, n° — 8. l.	891.10.—	à 12. l.	446.	5.	—
Bales 3. ℔ 900. Doppion de Milan, n° — 9. à 11. l.	5781.—.—	à 12. l.	2890.	10.	—
Pieces 9. Sargettes de Milan , dans n° — 12. l.	3180. 5.—	à 13. l.	1590.	2.	6
Pieces 12. Tapiſſerie de Bergame, en 6. bales, n° 13. — à 18. l.	2712.16.—	à 13. l.	1356.	8.	—
Pieces 13. veloux , dans n° — 19. l.	6099.12.6.	à 8. l.	3049.	16.	3
Pieces 3. Toiles d'or & argent, dans ladicte, n° — 19. l.	1763.—.—	à 13. l.	881.	10.	—
Embalage & dace de ladicte, n° — 19. l.	207.—.—	à 4. l.	103.	10.	—
Bale 1. ℔ 268. 1/2 organcin de Modena , n° — 20. l.	5796.10.—	à 7. l.	2898.	5.	—
Pieces 136. creſpes de Bologne dans vne Caiſſe, n° — 21. l.	4600.17.6.	à 13. l.	2300.	8.	9
Marcs 231. Or filé dans la Caiſſe, n° — 22. l.	11582. 2.—	à 4. l.	5791.	1.	—
6. paires bas de ſoye 1/4 } 6. paires dict 1/3 } dans ladicte, n° — 22. l. 10. paires dict pour femme }	554.—.—	à 10. l.	277.		
Pieces 14. veloux, dans la n° — 23. l.	4908.—.—	à 8. l.	2454.		
Pieces 2. toiles d'or & argent, dans ladicte, n° — 23. l.	2175.—.—	à 13. l.	1087.	10.	—
Pieces 4. creſpons dans ladicte, n° — 23. l.	1501.10.—	à 12. l.	750.	15.	—
Embalage l.22.— & dace de Milan l.189.— tout de ladicte, n° — 23. l.	211.—.—	à 4. l.	105.	10.	—
Pieces 5. veloux, dans n° — 24. l.	2341.17.6.	à 8. l.	1170.	18.	9
Pieces 8. toilles d'or & argent dans ladicte, n° — 24. l.	3294.—.—	à 13. l.	1647.		
Embalage & dace de ladicte, n° — 24. l.	199.—.—	à 4. l.	99.	10.	—
Bales 2. ℔ 600.— Doppion de Milan, n° — 25.26. l.	3854.—.—	à 12. l.	1927.		
Pieces 12.— creſpons de Naples dans vne Caiſſette, n° — 27. l.	4004.10.—	à 12. l.	2002.	5.	—
Bale 1. ℔ 275. organcin de Naples, n° — 28. l.	6023.19.8.	à 7. l.	3011.	19.	10
Bale 1. ℔ 303. bourre de ſoye de Mantoué, n° — 29. l.	964.14.9.	à 12. l.	482.	7.	4

	l.120756.17.2.	—	l. 60378.	8.	6
Pour les parties cy-contre , en debit à compte general , — l.160706.—.10.	à 40. l.	80353.	0.	5
	l.281462.18.—	—	l. 140731.	8.	11

──── 1625. ────

A V O I R que les portons debiteurs au Carnet des Roys 1625. f. 11. cy —	à 5.	l. 22037.	10.	—
Aouſt 1626. eſcompté à 107. 1/2 pour 1/3 l. 1719.14. } Aouſt 1627. eſcompté à 117. 1/2 pour 1/2 l.22800. } portez deb. au Carnet des Saincts 1625. f.11. cy	à 42.	l. 24519.	14.	—
Portez debiteurs au liure B, f.4. pour ſoude du preſent, —	à 44.	l. 4746.		
		l. 51303.	4.	—

F 2

SOYES D'ITALIE doiuent donner pour les cy-apres.

℔ 207.—bale 1.n° 1.℔ 300.-- trame de Milan, pour armoiſin à l.14.10.	l.	4350.—.—					
Embalage, & dace de Milan,	l.	193.—.—					
Calculé à ß 20.- imperiaux, pour ß 10.tournois, ſont	l.	4543.—.—	à 6.	l.	2271.	10.	—
Port de Milan à Lyon, dace de Suſe, & doüanne dudict Lyon, en credit à deſpences,			à 4.	l.	72.	10.	—
℔ 200.—b.1. n.2. ℔ 260. -- Organcin de Bologne, à l.19.	l.	4940.—					
Laquelle ſomme de l. 4940. monnoye de Boloigne a eſté tirée à Plaiſance, en Foire de la Purification en ▽ 762.4.d'or de marc, changés à 152.½ pour °/o, & retournez pour Milan auec la prouiſion à ß 149. 9. pour ▽ ſont	l.	5725.19.—					
Tranſit de Milan,	l.	15.—					
	l.	5740.19.—	à 6.	l.	2870.	9.	6
Pour port, dace, & doüanne, en credit à deſpences,			à 4.	l.	72.	10.	—
℔ 188.—b.1.n° 5.℔ 244. organcin de Bologne à l. 20.5.	l.	4941.—					
Leſquelles l.4941.-- mõnoye dudict Bologne ont eſté tirées à Plaiſance en Foire de S.Marc en ▽ 762.7.1.d'or de marc, changés à 152.½ pour °/o, & retournez par Milan, auec la prouiſion à ß 149.3. pour ▽, ſont	l.	5707.19. 9.					
Tranſit dudict Milan,	l.	15.—					
	l.	5722.19. 9.	à 6.	l.	2861.	9.	10
Pour port, dace, & doüanne, en credit à deſpences,			à 4.	l.	72.	10.	—
℔ 208.—b.1.n.6. ℔ 111.6.onces organcin, pour veloux aſſorty, ℔ 191.6.onces organcin, pour armoiſin, } ℔ 303.à l.17.10.	l.	5302.10.—					
Embalage, & dace de Milan,	l.	193.—					
	l.	5495.10.—	à 6.	l.	2747.	15.	—
Pour port, dace, & doüanne,			à 4.	l.	72.	10.	—
℔ 210.—b.1.n° 20. ℔ 268.½ organcin de Modena, ſuprà fin, à l.25.10.	l.	6846.15.—					
Embalage, & dace dudict Modena,	l.	42.16.—					
	l.	6889.11.—					
Leſquelles l.6889.11. monnoye dudict Modena, ſont doublons d'Eſpagne 382.¼ à l. 18. piece, & à l.15. monnoye de Milan, ſont	l.	5741. 5.—					
Port de Modena à Milan l.40.5. tranſit dudict Milan l.15. -- tout	l.	55. 5.—					
	l.	5796.10.—	à 6.	l.	2898.	5.	—
Pour port, dace, & doüanne;			à 4.	l.	72.	10.	—
℔ 189.—b.1. n° 28.℔ 275. -- Organcin de Naples à carlins 37.¾ la ℔.	d.	1024. 1.17.					
Doüannes dudict Naples, d,48.2.19.embalage, d.10. -- tout	d.	58. 2.19.					
Prouiſion à 2.pour °/o d.21.3.4. port iuſqu'à Milan d.27. tout	d.	48. 3. 4.					
	d.	1131. 3.—					
Leſquels ducats 1131. & 3. tari ont eſté tirés à Plaiſance en Foire de S. Iean Baptiſte en ▽ 802.11.d'or de marc, changés à 141. pour °/o, & retournez par Milan auec leur prouiſion à ß 150. pour ▽, ſont	l.	6008.19. 8.					
Tranſit dudict Milan,	l.	15.—					
	l.	6023.19. 8.	à 6.	l.	3011.	19.	10
Pour port, dace, & doüanne			à 4.	l.	72.	10.	—
℔ 1259.—b.6.n° 1.à 6.℔ 1636.filage de Raconis à fl.42.6.	fl.	69530.—					
Pour l'embalage, dace de Raconis, & autres frais,	fl.	4247.—					
	fl.	73777.—					
Calculé à ß 3.tournois, pour florin, ſont en credit à Pierre Alamel,			à 9.	l.	11066.	11.	—
Port de Thurin à Lyon l.123.10.-- doüanne dudict Lyon l.156.tout			à 4.	l.	279.	10.	—
℔ 2102.—b.10.n° 7.à 16.℔ 2730. filage dict à fl.43.la ℔ ſont	fl.	117390.—					
Embalage, dace de Raconis, & autres frais,	fl.	7030.—					
	fl.	124420.—	à 9.	l.	18663.	—	—
Port de Thurin à Lyon, & doüanne dudict Lyon,			à 4.	l.	460.	—	—
℔ 3145.—b.15.n° 17.à 31. ℔ 4085. filage dict à florin 39.la ℔,	fl.	159315.—					
Embalage, dace de Raconis, & autres frais,	fl.	10545.—					
	fl.	169860.—	à 9.	l.	25479.	—	—
Port de Thurin à Lyon, & doüanne dudict Lyon.			à 4.	l.	695.	—	—
Prouiſion de l.55298. que monte l'achapt deſdictes 31. bales filage à 2. pour °/o en cc,			à 10.	l.	1104.	3.	—
Pour aduance en credit à profits, & pertes.			à 41.	l.	13400.	6.	10
℔ 7708.—				l.	88144.	—	—

AVOIR pour les cy-apres venduës à diuers.

℔ 2088.──filage de Raconis à l.9, 10. donné à outrer à diuers , en ce ,	à 25.	l.	19836.	
℔ 207.──trame de Milan , ── à l.15.10. } pour Iean Iacques-Manis, debiteur en ce,──	à 31.	l.	10774.	10.
℔ 588.──Organcin de Bologne à l.19.10. }				
℔ 1259.──filage de Raconis à l.11. ── pour Estienne Chally, debiteur en ce,	à 29.	l.	13849.	
℔ 1049.──filage dict ──── à l.10.17.6. pour Fleury Gros, debiteurs en ce,	à 30.	l.	11407.	17. 6
℔ 210.──filage dict ──── à l.11.── pour François Verthema, debiteur en ce,	à 36.	l.	2310.	
℔ 1886.──filage dict ──── à l.10.18.9. pour Verdier, Picquet, & Decoquiel, debiteurs,	à 22.	l.	20628.	2. 6
℔ 14.──filage dict ──── à l.11.── pour Iean de la Forest, debiteur en ce ,	à 28.	l.	154.	
℔ 208.──Organcin de Milan , à l.14.10.── } Restans en Magasin au 3. Auril 1626. en debit, à mar-	à 43.	l.	9284.	10.
℔ 210.──Organcin de Modena, à l.15. } chandises en general ,				
℔ 189.──Organcin de Naples , à l.16.10.── }				
		l.	88244.	

℔ 7708.──

VELOVX DE MILAN, doiuent pour les cy-apres, enuoyez dudict Milan.

268.aunes 16. 2.6.br.36. 5.Veloux noir, fôds armoifin ras, pet.façon				
317.aunes 22. 2.6.br.49.15.dit ———	à l.7.10.			
266.aunes 21. 10.— br.48.10.dit à tail ———				
291.aunes 17. 15.— br.40.—Veloux noir, fonds fatinras, petite façon,				
281.aunes 17. 11. 8. br.39.10.dit				
267.aunes 18. 2. 6. br.40.15.dit	à l.9.			
297.aunes 18. 8. 4. br.41.10.dit à Vialbera, ———				
307.aunes 17. 13. 4. br.39.15.Veloux fonds fatin vert 4.fleurs Ar abefque.	dans vne Caiffe			
331.aunes 17. 8. 4. br.39. 5.dit	n° 3. —— à 6. l.	3574.	3.	9.
321.aunes 18. 17. 6. br.42. 5.dit 3. fleurs, ———	à l. 12. la braffe.			
298.aunes 17. 15.— br.40.—dit celefte,				
299.aunes 18. 5.— br.41.—Veloux fonds fatin morelin cramoify 3.fleurs à l. 13.				
281.aunes 18. 6. 8. br.41. 5.dit rouge cramoify 4.fleurs ———				
332.aunes 24.— br.54.—dit Arabefque, ———	à l.13.10.			
271.aunes 17. 15.— br.40.—dit 3. fleurs, ———				
339.aunes 11. 11. 8. br.16.—Veloux à la Turque fonds b'anc 3.fleurs Arab. à l.15.				
148.aunes 23. 2. 6. br.52.—Veloux noir fonds armoifin Nap. petite faço	à l.7.10.			
115.aunes 16. 11. 8. br.37. 5.dit ras, & tail ,				
141.aunes 17. 5.— br.38.15.Veloux fonds ris celefte 4. fleurs, ———	à l. 9.—			
123.aunes 17. 17. 6. br.40. 5.dit verd,				
138.aunes 17. 8. 4. br.39. 5.Veloux fonds fatin vert 3.fleurs Arabefque à l.12.—				
113.aunes 18.—— br.40.10.dit Morelin cramoify 3.fleurs, ———	à l.13.—			
151.aunes 17. 15.— br.40. —	dans n. 19. —— à 6. l.	3049.	16.	3.
134.aunes 17. 8. 9. br.39. 5.Veloux fonds fatin rouge cram.4. fleurs à l.13.10.—				
107.aunes 18. 2. 6. br.40.15.				
112.aunes 17. 15.— br.40.				
136.aunes 11. 10.— br.26.—Veloux fonds fatin incarnad. Turque 4.fleurs à l.15.—				
118.aunes 26. 2. 6. br.58.15.Veloux noir ras 3.trames, ——— à l.10.15.—				
135.aunes 22. 6. 8. br.50. 5.				
114.aunes 17. 5.— br.38.15.				
184.aunes 18. 8. 9. br.41.10.				
125.aunes 17. 15.— br.40.—				
223.aunes 18.—— br.40.10.				
234.aunes 17. 6. 8. br.39.— Veloux noir fôds armoifin Nap. petite façô à l.7.10.				
177.aunes 17. 11. 8. br.39.10.				
211.aunes 18. 5.— br.41.—				
199.aunes 17. 17. 6. br.40. 5.				
233.aunes 22. 6. 8. br.52.10.				
239.aunes 17. 11. 8. br.39.10.	dans n° 23. —— à 6. l.	2454.		
245.aunes 17. 17. 6. br.40. 5. Veloux noir fonds fatin ras petites fleurs à l. 9.				
243.aunes 17. 11. 8. br.39.10.				
191.aunes 17. 17. 6. br.40. 5.				
229.aunes 17. 13. 4. br.39.15.Veloux à la Turque fonds d'or 4.fleurs à l.15.				
504.aunes 12. 10.— br.28.—Veloux fonds d'argent Turque 4.fleurs,				
59.aunes 17. 12. 6. br.39.15.dit fonds d'or,				
419.aunes 12. 10.— br.28.—dit fonds bleu, ———	à l.15.— dans n° 24. —— à 6. l.	1170.	18.	9.
701.aunes 17. 12. 6. br.39.15.dit fonds blanc,				
720.aunes 18. 7. 6. br.41. 5.Veloux fonds taffetas Napolitaine orangé , à l. 7. 10.				
	——— à 41. l.	1641.	15.	2.
Pour aduance en credit à profits, & pertes,				
	——— l. 11890.		13.	11.

A V O I R pour les cy-apres , vendus à diuers.

268.aunes 16. 2.6. Veloux noir fonds armoifin petite façõ				
317.aunes 22. 2.6. dit ————	à l. 9.—			
266.aunes 21.10.- dit à tail , ———				
291.aunes 17.15.— Veloux noir fonds , fatin petite façon				
281.aunes 17.11.8. dit ———	à l. 12.—			
267.aunes 18. 2.6. dit ———				
297.aunes 18. 8.4. dit à Vialbera, ———				
307.aunes 17.13.4. Veloux fonds fatin verd 4. fleurs Arab.	Enuoyé à Taranget , &	à 26. l.	3851.	4. 2.
331.aunes 17. 8.4. dit ———	Roufier le 3.Mars 1625.—			
311.aunes 18.17.6. dit 3. fleurs, ———	à l. 16.—			
298.aunes 17.15.— dit celefte,				
299.aunes 18. 5.— Veloux fonds fatin morelin cramoify 3.fleurs,à l.19.-				
136.aunes 11.10.— Veloux à la Turque fonds fatin incarnadin , à l.20.-				
118.aunes 26. 2.6. Veloux noir ras 3.trames , à l.15. ———				
135.aunes 22. 6.8.				
282.aunes 18. 6.8. Veloux rouge cramoify 4.fleurs,				
332.aunes 14.—— dit Arabefque, ———	à l.19.—pour Eftienne Glotton de Tholoufe,	à 28. l.	1141.	11. 8.
271.aunes 17.15.- dit 3.fleurs, ———				
339.aunes 11.11.8. Veloux à la Turque fonds blanc 3. fleurs à l. 20. 10. pour Robert Gehenaud, ——		à 28. l.	237.	9. 2.
148.aunes 23. 2.6. Veloux noir fonds armoifin Nap.petite façon	à l.9.—			
115.aunes 16.11.8. dit ras & tail,				
141.aunes 17. 5.— Veloux ris celefte 4. fleurs,	à l. 12.—	pour Herue,& Sauary,-	à 18. l.	2443. 5. 2.
123.aunes 17.17.6. dit verd, ———				
138.aunes 17. 8.4. Veloux fonds fatin verd 3.fleurs, à l.16.				
151.aunes 17.15.—				
134.aunes 17. 8.9. Veloux fonds fatin rouge cramoify 4.fleurs à l.19.10.				
107.aunes 18. 2.6.				
112.aunes 17.15.—				
504.aunes 12.10.— Veloux fonds d'argent Turque 4.fleurs,				
55.aunes 12.10.6. dit fonds d'or,				
429.aunes 12.10.— dit fonds bleuf,———	à l.18. Enuoyé à Conftantinople,—	à 20. l.	1149.	17. 6.
702.aunes 17.12.6. dit fonds blanc,—				
710.aunes 18. 7.6. Veloux fonds taffetas Napol.orangé paftel à l.9.-				
224.aunes 17. 5.—				
184.aunes 18. 8.9.				
225.aunes 17.15.—				
123.aunes 18.—				
234.aunes 17. 6.8. Veloux noir fonds armoifin Napolitaine,petite façon, à l.9. pour Deflauiers.—		à 17. l.	1282.	6. 3.
177.aunes 17.11.8.				
211.aunes 18. 5.—				
199.aunes 17.17.6.				
113.aunes 11.—— Veloux fonds fatin morelin cramoify à l.19.-				
133.aunes 22. 6.8.	vendu contant au Carnet			
239.aunes 17.11.8. Veloux noir fonds fatin à diuers prix, —— de 1625. fº 14. ———	à 28. l.	925.	1. 8.
245.aunes 17.17.6.				
113.aunes 7.—— Veloux fonds fatin Morelin cramoify à l. 15.—				
243.aunes 17.11.8. Veloux noir fonds fatin ras,	Reftans en Magafin au 3.			
191.aunes 17.17.6. dit à l.10. ———	Auril 1626. ———	à 43. l.	759.	18. 4.
229.aunes 17.13.4. Veloux à la Turque fonds d'or 4. fleurs à l.17.				
		——— l.	11890.	13. 11

F 4

EFFECTS ET FACVLTEZ de Laurens Iacquin,en Piedmont doiuent l.15000.——payables aux deputez des cranciers dudict Iacquin, moitié en ces payemens des Roys, & l'autre ½ en
Aouft prochain fuiuant,& à la forme de l'eftrouffe a nous faicte par le Conferuateur, lefquels effects
confiftent en debtes & marchandifes , comme cy-bas aualuées au prix courant en argent contant , en
credit aufdicts Deputez , ——————————————————————— à 9. l. 15000.

François Mora d'Aft , payable en Foire de mi-Carefme 1625.———————————fl. 10000.—			
Iofeph Terrachino d'Aft, payable à ladicte Foire de my-Carefme,——————fl. 15000.—			
Bernardin Pochetino de Raconis, pour Foire d'Octobre 1625.——————————fl. 10000.—			
George Rouffy de Cafal,pour ladicte Foire d'Octobre 1625.—————————fl. 45000.—			
Oliuier Marco de Thurin,pour le.10. Aouft 1625.—————————————fl. 10000.—			
Douzaines 104.9.bas de Paris,pour homme à florins 96.la douzaine,—————fl. 10056.—			
Canes 319.5.pans fargettes de Nifmes à fl.18. la Cane,————————————fl. 5753.—			
Aunes 207. ½ Cadis du Puy , à fl. 5.7. l'aune, —————————————fl. 1156. 3.			
Piece 42. aunes 506. ½ Reuerches du Puy , à fl.5.1. l'aune, ———————fl. 2575.—			
Aunes 37. ½ Sarge guife Limeftre,à fl. 14.————————————————fl. 901.—			
Aunes 12.— Drap Romorantin noir, à fl.39.————————————————fl. 468.—			

fl.110909. 3.

Pour foude en credit à profits & pertes de Piedmont, —————————— à 10. l. 3136. 7. 6

———— l. 18136. 7. 6

————————————————————1625.————————————————————

LES DEPVTEZ des Cranciers de Laurens Iacquin doiuent en Roys 1625. que faifons
bon pour eux,fuiuant la fentence du Conferuateur,à Picquet,& Straffe,au Carnet defdicts payemens,
f° 2. & en ce,———————————————————————————— à 5. l. 7500.
En Aouft 1625. payé pour eux fuiuant la Sentence du Conferuateur, à René Bais, par Caiffe au
Carnet d'Aouft 1625. f. 3. & en ce , ———————————————————— à 42. l. 7500.

———— l. 15000.

————————————————————1625.————————————————————

PIERRE ALAMEL, compte du Negoce de Piedmont doit du 6. Mars 1625. pour 1000.
doublons d'Efpagne effectifs , à luy comptant à fon depart,que à fl. 46. piece, valent au Carnet des
Roys 1625. f° 3. ———————————————————————fl. 46000.— à 5. l. 7300.
Pour vente par luy faicte à Carmaignole de 200.barils Arens,————————fl. 36000.— à 15. l. 5400.
Pour 1000. doublons d'Efpagne , qu'il a pris à Genes de Lumaga , que à fl. 44. & à
l.7.3.tournois, font en credit efdicts Lumaga de Genes, ————————fl. 44000.— à 19. l. 7150.
∇ 714.13.3. à fl.10. pour ∇ qu'auons payé fuiuant fa lettre à Louys Boillet,valeur par
luy receuë de fon homme de par delà,au Carnet des Roys 1625.f.3.—————fl. 14293.— à 5. l. 1143. 19. 7
∇ 1629.6.5. à f.19. pour ∇,qu'il nous a tiré par fa lettre, payable à Euftache Rouyere,
pour valeur receuë de Iacques & Philippe Gentil,au Carnet des Roys 1625.f.4.—fl. 19557.— à 5. l. 3087. 19. 3
Pour vente par luy faicte au contant de 5604.onces femences de vers à foye ,——fl.13891.— à 11. l. 20683.
Pour diuerfes marchandifes venduës contant à la mi-Carefme , en foire d'Aft 1625.—fl. 17836. 7. à 11. l. 1675. 10.
Pour ventes par luy faictes au contant à Thurin, ————————————fl. 10554.— à 11. l. 3083.
Qu'il a receu à Verfeil,de Iofeph Boltretto,en ce, ——————————fl. 30361. 8. à 16. l. 4554. 5.
Qu'il a receu des debiteurs de Laurens Iacquin, en ce,——————————fl. 15000.— à 9. l. 3750.
Pour ventes par luy faictes au contant,en Octobre 1625. Foire d'Aft , ————fl. 34447.— à 11. l. 5167. 1.
Qu'il a receu à Thurin,Raconis,Cafal,& autres lieux , pour ventes par luy faictes au
contant, —————————————————————————————fl. 53480.— à 11. l. 8022.
Qu'il a receu à final de Maluatiz,en doublons d'Efpagne 105. ½ à fl.48.l'vn font,——fl. 5073.7. à 16. l. 771. 12.
Qu'il a receu à Cafal,& Aft,de nos debiteurs le 3. Nouembre 1625. ————fl. 31707.— à 10. l. 4756. 1.
Qu'il a receu à Raconis, Cafal ,& Thurin, des debiteurs de Laurens Iacquin,——fl. 75000.— à 9. l. 11250.
Qu'il à receu en diuers lieux de nos debiteurs,en ce,——————————fl. 37612.— à 10. l. 5643. 12.
Benefice de monnoye , ————————————————————fl.——— à 10. l. 538. 4. 11

fl.628825.10. ——— l. 95776. 6. 9

A V O I R pour les marchandifes cy-contre , calculé

A ⅃ 3.--tournois pour florin en debit à negoce de Piedmont,———— ———fl. 20909. 3.—— à 11. l.   3136.   7. 6

François Mora d'Aſt, ———————— fl. 10000.⎫
Ioſeph Terrachino d'Aſt, —— ——fl. 15000. ⎬ En debit à Alamel, —— fl. 25000.——— à 9. l.   3750.
Bernardin Pochetine de Raconis, — fl. 10000.⎭

George Rouſſi de Caſal, ——— ——fl. 45000.⎫ En debit audict Alamel,— fl. 75000.———— à 9. l. 11250.
Oliuier Marco de Thurin, ——— ——fl. 10000.⎭

     fl. 120909. 3.——— ——— l. 18136.   7.   6

————————————————————————1625.———

A V O I R en Roys 1625. — l. 7500. ⎫ leur faiſons bon pour les effects, de l. Iacquin,—— à 9. l. 15000.
En Aouſt 1625. ——— ——l. 7500. ⎭

———————————————————————1625.

A V O I R pour port de final à Carmagnole , & lotiage de magaſin de 100. barils
arens, frais de voyage allant & venant de Thurin à Carmagnole , calculé à ⅃ 3. pour
florin ſont —— ———— —— ———————fl.   5814.—— à 15. l.   871.   2.

Pour 565. Sacs riz peſant net 1559. Cantara à l. 12. 12. 6. le Cantara, qu'il a achepté
à Genes au contant, montant auec les frais l. 19808. 5. monnoye courante dudict Genes
faiſant doublons d'Italie 1817. 5. 6. à l. 10. 18. l'vn, & à florins 45. ſont ——— ——fl. 81766. 4. à 17. l. 12902. 13.

Pour 359. Sacs riz peſant Rub 2940. à fl. 6. 6. 6. le Rub qu'il a achepté à Thurin, montant auec les frais en ce ——————————————————fl. 20217. 9. à 17. l.   5208.   7.

Pour pluſieurs frais par luy faicts à aller & venir de final, Verſeil, & Genes, ——fl.   1211.— à 17. l.   181. 16.

Qu'il a payé au Capitaine du Vaiſſeau le Cheualier de Mer, ——— ——fl. 14000.— à 15. l.   2100.

Pour 6. bales filage nᵒ 1. a 6. qu'il nous a enuoyé par conduicte de Delbon, ——fl. 73777.— à 7. l. 11066. 11.

Pour 10. b. filage nᵒ 7. à 16. enuoyées par conduicte de Gabaleon, le 3. Aouſt 1625. --fl. 124410.— à 7. l. 18663.

Pour 15. b. filage nᵒ 17. à 31. enuoyées par cõduicte d'Euſtache Moretto le 15. dudict fl. 169860.— à 7. l. 25479.

1000. doublõs d'Eſp. à fl. 48. & à l. 7. 7. t. ⎫
140. ½ d. de Genes à fl. 45. ⎬ qu'il a enuoyé à Genes à Lumaga debi- fl.
481. ½ d. de Florẽce à fl. 44. ⎬ & à l. 7. 2. teurs au Carnet des Sainéts 1625. f. 19. cy fl. 79752. 6. à 42. l. 12483.   6.
100. --doub. d'Italie à fl. 42. ⎭

Pour le monter des frais & deſpens par luy faicts audict Piedmont , fins à ce iour-
d'huy 3. Mars 1626. en ce— —— —— —— ———————fl. 20038. 3. à 11. l.   3005. 14.   9

79. doublons d'Eſpagne receus de luy contant à ſon retour , au Carnet des Roys
1626. f. 3. à fl. 48. l'vn, & à l. 7. 7. tournois, ſont —— —— —— —————fl. 37968.— à 42. l.   5813. 17.

     fl. 618825. 10. ——— l. 95776.   6.   9

PROFITS ET PERTES du negoce de Piedmont doiuent,

Pour le quart desdictes l.18335.10.11. cy-contre,que faisons bon à Pierre Alamel,	à 43.	l. 4583.	17.	9
Pour les ¼ à nous appartenant en credit à profits & pertes,	à 41.	l. 13751.	13.	2
		l. 18335.	10.	11

————1625.

DEBITEVRS DE PIEDMONT doiuent pour les cy-apres,

Horatio Repos de Casal,pour le 20. Octobre 1625.	fl. 8112.	à 11.	l. 1216.	16.	—
François Mora d'Ast,pour le 20.dudict ,	fl. 23595.	à 11.	l. 3539.	5.	—
Bartholomée Chiauarro de Montferra, pour le 20.Mars 1626.	fl. 8468.	à 11.	l. 1270.	4.	—
Antoine & Philippe Gentil de Thurin, pour le 20.dudict	fl. 5406.	à 11.	l. 810.	18.	—
François de Peysieu d'Ast, pour le 3.Auril 1626.	fl. 3950.	à 11.	l. 592.	10.	—
George Rouffy de Casal,pour le 15.dudict	fl. 19800.	à 11.	l. 2970.		—
	fl. 69331.		l. 10399.	13.	

————1625.

ANTOINE, ET ISAC PONCET de Valence en Espagne, doiuent ▽ 2400. d'or de Marc,que à ⑆ 26.pour ▽,ils ont tiré de nostre ordre à Noue en foire des Roys 1625. sur Octauio, & Marc-Antoine Lumaga,crediteurs au Carnet des Roys 1625. f° 4.cy

	l. 3120.	à 5.	l. 8918.	10.	3
▽ 493.8.4. de Reaux à ⑆ 70.-- tournois, l'vn qu'ils nous ont tiré à payer icy aux leurs,au Carnet des Roys 1625. f° 3. par Caisse ,	l. 592. 2.	à 5.	l. 1726.	19.	2
Pour benefice sur la traicte faicte à Noue,	l. —.—.	à 10.	l. 181.	9.	9
	l. 3712. 2.		l. 10826.	19.	2

————1625.

GAZES doiuent pour les cy-apres enuoyées de Milan,

343.aunes 48.17. 6.br.110.—				
315.aunes 48.17. 6.br.110.— brasses 443. Gase noire damassée 4. fleurs,à ⑆ 23.—				
345.aunes 49.15.— br.112.—				
316.aunes 49.12. 6.br.111.—	dans n° 4.— à 6. l. 589.	3.	6
311.aunes 34.13. 4.br. 78.—				
312.aunes 34.13. 4.br. 78.— brasses 314.dicte de soye torse à liston,à ⑆ 32.—				
313.aunes 35. 2. 1.br. 79.—				
314.aunes 35. 2. 1.br. 79.—				
264.aunes 16. 8.10.br. 37.— dicte noire afpolin de soye torse à liste,à ⑆ 90.—				
Pour aduance, en credit à profits & pertes ,	à 41.	l. 294.	8.	8
		l. 883.	12.	2

————1625.

BAS DE SOYE DE MILAN doiuent pour les cy-apres,

40. paires bas de foye ⅓ diuerses couleurs à l. 33.la paire	dans n° 4.	à 6. l. 894.		
18. paires dict ——— ⅓ à ——— l. 26.—				
85. paires dict ——— ⅓ à ——— l. 33.— dans la Caisse n° 7.	à 6. l. 1818.	10.	
32. paires dict ——— ⅓ à ——— l. 26.—				
6. paires dict ——— ⅓ à ——— l. 33.—				
6. paires dict ——— ⅓ à ——— l. 26.— dans la Caisse n° 12.	à 6. l. 277.		
10.paires dict pour femme à ——— ——— l. 20.—				
Pour aduance en credit à profits & pertes,	à 41.	l. 41.	10.	
197.paires.		l. 3031.		

AVOIR pour benefice sur la traicte faicte de Valence à Noue par Poncet,	à 10.	l.	181.	9.	9
Prouision de l.55208. que monte l'achapt de 31. balle filages à 2. pour ÷ en ce,	à 7.	l.	1104.	3.	—
Prouision de l.27656. que monte l'achapt de 1536. sacs ris à 2. pour ÷ en ce	à 17.	l.	553.	2.	8
Pour profit fait sur l'achapt des effects & facultez de Laurens Iacquin, en ce	à 9.	l.	3136.	7.	6
Profit qu'il a pleu à Dieu enuoyer audict negoce de Piedmont en vn an, fins à ce iourd'huy 3. Mars 1626. en ce,	à 11.	l.	13022.	3.	1
Pour benefice de monnoye au compte courant dudict Alamel, en ce	à 9.	l.	338.	4.	11
	—	l.	18335.	10.	11

1625.

AVOIR pour les cy-apres qui ont payé,					
Horatio Repos de Casal, fl. 8112. / François Mora d'Ast, fl. 23595. } qu'ils ont payé de nostre ordre à Alamel,	à 9.	l.	4756.	1.	—
Bartholomeo Chiauarro de Montferra, fl. 8468. / Antoine & Philippe Gentil de Thurin, fl. 5406. / François de Peysieu d'Ast, fl. 3950. / George Roussy de Casal, fl. 19800. } En debit audict Alamel,	à 9.	l.	5643.	12.	—
fl. 69331.	—	l.	10399.	13.	—

1625.

AVOIR pour comptant onces 6044. semence de vers à soye, qu'ils ont achepté de nostre ordre, chargées sur la Faloupe S. Iean Baptiste, Patron Thomas Cabanes, pour porter à final & consigner à à Maluasie, lequel doit ensuiure l'ordre de Pierre Alamel, montant auec les frais en ce, — l.3712.2.	à 11.	l.	10826.	19.	2

1625.

AVOIR pour les cy-apres,					
311. aunes 34.13. 4. / 312. aunes 34.13. 4. / 313. aunes 35. 2. 6. / 314. aunes 35. 2. 6. } Gase noire de soye torse à liston à ₰ 50. enuoyé à Paris és mains de Taranget, & Rousier, pour vendre pour nostre compte,	à 26.	l.	348.	19.	3
264. aunes 16. 8. 4. dicte noire Aspolin de soye à liste en pied à l.6. — pour Glotton de Tholouse,	à 28.	l.	98.	10.	—
343. aunes 48.17. 6. dicte noire Damassée à ₰ 45. pour Robert Gehenaud de Paris,	à 28.	l.	109.	19.	4
315. aunes 48.17. 6. dicte à ₰ 42. / 345. aunes 49.15. — dicte à ₰ 45. } vendu contant au Carnet de 1625. f. 14.	à 28.	l.	214.	11.	6
316. aunes 49.12. 6. dicte à ₰ 45. pour Estienne Glotton, pour Aoust 1626. en ce,	à 16.	l.	111.	12.	1
	—	l.	883.	12.	2

1625.

AVOIR pour les cy-apres vendus à diuers,					
10. paires bas de soye $\frac{1}{4}$ à l.18. — Pour Estienne Glotton de Tholouse,	à 28.	l.	180.	—	—
20. paires dict — $\frac{1}{4}$ à l.18. — Pour Robert Gehenaud de Paris,	à 28.	l.	360.	—	—
10. paires dict — $\frac{1}{4}$ à l.16. 10. / 18. paires dict — $\frac{2}{3}$ à l.13. — / 10. paires dict, pour femme à l.11. — } vendu contant au Carnet de 1625. f. 14.	à 28.	l.	509.	—	—
32. paires dict — $\frac{2}{3}$ à l.14. — Pour Estienne Glotton de Tholouse,	à 16.	l.	448.	—	—
91. paires dict — $\frac{1}{4}$ à l.16. — / 6. paires dict — $\frac{2}{3}$ à l.13. — } Restans en magasin au 3. Auril 1626. en debit à marchandises en general,	à 45.	l.	1534.	—	—
197. paires.	—	l.	3031.	—	—

NEGOCE DE PIEDMONT doit pour les marchandifes cy-apres enuoyées audict lieu pour compliment de l. 30000.— de fonds & capital qu'auons promis fournir en iceluy foubs l'adminiftration de Pierfe Alamel, lequel auons affocié pour ⅓ aux profits ou pertes qu'il plaira à Dieu y mander, fçauoir,

			l.		
douz.	104.9. bas de Paris pour homme,à —— fl.96.la douzaine				
canes.	319.5. pans Sargettes de Nyfines,à —— fl.18. la cane				
aunes.	207.⅓ Cadis du Puy, à ————— fl. 5.7. l'aune	En credit à effects de Laurens Iacquin,— à 9. l.	3136.	7.	6
aunes.	506.— en 42.pieces reuerche du Puy,à fl. 5.1. l'aune				
aunes.	37.⅓ Sarge grife Limeftre, à ——fl.24.				
aunes.	12.— drap Romorantin noir, à —— fl. 39.—				
onces.	6000.— Semence de vers à foye à ⊕ 9.9. Sont monnoye de Valence en Efpagne —— l.2955.16.				
onces.	44.—dicte blanche,à —— ⊕ 14.—				

Pour 24.Sacs,Caiffes,& embalage,l.48.droit nouueau à ⊕ 1.pour once, l.302.4.— l. 350. 4.
droict du General à 6.deniers pour once l. 151.2.peage à 2.⅜ pour once l.50. tout l. 201. 4.
droicts de Sifa,à 8. deniers pour liure de monnoye ————— l. 100.—
frais d'embalage,& port iufqu'a la Mer ————— l. 41.—
Pour l'affeurance de l. 1600. iufqu'a final à 4.pour ⅔ ——— l. 64.—
l. 3712. 2.

				l.		
	Lefquelles l. 3712. 2. monnoye de Valence, font 37121. real Caftelan à ⊕ 2.le real, valant v 3093.8.4.de 12.reaux piece, que à ⊕ 70.tournois l'vn,font de France,en ce —— à 10. l.			10826.	19.	2
canes.	140. — Courdellats de Myefames à ⊕ 41. en 16.pieces					
canes.	673. 7. p.Courdellats de Caftres, à ⊕ 41. en 45.pieces					
canes.	114. 3. p.Courdellats de Chalabre,à ⊕ 36. en 10.pieces					
canes.	192. 5. p. Carcaffonnes, — à l.7.— en 19.pieces	l.9994. 7. 6.				
canes.	598. 4. p.Sargettes de Nyfines, à ⊕ 58. en 40. pieces					
canes.	186. — Courtracts Carcaffonne, à l. 10.10.en 18.pieces					
canes.	131. 6. p.Courtracts d'Auteribe, à l.13.10. en 12.pieces	à 38. l.		10316.	17.	6
	80.— Couuertes de Montpelier rouges à l.8.15.					

Frais d'embalage,defpence de bouche,&expedition defdictes marchandifes,
pour configner à Marfeille à Benoift Robert, ———— l. 322.10.
Frais faicts à Marfeille au chargement defdictes marchandifes pour final par Robert, en ce —— à 3. l. 97. 11.
Frais enfuiuis audict final à la reception defdictes marchandifes par Maluafie —— à 16. l. 214.—

				l.		
pieces.	200. —Sarges perpetuanes diuerfes couleurs entremeflées à ⊕ 46.6.la piece, — l. 465.—					
pieces.	50. —Dictes noires à ⊕ 35.— de fterlins la piece, ———— l. 87.10.					
	Embalage,fubcide & autres frais l.56.12.6. prouifion à 2.pour ⅔ de l. 609. 2.6. l. 68.16.					
	monnoye de fterlin l. 621. 6.					

Changez pour Lyon à fterlins 69.⅔ pour v, font en credit à Abraham Bech de Londres, — à 14. l. 6436. 10.
Pour frais faicts à Rouan à la receptiõ & rēuoy defdictes perpetuanes par Robin, & Ferrary, à 17. l. 197. 5.
Voyture de Rouan à Lyon,douiiane & fortie dudict Lyon par defpences, —— à 4. l. 386.—

				l.		
pieces.	32.—diuifees en 64.fuftaine d'Angleterre diuerfes couleurs à ⊕ 30. la ⅔ piece — l. 96.—					
	Pour le droit defdictes 32. picces embalage,& autres frais ———— l. 3. 6.8.					
	Prouifion à 2.pour cent ——————— l. 1.19.8.					

Changez pour Rouan à 68.pour v, font en credit audict Abraham Bech, —— l.101. 6.4. à 14. l. 1072. 11. 8

Pour frais faicts andict Rouan à la reception & renuoy defdictes march.par Robin,& Ferrary,- à 17. l. 47. 5.—
Voyture de Rouan à Lyon,& douanne dudict Lyon,en ce ———— à 4. l. 86. 1.—
Prouifion à ⅓ pour ⅔ payés à Rouan pour la traicte de l. 1072.11.6. faicte par Bech fur lefdicts
Robin, & Ferrary, ——————— à 17. l. 3. 11. 6

				l.		
aunes.	81.—Sarge de Beauuais diuerfes couleurs,à —— l. 5. l'aune —— l. 410.					
aunes.	84.—dicte à 2. enuers noire,à ——— l. 5.10.— l. 462.—					
aunes.	56.—Sarge noire Dieppe, à ——— l. 7.— l. 392.—					
aunes.	33.—dicte noire Sigouie, à ——— l. 7.10.— l. 347.10.					
aunes.	20.Drap du Seau noir, à ——— l.12.— l. 240.—					
aunes.	30.—Bure du Seau, à ——— l. 8.— l. 240.—					
aunes.	360.—Croifez cramoify,à ——— l.4.— l.1440.—		à 30. l.	5941.		
aunes.	11.—Efcarlate de Berry, à l.16. l. 480.—					
aunes.	19.—dicte du Seau,					
aunes.	11.—Bure Romorantin, à ——— l.10.— l. 110.—					
aunes.	20.—Drap noir Romorantin,à —— l.12.— l. 240.—					
aunes.	234.—drap Prefdeau couleurs ordinaires, à l. 3.— l. 701.—					
aunes.	154.—Bure blanche, à ⊕ 50. l. 527.10.					
aunes.	57.—Drap rouge & celefte Poictou,—					
	Frais d'embalage, ——————— l. 340.—					

Pour plufieurs frais & defpens faicts audict Piedmont par ledict Alamel,tant pour voytures,louiage de boutique & magafins,defpence de bouche en vn an, perte fur diuerfes efpeces changées en piftoles,&autres defpences generalement quelconques,ainfi qu'appert par le compte rendu par ledict Alamel, crediteur en ce ——————— à 9. l. 3005. 14. 9
Profit qu'il a pleu à Dieu enuoyer en ce negoce ——— à 10. l. 13022. 3. 1
——— l. 54789. 18.—

AVOIR pour les marchandifes cy-apres venduës audict lieu à diuers, fçauoir

onces	4000.-- Semence de vers à foye à fl.25.l'once venduës à Raconis à diuerfes perfonnes tant au comptant que en trocque de filages, — — — — fl.100000.—				
onces	1000.-- Semence dicte à fl.24.l'once,vendu comptant à Carmagnolle, — — fl.24000.—				
onces	604.-- dicte à fl.23.-vendu comptant, tant à Carmagnolle que autres lieux, fuiuant le compte à nous enuoyé pour foude de ladicte femence, — — fl.13892.—				

onces	5604.-	Calculé à ⏃3.-tournois pour florin, en debit à Pierre Alamel, — — fl.137892.—	à 9.	l.	10683.-
onces	440.	Pour difference de poids.			

onces	6044.	Vente faicte en Foire d'Aft à la mi-Carefme.			

douz.	50. bas de Paris pour homme à — fl.110.la douz.fl. 5500.-				
canes	519.5. pans fargettes de Nyfmes, à — fl. 20.la cane fl. 6392.-				
aunes	207.½ Cadis du Puy, à — fl. 7.l'aune fl. 1449.7.	vendu comptant en debit audict Alamel,	à 9.	l.	2675.　10.-
aunes	506.½ Renerche du Puy, à — fl. 6.l'aune fl. 3040.-				
aunes	37.½ Sarge grife Limeftre, à — fl. 26.l'aune fl. 975.-				
aunes	12.- Drap noir Romorantin, à — fl. 40.l'aune fl. 480.-				

	fl.17836.7.				
canes	100.-Carcaffonnes,a — fl.60.—fl.6000.-	pour Horatio Repos de Cafal,	à 10.	l.	1216.　16.
canes	114.4.p.Courdellats de Chalabre, à — fl.17.—fl.2112.-				
canes	240.-.Courdellats de Mefames, à — fl.19.—fl. 4560.-				
canes	92.5.p.Carcaffonnes, à — fl.60.—fl. 5557.6.	pour François Mora d'Aft, —	à 10.	l.	3539.　5.-
canes	673.-p.Courdellats de Caftres, à — fl.20.—fl.13477.6.				

Vente faicte au comptant à Thurin.

	80.Couuertes de Montpellier à — fl.75.la piece, fl.6000.-				
canes	300.Ras 998.Sargettes de Nyfmes, à — fl.8. le ras, fl.7984.-	en debit audict Alamel,	à 9.	l.	3083.　2.
douz.	54.9.Bas de Paris pour homme, à — fl.10.la paire, fl.6570.-				

canes	300.--Sargette de Nyfmes,à — ⏃58.-l. 870.-				
canes	186.--Contracts de Carcaffonne,à — l.10.10.l.1953.-	Renuoyé aux noftres de Milan, —	à 6.	l.	4759.　12.
canes	151.6.p.Contracts d'Auteribe, à — l.13.10.l.1778.12.				
	Embalage, & autres frais, — l. 158.-				

Vente faicte en Foire d'Aft au 20.Octobre 1625.

pieces	100.-Perpetuanes d'Angleterre à ducatons 13.½ la piece de florins 18.½ pour ducaton, fl.24975.-				
pieces	32.-diuifées en 64.fuftaine d'Angleterre à ducatons 8.la demy piece font, — fl. 9472.-				

	Sont fl.34447.vendu comptant à diuers,en debit audict Alamel, — fl.34447.-		à 9.	l.	5167.　1.
aunes	82.Sarge de Beauuais diuerfes couleur à fl.50.l'aune	pour Bartholomeo Chiauarro de Montferra.-	à 10.	l.	1270.　4.
aunes	84.dicte noire à 2.enuers, à — fl.52.				
aunes	56.dicte noire Dieppe,à — fl. 60.-	pour Antoine,& Philippe Gentil de Thurin, —	à 10.	l.	810.　18.
aunes	33.dicte noire Sigouie,à — fl. 62.				
aunes	20.drap du Seau noir,à — fl.100.-	pour François de Peyfieu d'Aft, —	à 10.	l.	592.　10.
aunes	30.bure du Seau, à — fl. 65.-				
aunes	560.Croifez d'Angleterre cramoify,à— fl. 45.-	pour George Rouffi de Cafal, —	à 10.	l.	1970.-
aunes	30.Efcarlatte,à — fl.110.-				

Ventes faictes au comptant à Thurin, Cafal, Raconis,& autres lieux.

pieces	90.Perpetuanes d'Angleterre à ducatons 14.la piece, — fl.23310.-				
pieces	60.dictes à ducatons 13. la piece — fl.14430.-				
aunes	12.Bure Romorantin, à florins 90. — fl. 1080.-				
aunes	20.Drap noir Romorantin, à fl.100. — fl. 2000.-	en debit audict Alamel, —	à 9.	l.	8022.-
aunes	234.Drap Prefdeau couleurs ordinaires,à fl.30. — fl. 7020.-				
aunes	154.Bure blanche,à fl.27. — fl. 4158.-				
aunes	57.Drap rouge & celefte Poictou,à fl.26. — fl. 1482.-				

			—	l.	54789.　18.

CRESPONS doiuent pour les cy-apres,

337.aunes 64. 8.4.br.145.————			
318.aunes 70. 5.—br.158.———— Crefpon noir à Giafo à ⬤ 42.			
344.aunes 57. 6,8.br.129.————	dans n° 4.————	à 6. l. 624. 19.	
319.aunes 66. 5.—br.149.—— dict morelin cramoify à ⬤ 46.————			
280.aunes 64. 8.4.br.145.——			
315.aunes 55. 2.6.br.125.——			
392.aunes 64. 8.4.br.145.—— dict noir leger à ⬤ 58.—dans n° 7.————	à 6. l. 374. 10.		
394.aunes 16.13.4.br.120.——			
266.aunes 31. 2.6.br.140.——			
242.aunes 28.13.4.br.129.——			
140.aunes 37. 2.6.br.167.—— dict noir à ⬤ 42.—dans n° 23.————	à 6. l. 750. 15.		
269.aunes 30.13.4.br.138.——			
272.aunes 31. 6.8.br.141.——			
1.aunes 62.13.4.can.33.3. Canes 435. 1. pans crefpons de Naples de foye noire large à carlins			
2.aunes 78.—-can.41.4. 16.⅓ la cane, font ————————ducats 718. 4. 4.			
3.aunes 78.—-can.41.4. Embalage ducats 6.doüanne de Naples d.48.10.2.——d. 54.10.12.			
4.aunes 77. 2.6.can.41.- Port iufqu'a Milan, ————————d. 15.			
5.aunes 66.12.6.can.35.4.			
6.aunes 66.—-can.35.3. d.789. 4.16.			
7.aunes 66.10.-can.35.3.			
8.aunes 66. 7.6.can.35.2. Lefquels d.789.4.16. monnoye de Naples,ont efté tirez à Plaifance, en			
9.aunes 66.10.-can.35.3. Foire de la Putific. en ▽ 530.3.5.d'or de marc,châgez à 149. pour °⁄₀			
10.aunes 66. 7.6.can.35.2. & retournez auec la proifion à ⬤ 150.pour Milan font-l.3989.10.			
11.aunes 66. 7.6.can.35.2. Tranfit dudict Milan, ————————l. 15.			
12.aunes 57. 6.8.can.30.4.			

l.4004.10. à 6. l. 2001. 5.

Pour port,dace,& doüanne de ladicte Caiffette, en ce ———— à 4. l. 123.

Pour aduance en credit à profits & pertes, ———— à 41. l. 751. 9

l. 4606. 9. 9

————————1625.————————

BOVRRE DE SOYE doit pour les cy-apres,

bale 1.n.8.—℔ 300.-bourre de foye de Milan à ⬤ 57.6. la ℔ ———— l. 862.10.-

Embalage l.12.--dace de Milan l.18.--tout ———— l. 30.

l. 891.10.- à 6. l. 446. 5.

Pourr port,dace,& doüanne,reuenant à ⬤ 4.6.pour ℔,en credit à defpences, ———— à 4. l. 67. 10.

bale 1.n° 29.-℔ 303.- bourre de foye fine de Mantouë à ⬤ 95.-la ℔,———— l.1435.15.-

Prouifion à 2.pour °⁄₀ l.28.7.dace de Mantoue l.26.courratage à ⬤ 2.pour ℔,

l.30.6.- Embalage l.35.4.& port iufqu'a Milan,l.38.8. tout ———— l. 158. 5.-

l.1594.————

Lefquelles l.1594.-- monnoye de Mantouë, font ducatons 166.10.à l. 9. 12. pour duca-

ton,& à ⬤ 115.de Milan, font ———— l.954.14.9.

Pour le tranfit de Milan,———— l. 10.

l.1964.14.9. à 6. l. 481. 7. 4

Pour port, dace, & doüanne, en credit à defpences, ———— à 4. l. 67. 10.

Pour aduance en credit à profits & pertes, ———— à 41. l. 207. 7. 8

l. 1271.

————————1625.————————

DOPPIONS DE MILAN doiuent pour les cy-apres,

℔ 621. | bales 3.n° 9.à 11.℔ 900.-- Doppion dict fuprà fin,à l.5.16.—— l.5220.—

Embalage l.36. dace de Milan,l.525. tout ———— l. 561.—

l.5781.— à 6. l. 2890. 10.—

Pour port, dace, & doüanne, reuenant à l. 64. 3. 4. pour bale, ———— à 4. l. 191. 10.

℔ 414. | bales 2.n° 15.16.℔ 600.Doppion dict à l. 5.16.———— l.3480.—

Embalage l.24.-- dace de Milan l.350.tout ———— l. 374.—

l.3854.— à 6. l. 1927.

Pour port, dace, & doüanne en credit à defpences, ———— à 4. l. 128. 6. 8

Pour aduance en credit à profits & pertes, ———— à 41. l. 337. 8. 4

l. 5475. 15.—

AVOIR pour les cy-apres vendus à diuers,

266.aunes 51. 2.6.				
242.aunes 28.13.4.				
140.aunes 37. 2.6.	Crefpon noir de Milan à l.3.-- enuoyé à Taranget, & Roufier, pour vendre pour noftre compte, en ce	à 26. l. 476.	15.	—
269.aunes 30.13.4.				
272.aunes 31.6. 8.				
337.aunes 64. 8.4.dict noir à Giafo à l.3.-- pour Robert Gehenaud de Paris, debiteur en ce	à 28. l. 193.	5.		
318.aunes 70. 5.-- dict noir à l.3.5.-- pour Iean des Lauiers de Paris, debiteur en ce,	à 17. l. 414.	12.	11	
344.aunes 57. 6.8.				
319.aunes 66. 5.--dict morelin cramoify à l.3.10.pour Enemond Duplomb de Lyon, debiteur en ce, à 39. l. 231.	17.	6		
280.aunes 64. 8.4.				
315.aunes 55 2.6.--dict noir leger à l.3.-- pour Iean de la Forefts de Lyon,debiteur en ce,	à 28. l. 631.	17.	6	
392.aunes 64. 8.4.				
394.aunes 26.13.4.				
1.aunes 62.13.4.				
2.aunes 78.— --				
3.aunes 78.—.—				
4.aunes 77. 2.6.				
5.aunes 66.12.6.				
6.aunes 66.—.-- aunes 817.⅞ dict noir à l.3.5.-- pour Robert Gehenaud,debiteur en ce,	à 16. l. 2658.	1.	10	
7.aunes 66.10.--				
8.aunes 66. 7.6.				
9.aunes 66.10.--				
10.aunes 66. 7.6.				
11.aunes 66. 7.6.				
12.aunes 57. 6.8.				

l. 4606. 9. 9

-1625.-

AVOIR pour les cy-apres venduës à diuers,

bale 1. n° 8.℔ 107.- bourre de foye fine à l.3.-- pour Cefar,& Iulien Granon debiteurs,— à 6. l. 621.
bale 1. n° 29.℔ 108.- bourre dicte à l.3.2.6.-- pour François Verthema,debiteur en ce, — à 36. l. 650.

l. 1271.

-1625.-

AVOIR pour les cy-apres,
℔ 621.—Doppions dict à l.5.5.-- donné à ouurer à diuers,en debit à Doppions ouurez, — à 25. l. 3260. 5.
℔ 422.—Doppions dict à l.5.5.-- donné à ouurer à diuers,en debit à Doppions ouurez, — à 25. l. 2215. 10.

l. 5475. 15.

SARGETTE DE MILAN doiuent pour les cy-apres,

139.aunes 61.——br.102.——					
163.aunes 60. 6.8.br.100.——					
168.aunes 60. 5.--br.100.——					
181.aunes 60. 5.--br.100.——					
130.aunes 60.15.--br.101.——	Sargette noire en 11.dans vne balle nº 9. —— ——	à 6. l.	1590.	2.	6
176.aunes 60.15.--br.100.——					
167.aunes 60.10.--br.100.——					
171.aunes 61.——br.101.——					
152.aunes 60.15.4.br.101.——	Pour port,dace, & doüanne en credit à defpences, —— ——	à 4. l.	63.	3.	4
	Pour aduance en credit à profits & pertes, ——	à 41. l.	150.	14.	7

—— l. 1804. 5

————1625.————

TAPISSERIE DE BERGAME doit pour les cy-apres,

Pieces 8.aunes 100.——br.560.--tapifferie rouge porte ronde,hauteur br.5.					
Pieces 1.aunes 15.——br. 45.--dicte hauteur, br. 4.½	br.540.à l.7. l.3780.—				
Pieces 3.aunes 75.——br.135.--dicte hauteur br. 5.½					
	Emballage & port iufqu'à la Canonica, ——	l. 101.—			
Pieces 12.——					
		1.3882.—			

Lefquelles l.3882.monnoye de Bergame,font doublons d'Efpagne
171.10.8.à l.11.10.pieces, & à l.15.-- monnove de Milan,font -l.2588.—
Tranfit de Milan l.110.port de la Canonica à Milan l.4.16.tout —l. 114.16.

	l.1712.16.	à 6. l.	1356.	8.	—
Pour port,dace,& doüanne,reuenant à l.46.5.4. la bale ——	——	à 4. l.	277.		—
Pour aduance en credit à profits &pertes, ——	——	à 41. l.	341.	11.	—

—— l. 1975. 5

————1625.————

TOILES D'OR ET ARGENT doiuent pour les cy-apres,

70.aunes 14. 5.4.br.54.--toile d'or incarnadin prima vera 1. fil à — l.15.					
363.aunes 8.--br.18.--dicte d'argent blanche 2. fil 4.fieur à — l.18.	dans nº 19.——	à 6. l.	881.	10.	
342.aunes 13. 5.--br.29.15.brocat blanc or & argent, afpolin 2. fil à l.32.					
252.aunes 21. 2.6.br.47.12.toile d'or morelin,prima vera 2.fil a fleur à l.18.					
347.aunes 13. 6.8.br.26.--brocat blanc or & argent afpolin 4. fil a —l.24.	dans nº13. ——	à 6. l.	1087.	10.	
287.aunes 11. 2.6.br.25. —toile d'argent blanche 2.fil,					
288.aunes 13.11.8.br.30.10.dicte					
294.aunes 13. 5.--br.29.15.dicte					
186.aunes 8.17.6.br.20. --dicte Arabefque ,	à l.18.la br.dans n.14.——	à 6. l.	1647.		
290.aunes 6.11. 8.br.14.15.dicte incarnadin d'or à fleur,					
191.aunes 8.17.6.br.20. — dicte canelé					
192.aunes 8.15.--br.19.15.dicte celeste,					
235.aunes 11. 6.8.br.25. 5.dicte noire Arabefque,——					
	Pour aduance en credit à profits & pertes , ——	à 41. l.	905.	5.	

—— l. 4521. 5

————1625.————

CRESPES DE BOLOGNE doiuent pour les cy-apres,

Pieces 22.aunes 760. 5.Crefpe blanc 2.capt nº 18.——					
Pieces 24.aunes 464.——dict 1.capt ,	aunes 2040.onces 1281.½ à $34.l.2177.18.2.				
Pieces 31.aunes 804.15.crefpe noir lis de 36.					
Pieces 2.aunes --75.--dict crefpe crefpé					
Pieces 16.aunes 504. 5.dict —— ——	aunes 774.15.onces 805.½ à $ 36.—l.1489. 5.—				
Pieces 20.aunes 397.10.Scume noire,					
	Prouifion à 2.pour ½, auec les frais, & port iufqu'à Milan,——l. 281. 9.6.				
		1.3949.12.8.			

Lefquelles l.3949.12.8. font ▽ 919.6.6.de Bologne à l.4.5. pour
▽ tirés à Plaifance en Foire de S.Iean Baptifte,en ▽ 609.8.5.d'or
de marc,changés à 152.pour ½, & retournez pour Milan auec
la prouifion à $ 150.pour efcu, font ———l.4585.17.6.
Tranfit dudict Milan,——— ———l. 15.——

	l.4600.17.6.	à 6. l.	2300.	8.	9
Pour port,dace,& doüanne de ladicte Caiffe nº 21. ——	——	à 4. l.	360.	—	—
Pour aduance en credit à profits & pertes, ——	——	à 41. l.	1206.	8.	3

—— l. 4866. 17. —

AVOIR pour les cy-apres,

			£	s	d
139.aunes 61.—.—					
163.aunes 60. 6.8. } Sargette noire à l. 3. enuoyée à Taranget,& Roufier , par le coche pour vendre					
168.aunes 60. 5.— } pour noftre compte , ———————————— à 16.	l.	722.	10.	
181.aunes 60. 5.—					
130.aunes 60.15.—dicte noire à l.3.15. -- pour Robert Gehenaud debiteur en ce , ——— à 28.	l.	227.	16.	3
176.aunes 60.15.—					
167.aunes 60.10.-- } dicte à l.3.10.-- pour Iean des Lauiers,pour Aouft 1616. ——— à 17.	l.	853.	14.	2
171.aunes 61.—.—					
152.aunes 60.15.4.					
	———	l.	1804.	—	5

AVOIR pour les cy-apres,

			£	s	d
Pieces 1.aun. 25.-Tapifferie de Bergame rouge,haut. aunes 2.¼ à l.6.côptant au Carnet,f°14.en ce, à 28.	l.	150.		
Pieces 3.aun. 75.—dicte à l.7.— hauteur aunes 3.pour Cefar,& Iulien Granon de Tours, debiteurs, à 6.	l.	525.		
Pieces 4.aun. 100.-dicte à l.6.10.hauteur aunes 2.¼,pour Antoine &Hugues Blauf debiteurs, à 22.	l.	650.		
Pieces 4.aun. 100.-dicte à l.6.10.hauteur aunes 2.¼,pour Raymond Orlie de Bourdeaux , à 39.	l.	650.		
Pieces 11.		l.	1975.		

AVOIR pour les cy-apres venduës à diuers,

			£	s	d
70.aunes 14. 3.4.toile d'or incarnadin,prima vera 1.fil petites fleurs à l.24. } pour Duplôb debiteur, à 39.	l.	580.		
365.aunes 8.——dicte d'argent blanche 2.fil à fleurs à l.30. ———	l.	675.		
342.aunes 13. 5.—brocat blanc or & argent afpolin 2.fil à l.50.pour Robert Gehenaud,debiteur, —— à 16.				
252.aunes 21. 2.6.toile d'or morelin prima vera 2. fil à fleur, à l.32. } pour Glotton debiteur en ce, à 16.	l.	1476.		
247.aunes 13. 6.8.brocat blanc or & argent,afpolin 4.fils à l.60.				
287.aunes 11. 2.6.toile d'argent blanche 2.fil, ˥				
288.aunes 13.11.8.dicte ——— ——— ——				
294.aunes 13. 5.—dicté				
286.aunes 8.17.6.dicte Arabefque, —— —— ⎬ aunes 81.¼ à l. 22.-- reftans en magafin au 3.Auril				
290.aunes 6.11.8.dicte incarnadin d'or à fleur ⎪ 1616.en debit, à marchandifes en general,——— à 43.	l.	1790.	5.	—
291.aunes 8.17.6.dicte canclé , ———				
292.aunes 8.15.—dicte celefte,———				
293.aunes 10. 6.8.dicte noire Arabefque, ——˩				
	———	l.	4521.	5.	—

AVOIR pour les cy-apres vendus à diuers,

			£	s	d
Pieces 40.aunes 769. 5.crefpe blanc 1.capt n° 18.à ♂ 24. ⎫				
Pieces 24.aunes 464.—dict 1. capt.à ——— à ♂ 21. ⎬ pour Iean des Lauiers debiteur, —— à 17.	l.	3265.	16.	6
Pieces 31.aunes 826.15.dict noir lis,de 36. ——— à ♂ 46. ⎭				
Pieces 4.aunes 73.—crefpe crefpé ⎫				
Pieces 16.aunes 304. 5.dict ——— à ♂ 48. ⎬ pour Heruc, & Sauary debiteurs, —— à 18.	l.	1601.		6
Pieces 10.aunes 397.10.Scume noire ——— à ♂ 35. ⎭				
	———	l.	4866.	17.	—

LE VAISSEAV S. PIERRE, Capitaine Pierre Samson, chargé en Amsterdam par Iean Oort pour aller à Marseille, & consigner à Benoist Robert les marchandises suiuantes,

b. 20. { bales 15. ℔ 5695.--net poiure menu à 29. gros la ℔ deduit 1. pour °/° de bon poids, l. 681. 5. 4.
{ bales 5. ℔ 1846.-- net gros poiure à 31. ½ gros deduit 1. pour °/° —— l. 239.17. 4.

Denier à Dieu ß 4.8. port au magasin ß 13.4. —— l. — 18. —
Poids à 12. gros pour cent, —— l. 3.17. —
Pour de 20. bales en faire 40. Caneuas & port au vaisseau, —— l. 12. 5.10.
Droict de sortie à ß 5. le °/°, & courratage à 6. ₰ pour bale, l. 19.15. — } l. 36.15.10.

℔ 1313. en 202. cuirs vaches de Roussie à ß 3.8. de gros la ℔, —— l. 240.14. 4.
Embalage en 4. bales, courratage, droict de sortie, & port au Nauire, —— l. 6.15. 3.
pieces 200. ℔ 59330. plomb à ß 16. le °/° —— l. 474.12. 9.
pieces 129. ℔ 25550. dict à ß 15. le °/° —— l. 191.12. 6.
Droict de poids à 4. gros le °/° l. 14.6.2. port au Vaiss. l. 9.13.6.--l. 23.19.8.
Droict de sortie à ß 1. le °/° l. 42.-court. à 6. ₰ le millier l. 2.2.6.-l. 44. 2.6. } l. 68. 2. 2.
℔ 2548. Estain fin à l. 9. le °/° —— l. 229. 6. 4.
Pour le fondre en petit. pieces à 20. ₰ le °/°, & pour 8. tonneaux, l. 3. 1.2.
Droict de sortie, port au Nauire, & courratage, —— l. 3. 4.4. } l. 6. 5. 6.

l. 2175. 7. 4.

Prouision dudict Oort à 2. pour °/°, —— l. 43.10. —
Pour auoir fait asseurer en Anuers l. 1450. à 8. pour °/°, —— l. 116.—. —
Prouision à ½ pour °/°, & courratage à ¼ pour °/° —— l. 12. 1. 8.
Prouision dudict Oort, pour donner la commission, & tenir correspondan-
à ¼ pour °/° desdictes l. 1450. —— l. 3.12. 6.

Calculé à l. 6.-tournois pour vne liure de gros, sont en credit audict Oort, l. 2350.11. 6. à 14. l. 14103. 9. —
Prouision de la chambre à ⅓ pour °/° pour le recouurement de l. 1450.-deus
par les asseureurs d'Anuers, —— l. 4.16. 8.
Prouision dudict recouurement à ½ pour °/° —— l. 7. 5. —
Pour coppier les attestations de la perte, —— l. 1. 4. 6.
Courratage de la remise, —— l. 1.12. 6. } à 14. l. 89. 12. —
14. 18. 8.

l. 2365.10. 2. —— l. 14193. 1.

——1625.——

IEAN OORT d'Amsterdam doit l. 2350. 11. 6. monnoye de gros que à 4. pour °/° d'auance, il a tiré de nostre ordre en Anuers sur Hannecard crediteur au carnet des Roys 1625. f. 5. & en ce, —— l. 2350.11.6. à 5. l. 14103. 9. —
Et l. 1450. -- de gros qu'il a receu des asseureurs d'Anuers pour cause que le Vaisseau S. Pierre a esté pris par les Corsaires d'Argers au Capt de Gab en Espagne, —— l. 1450. —— à 14. l. 8700. —— —
▽ 4044.-- d'or sol, pour l. 2089.8. -- de gros, que à 124. pour ▽, nous a tiré pour Roüan sur Robin, & Ferrary crediteurs en ce, —— l. 2089. 8.— à 17. l. 12132. —— —
Auance sur ladicte traicte, —— l. —.—.— à 15. l. 404. 8. —
35339.17.--
Pour ½ de l. 29613.17.11. que monte le chargement du Vaisseau le Cheualier de Mer, de compte à ½ auec luy en ce, —— l. —.—.— à 17. l. 14848. 1. 4
Pour ½ de l. 6932.3.-- de gros que monte le net procedit de la vente par luy faicte de 1536. sacs riz y enuoyez par le Vaisseau le Cheualier de Mer, —— l. 3466. 1.6. à 17. l. 20796. 9. —

l. 9356. 1.— —— l. 70984. 7. 4

——1625.——

ABRAHAM BECH de Londres doit en Roys 1625. ▽ 2145.10. d'or sol, que à 69. ½ sterlins pour ▽, nous a tiré par sa lettre, payable à Franchotty, & Burlamaquy crediteurs au Carnet desdicts payements f° 5. & en ce, —— l. 621. 6.— à 5. l. 6436. 10. —
▽ 357.10.6. que à 68. pour ▽, il a tiré de nostre ordre à Roüan sur Robin & Ferrary crediteurs en ce, —— l. 101. 6.4. à 17. l. 1072. 11. 6

l. 722.12.4. —— l. 7509. 1. 6

AVOIR pour l.1450.de gros receus par ledict Oort, des asseureurs d'Anuers, pour cause que ledict Vaisseau a esté pris par les Corsaires d'Argers au Capt de Gab en Espagne, ———————————————————————— l.1450.— | à 14. | l. 8700. |
Perte sur ledict Vaisseau en ce , ——— ——— ——— ——— l. 915.10.2. | à 41. | l. 5493. | 1.

l.2365.10.2. | | l. 14193. | 1.

———— 1625. ————
AVOIR pour le monter du chargement faict sur le Vaisseau S. Pierre de diuerses marchandises,calculé à l.6.tournois,pour vne liure de gros,sont ——— ——— l.2350.11.6. | à 14. | l. 14103. | 9.
Pour frais par luy faicts pour le recouurement de l. 1450.- de gros deus par les asseurеrs d'Anuers en ce , ——— ——— ——— ——— ——— ——— l. 14.18.8. | à 14. | l. 89. | 12.
Pour le monter de l'achapt,& frais de diuerses merluches & arens,que de nostre ordre, il a fait charger à Iarnionts & Pleymond,sur le Vaisseau le Cheualier de Mer en ce , l.3524. 9.4. | à 15. | l. 21146. | 16. —
Qu'il a fourny pour faire asseurer en Amsterdam l.3900. -- de gros sur le Vaisseau le Cheualier de Mer chargé à final en ce , ——— ——— ——— l. 234.— | à 17. | l. 1404. |
35539.17.
v 4949.7.1.d'or sol,que à gros 118.pour v, luy auons tiré en Anuers sur Iean Baptiste Decoquiel,valeur de Verdier,Picquet,& Decoquiel, au Carnet de Pasques 1625. fº 7. & en ce, ——— ——— ——— ——— ——— ——— ——— l.—.— | à 38. | l. 14848. | 1. | 4
v 6255.11.7. pour l.3232.1.6. de gros , que à 114. pour v,il nous a remis par sa lettre, pour Paris,sur Lumaga,& Maseranny , valeur icy des leurs au Carnet de Pasques 1625. fº 15.& en ce, ——— ——— ——— ——— ——— l.3232. 1.6. | à 38. | l. 18766. | 14. | 9
Perte de remise,——— ——— ——— ——— ——— l.—.— | à 17. | l. 625. | 14. | 3

l.9356. 1.— | | l. 70984. | 7. | 4

———— 1625. ————
AVOIR pour 150.pieces perpetuanes qu'il a acheptées de nostre ordre,& chargées pour Roüan au Vaisseau de Iames Zerland, pour consigner à Robin & Ferrary , montant auec les frais en ce,——— ——— ——— ——— ——— ——— l. 621. 6. | à 11. | l. 6436. | 10.
Pour vn tonneau fustaine d'Angleterre contenant 32. pieces diuisées en 64. diuerses couleurs à ₰ 30.la ½ piece , qu'il a enuoyées de nostre ordre à Roüan esdicts Robin,& Ferrary, montant en ce , ——— ——— ——— ——— l. 101. 6.4. | à 11. | l. 1072. | 11. | 6

l. 722.12.4. | | l. 7509. | 1. | 6

G 4

LE VAISSEAV LE CHEVALIER DE MER, Capitaine Chrestien Iaulcem
de Rotterdam, chargé à Iernionts & Pleymonts, pour aller deſcharger à Marſeille, & conſigner à Benoiſt Robert les marchandiſes ſuiuantes,

120000. Merluches chargées à Pleymonts à compter 126. poiſſons, pour ÷ à ◗ 8.4. le ÷, l. 500. — —		
19000. Dictes à ◗ 8.6. le ÷ ———————————————— l. 80.15. —		
Sortie de 86. milliers à ◗ 6.3. le millier, & droict d'étrée du Vaiſſeau, l. 17. 8. — —		
Pour 28. douzaines nattes à ◗ 3.4. la douz. & bois mis au deſſus, — l. 4.18.4.	l. 36. 2.4.	
Port au Vaiſſeau deſdicts 139. milliers à 39. deniers le millier, & au-		
tres menus frais, tout —————————— l. 3.16. —		
800. Barils en 80. lets harens ſors, chargez à Iernionts à l. 1.10. le lets, ——— l. 800. — —		
380. Barils en 38. lets harens dicts à l. 9. — le lets, ———————— l. 342. — —		
Sortie de 80. lets à ◗ 7.6. l. 30. port au Nauire à 8. deniers le lets		
l. 3.18.8. tout ——————————————— l. 33.18.8.		
Impoſition du port & deſpence au ſeiour l. 1.15. pilotage d'entrée &		
ſortie, ————————————————— l. 5.18. —		
Port de l. 1800. — de ſterlins, de Londres à Pleymonts & Iernionts, — l. 3.15.6.		
Pour vn Pilote qui a mené ledict Vaiſſeau à Iernionts, ——— l. 2. — —		
Pour vn autre Pilote qui la mené à Doures, ————— l. 3. — —		
Deſpence faicte par l'homme enuoyé à Iernionts & Pleymonts, ayant		
ſeiourné 65. iours à Cheual, ——————————— l. 13.10. —		
Pour ſa prouiſion & peine, ——————————— l. 12. — —		
Prouiſion de l'achapt & enuoy à 2. pour ÷, ——————— l. 36. — —		
Prouiſion de Londres, de l'argent fourny à 1. pour ÷, ——— l. 11. — —		
———————————————————— l. 121. 2.2.		

monnoye de ſterlins, l. 1879.19.6.

Laquelle ſomme de l. 1879.19.6. de ſterlins a eſté tirée en Amſterdam à ◗ 34.6.		
pour liure de ſterlins, ſont monnoye de gros ——————— l. 3241.19. —		
Prouiſion de Iean Oort à 2. pour ÷, pour donner la commiſſion & tenir cor-		
reſpondance, —————————————————— l. 64.17. —		
Pour auoir faict aſſeurer à Chambourg l. 1000. — à 10. pour ÷ ——— l. 200. — —		
Prouiſion à ÷ pour ÷ l. 10. — & courratage à ÷ pour ÷ l. 6. 13.4. tout — l. 16.13.4.		

		à 14.	l. 21146.	16. —
Calculé à l. 6. — tournois, pour vne liure de gros, en credit à Iean Oort, ——— l. 3524. 9.4.				

Pour frais faicts à final par Maluaſie au deſchargement dudict Vaiſſeau venu de Marſeille, & faire conduire en magaſin 19000. merluches, & 680. barils harens, loüage de magaſin, prouiſio, & autres me- nus frais, tout l. 813. — faiſant doublons d'Eſpagne 55.8.6. à l. 14. ÷, & à l. 7.6. tournois, ſont en credit audict Maluaſie,	à 16.	l.	404.	8. —
Port de final à Verſeil de 200. barils harens és mains de Ioſeph Boltreſſo peſant Rub 1650. à 41. gros le Rub, ſont fl. 5775. que à ◗ 3. — tournois, pour florin, ſont	à 16.	l.	866.	5. —
Pour le port de final à Carmagnole, & loüage de magaſin, de 200. barils harens, frais de voyage al- lant & venant de Thurin à Carmagnole, par noſtre Pierre Alamel, crediteur en ce, ———	à 9.	l.	871.	2. —
Prouiſion de Boltreſſo à 2. pour ÷ de la vente de 200. barils harens faicte à Verſeil, courratage à ÷ pour ÷ tout fl. 863.4. à ◗ 3. — tournois pour florin, ſont en ce	à 16.	l.	129.	10. —
Prouiſion de Maluaſie des merluches & harens par luy vendus à final, en ce,	à 16.	l.	117.	— —
Pour loüage dudict Vaiſſeau le Cheualier de Mer, à raiſon de l. 700. — tournois par mois, ayant ſe- iourné 3. mois, ſont en ce,	à 9.	l.	2100.	— —
Prouiſion à ÷ pour ÷ payée à Roüan pour la traicte de l. 11132. faicte par ledict Oort, ſur Robin & Ferrary, crediteurs en ce,	à 17.	l.	40.	8. 9
Profits qu'il a pleu à Dieu enuoyer ſur ce compte, en ce	à 41.	l.	16397.	6. 3
		l.	42073.	16. —

A VOIR pour les marchandises cy-apres vendus à Marseille par Robert,

100.barils harens fors,vendus comptant à l.25.--le baril,	l.	2500.--
200.barils dict à l.26.— le baril, vendu à Deschamps,pour Roys 1625.	l.	5200.--
50.barils dict à l.26.— le baril, vendu comptant en Arles,	l.	1300.--
50.barils dict à l.25.— le baril,vendu comptant à Beaucaire,	l.	1250.--
100.barils dict à l.25.le baril, vendu comptant en Auignon ,	l.	2500.--

b. 500.

10.bales pesant ℔ 2440.merluches à l.8.le $\frac{1}{2}$ vendu comptant audict Marseille ,	l.	195. 4.--
100.bales ℔ 24500.-dictes à l.8.10.-- le $\frac{1}{2}$ vendu à Deschamps,pour Roys 1625.	l.	2082.10.--
50.bales ℔ 12000.-dictes à l.8.-- le $\frac{1}{2}$ vendu comptant en Arles,--	l.	960.--
100.bales ℔ 24700.-dictes à l.8.10.-- le $\frac{1}{2}$ vendu comptant à Beaucaire,	l.	2099.10.--
240.bales ℔ 59100.-dictes à l.8.10.-- le $\frac{1}{2}$ venduës comptant en Auignon,	l.	5023.10.--

l.23110.14.--

Surquoy distrait les frais cy-apres ensuiuis sur lesdictes marchandises,

Pour frais faicts à l'arriuée dudict Vaisseau à Marseille pour le faire descharger
& conduire en magasin 500.barils harens,& 110000.merluches, l.950.--

Port de Marseille en Arles,Beaucaire,& Auignon de 200. barils harens & 95800.merluches,despence de bouche,& autres frais,— l.630. } l. 2300.

Loüage de magasin,& prouision dudict Robert tant de la reception
que vente desdictes marchandises tout, — l.720.--

Reste en debit audict Robert ,		à 3.	l. 20810.	14.
200.barils harens à fl.180.le baril,vendus comptant à Cannagnole en debit à Alamel ,		à 9.	l. 5400.	
200.barils dict à fl.185.le baril,vendus à Verseil par Ioseph Boltretto,debiteur en ce		à 16.	l. 5550.	
70.barils dict à l.35.-- le baril,enuoyez aux nostres de Milan , en ce ,		à 6.	l. 2450.	
210.barils dict à l.50.-le baril,vendus à final par Maluasie , sont l.10500.-- monnoye dudict final faisant doublons d'Espagne 715.18.2.à l.14.13.4.l'vn,& à l.7.6.tournois, font		à 16.	l. 5226.	2.

b. 580.

50.bales ℔ 12350. merluches à l.13.le $\frac{1}{2}$ enuoyées aux nostres de Milan,en ce		à 6.	l. 1605.	10.
30.bales ℔ 7000. dictes à l.18.-- le $\frac{1}{2}$ venduës à final par Maluasie, sont l.1160.-- monnoye dudict final,faisant doublons d'Espagne 85.18.2.à l.14.13.4. l'vn,& à l.7.6.tournois, —		à 16.	l. 617.	2.
Pour benefice sur la traicte à nous faicte d'Amsterdam,en ce,		à 14.	l. 404.	8.

l. 42073. 16.

VINCENT, ET FRANCOIS MALVASIE, de final doiuent

110.barils harens,vendus comptant audict final à l.50.le baril , —————— l.10500.— à 15. l. 5226. 2.
℔ 7000. merluches à L.18.— le ⁴⁄₆ ——— — — — l. 1160.— à 15. l. 617. 2.
1000.doublons d'Italie qu'ils ont receu de noftre ordre à Genes de Lumaga,à l.10.18.l'v-
ne,monnoye dudict Genes,à l.14.2. monnoye dudict final,& à l.7.2.—tournois, font en
credit efdicts Lumaga, en ce , —————— l.14100.— à 19. l. 7100.

l.25860.— l. 12953. 4.

————1625.————
IOSEPH BOLTREFFO de Verfeil , doit pour vente de 100. barils harens par
luy faicte à fl.185.- le baril,calculé à ⊕ 3.-tournois, pour florin, font ——— fl.37000.— à 15. l. 5550.

————1625.————
ESTIENNE GLOTTON de Tholoufe, doit

en Pafq.1626.pour Marchandifes à luy venduës, & liurées à Iean Glotton le 3.Mars 1625. — à 28. l. 3557. 11. 8
Roys 1628.pour 42.pieces Camelots greges à l.27.10.la piece , liuré audict le 15.Sept. 1625.en ce, à 21. l. 1155.
Aouft 1626.pour aunes 49.¹⁄₄ gafe noire damaffée à ⊕ 45.liurée audict,le 3.Oct.1625. l.111.12.1.— à 10. } l. 559. 12. 1
32.Paires bas de foye ¹⁄₄ à l.14.- liuré audict Iean Glotton le 3. dudict ,en ce ——— l. 448. à 10.
1626. Roys 1627.pour 2.pieces toile, & brocat or & argent liuré audict le 20.Feurier 1626. montant — à 13. l. 1476.
Pafq. 1627.pour aunes 647. ⁷⁄₁₁ tabis de Venife couleurs ord.à l.5.5.- liuré audict le 3.Mars 1626.— à 22. l. 3598. 18. 9
Pafq. 1627.pour aunes 111.⁷⁄₈ fatin noir de Lucques à l.4.10.-liuré audict le 15.dudict en ce , à 23. l. 501. 3. 9
Pafq. 1627.pour diuerfes marchandifes liurées de fon ordre à Iean Glotton le 16.dudict, en ce, à 35. l. 10308.

l. 20956. 6. 3

————1625.————
ROBERT GEHENAVD de Paris, doit

en Roys 1626.pour marchandifes à luy venduës, & liurées à Lorrin,le 3.Mars 1625.montant en ce,— à 18. l. 1418. 9. 9
Aouft 1626.pour marcs 231.-or filé à l.28.10.le marc la premiere forte,liuré audict le 25.Aouft 1625. à 4. l. 7203. 10.
Pafq. 1627.pour vne Caiffette veloux de Genes affortie , confignée audict , le 18. Decembre 1625.
montant en ce , à 19. l. 4071. 15. 3
1626. Roys 1627.pour aunes 817.⁷⁄₈ crefpon de Naples noir,liuré à luy le 10.Feurier 1626.en ce ——— à 12. l. 2658. 1. 10
Pafq. 1627. pour aunes 13.¹⁄₂ brocat blanc or & argent 2,fil à l. 50. confignée à Lorrin le 20. dudict, à 13. l. 675.
Pafq. 1627.pour aunes 128.²⁄₄ tabis de Venife cramoify à l.5.10.configné audict le 4.Mars 1626.— à 22. l. 708. 16. 3

l. 16735. 13. 1

AVOIR pour frais par eux faicts au defchargement du Vaiffeau le Cheualier de Mer venu de Marfeille portant 19000.merluches,& 680.barils harens,loüage de magafin,prouifion , & autres menus frais, ——————————————————————l. 813.—— à 15. l.   404.   8.——

Prouifion à 2.pour ⁴⁄₇ de la vente de 210.barils harens & 7000.merluches, ————l. 235.—— à 15. l.   117.

Pour 612.Sacs riz pefant ℔ 118628.à l.16.le ⁴⁄₇,qu'il nous ont vendu pour comptant, montant auec les frais en ce , ——————————l.19079. 2.7. à 17. l.   9496.   4.——

Qu'ils ont fourny pour le port de 359. facs riz de Thurin à final , & autres frais par eux faicts au chargement du Vaiffeau le Cheualier de Mer,& prouifion en ce, ——l. 3752.12. à 17. l.   1867.   15.   5

Pour nolis , & autres frais par eux faicts à la reception de 20. Caiffes femence de vers à foye venuës de Valence en Efpagne,& 50.bales draps venus de Marfeille, qu'ils ont le tout enuoyé à Thurin és mains d'Alamel, ——————l. 430.—— à 11. l.   214.

Qu'ils ont payé en 105.²⁄₁₀ doublons d'Efpagne à noftre Pierre Alamel , à l.14.⁴⁄₇ l'vn, & à l.7. 6. tournois , font en ce ——————l. 1550. 5.5. à 9. l.   771.   12.——

Perte de monnoye ——————l.—— à 17. l.   82.   4.   9

                                                 l.25860.——   l.   12953.   4.——

———— 1625. ————

AVOIR pour port de final à Verfeil de 200.barils harens, ————fl. 5775.—— à 15. l.   866.   5.——

Pour fa prouifion de la vente defdicts 200. barils harens à 2.pour ⁴⁄₇ , & courratage à ¼ pour ⁴⁄₇ tout ——————————————fl. 863. 4.—— à 15. l.   119.   10.——

Qu'il a payé de noftre ordre à Pierre Alamel,debiteur en ce, ————fl.30361. 8.—— à 9. l.   4554.   5.——

                                       florins 37000.——   l.   5550.

———— 1625. ————

AVOIR en Pafques 1625. efcompté à 10. pour ⁴⁄₇ que le portons debiteur au Carnet defdicts payemens f.17.cy, ——————à 38. l.   3557.   11.   8

Aouft 1626.efcópté à 107.⁴⁄₇ pour ⁴⁄₇ l.559.12.1. ⎱ portez debit.au Carnet des Sainéts 1625.f.17. cy à 42. l.   2035.   11.——

Roys 1627.efcópté à 112.⁴⁄₇ pour ⁴⁄₇ l.1476. ⎰ à 42.

Porté debiteur au liure B, f° 4. pour foude, ——————à 44. l.   15363.   2.   6

                                  l.   20956.   6.   5

———— 1625. ————

AVOIR en Roys 1626.efcompté à 2.⁴⁄₇ l.1418. 9.9. ⎱ en debit au Carnet des Sainéts 1625.f° 18. à 42. l.   8621.   19.   9

En Aouft 1626. efcompté à 7. ⁴⁄₇ l.7203.10. ⎰ à 42.

Porté debiteur au liure B, f° 4. pour foude de ce compte , ——————à 44. l.   8113.   13.   4

                                  l.   16735.   13.   1

LE VAISSEAV LE CHEVALIER DE MER, Capitaine Chreſtien Iaulcem, chargé à final pour porter en Amſterdam, & conſiguer à Iean Oort les marchandiſes cy-apres, de compte à moitié auec luy,

611. Sacs riz peſant ℔ 118628.acheptez à final de Maluaſie à l.16.le ⁹⁄₁₀——————l,18980. 9.7.
Port,& poids l.33.port au Vaiſſeau l.36.peage à 6. ⅛ le ⁷⁄₉ l. 29.13. tout ———l. 98.13.—

Monnoye de final l.19079. 2.7.

Sont doublons d'Eſpagne 1300.17,à l.14.13.4.l'vn,& à l.7.6.tournois,ſont en credit à Maluaſie,——| à 16.|l.| 9496.| 4.—
365. Sacs peſant net 1559. quintaux acheptez à Genes à l. 12. 12. 6. ſont l. 19682.7. 6. port au Nauire l.98.17.6.poids,& marque l.27.——tout l.19808.5. ſont doublons d'Italie 1817.5.6.à l.10.18. l'vn,& à l.7.2.tournois,ſont en credit à noſtre Pierre Alamel , en ce ———| à 9.|l.| 12902.| 13.—

359. Sacs peſant Rubt 1940.à fl.6.6.le Rubt,ſont———fl.19110.—
Port au magaſin,& filet pour les faire accommoder & coudre ,———fl. 120.3.—
Pour 359. ſacs pour mettre ledict riz à fl.2.6. l'vn, meſurage & embalage , tout ——fl. 987.6.—

fl.20217.9.—

Sont doublons d'Eſpagne 439.⁷⁄₁₀ à fl.46.l'vn,& à l.7.6.tournois,ſont en credit audict Alamel ,——| à 9.|l.| 3208.| 7.—
Pour le port iuſqu'à final deſdictes 359. ſacs à gros 42. l'vn font fl.10290. que à fl. 46.
pour vn doublon d'Eſpagne valant l.14.13.4.monnoye de final ſont ——l.3280.18.8.
Pour les remballet l.8.19.port & poids l.17.19.————l. 26.18.—
Port au Nauire l.17.19.peage de terre à 6.denier pour ⁷⁄₉ l.15.13. — tout ——l. 33.12.—
Prouiſion deſdicts Maluaſie qu'y ont faict charger,————l. 411. 3.4.

Monnoye de final l.3751.12.—
Sont doubl.d'Eſpagne 255.17.2.à l.14.13.4. l'vn,& à l.7.6.tournois,ſont en credit eſdicts Maluaſie,——| à 16.|l.| 1867.| 15.| 3
Pour pluſieurs voyages faicts à Verſel final,& Genes par noſtre dict Alamel, ——| à 9.|l.| 181.| 16.| —
27656.13.3.
Pour noſtre prouiſió à 2.pour ⁹⁄₁₀ de l.27656.que môte l'achapt cy-deſſus en credità negoce de Piedmôt.| à 10.|l.| 553.| 2.| 8
Perte ſur l'argent pris à Genes par Maluaſie , en ce ——| à 16.|l.| 82.| 4.| 9
Pour l'aſſeurance faicte en Amſterdam de l.3900.- de gros ſur ledict Vaiſſeau à 6. pour ⁹⁄₁₀ ſont l. 234.
monnoye de gros,que à l.6.tournois l'vne, valent en credit audict Oort ,——| à 14.|l.| 1404.| —| —
Pour perte ſur la remiſe de noſtre moitié de la vente,en ce,——| à 14.|l.| 625.| 14.| 3
Pour noſtre moitié du profit qu'il a pleu à Dieu y enuoyer,en credit à profits & pertes, ——| à 41.|l.| 5322.| 13.| 5

1536.———————| |l.| 35644.| 10.| 4

———1625.———
IACQVES ROBIN, ET PIERRE FERRARY, de Roüan doiuent l.13493.1.9. que les porrons crediteurs au Carnet des Roys 1625.fº 5. & en ce ——| à 5.|l.| 13493.| 1.| 9

———1625.———
IEAN DES LAVIERS de Paris , doit
Pour Roys 1626.l'eſcompte à ſa volonté pour aunes 141.9.7. veloux noir fonds armoiſin à l.9. liuré le 8.Mars 1625.| à 8.|l.| 1282.| 6.| 3
Paſques 1626.pour aunes 375.⁷⁄₈ ſatins de Bologne cramoiſy à l.8.10.liuré à luy le 10.dudict| à 18.|l.| 3192.| 6.| 4
Aouſt 1626. pour aunes 127.⁷⁄₁₂ creſpons de Naples à l.3.5. conſigné à François Petit l. 414.12.11.—| à 12.| | | |
Aunes 243.18.4.Sargette de Milan noire à l.3.10.-conſigné audict le 3.Auril 1625.—l. 853.14. 2.—| à 13.| }l.| 6763.| 5.| —
Aunes 646. 9.2. Satin noir de Genes à l.8.10.————l.5494.17.11.—| à 19.| | | |
Aouſt 1626. pour 96.pieces creſpes de Boloigne liurées à luy le 6. Iuillet 1625.montant ——| à 13.|l.| 3265.| 16.| 6

——————| |l.| 14503.| 14.| 1

AVOIR pour la moitié de l'achapt & despens cy-contre en debit à Iean Oort	à 14.	l.	14848.	1.	4
Vente faicte en Amsterdam par ledict Oort.					
302. Sacs ℔ 48302.- ris à ₰ 50.--le % l'escompte à 5.pour % — l.1207.11.--					
159. Sacs ℔ 25926.-dict à ₰ 55.--le % l'escompte à 10. pour % — l. 712.19.3.					
882. Sacs ℔ 193833.-dict à ₰ 57.6.le % l'escompte à 12.½ pour % — l.5572.14.--					
368. Sacs ℔ 37358.-dict à diuers prix pour comptant estant gasté — l. 732.12.9.					
25. Sacs iettez en Mer, la chambre ayant taxé tant pour ledict iet, que pour le dommage des susdicts 168.sacs tarez, que les asseureurs doiuent payer — l. 207. 3.--					
l.8433.---					
Frais ensuiuis sur la reception & vente desdicts riz.					
Loüage dudict Vaisseau pour 3. mois qu'il a seiourné de Marseille à Amsterdam à raison de l.116.13.4.pour chacun mois, — l.350.—					
Pour frais faicts à final, Genes, & Ligorne, — l. 15.17.—					
Pour descharger lesdicts riz, & droit d'entrée à ₰ 1.le % — l.103. 2.—					
Port au poids à 6.ß pour bale, & droit du poids, — l. 99. 5.—					
Loüage du grenier pour vn an — l. 22.10.—					
Prouision dudict Oort à 2.pour % — l.168.13.—					
Escompte de l.1207.11.- à 5.pour % — l. 57.10.—					
Escompte de l.712.19.3.à 10.pour %, & de l.5572.14.à 12.½ — l.684.— } l.1500.17.--					
1536. Reste monnoye de gros l.6932. 3.--					
Qu'est pour nostre moitié l.3466.1.6.monnoye de gros, que à l.6.-tournois l'vne, font	à 14.	l.	20796.	9.	—
	—	l.	35644.	10.	4

1625.

AVOIR pour nolis, prouision, & autres frais par eux fournis à la reception de 8. bales sarges perpetuanes venuës de Londres, qu'ils nous ont renuoyé par conduicte de Benoist Valence en ce	à 11.	l.	197.	5.	—
▽ 357.10.6.que à 68.sterlins pour ▽ leur ont esté tirez pour nostre compte de Londres par Abraham Bech, debiteur en ce,	à 14.	l.	1072.	11.	6
Prouision à ⅓ pour % de ladicte traicte	à 11.	l.	3.	11.	6
Pour nolis, & autres frais par eux fournis à la reception d'vn tonneau fustaine venant d'Angleterre qu'il nous a renuoyé par conduicte de Benoist Valence, en ce,	à 11.	l.	47.	5.	—
▽ 4044.- que à 124.gros pour ▽ leur ont esté tirez de nostre ordre par Iean Oort, debiteur en ce,	à 14.	l.	12132.	—	—
Pour leur prouision à ⅓ pour % de ladicte traicte en ce,	à 15.	l.	40.	8.	9
	—	l.	13493.	1.	9

1625.

AVOIR					
En Roys 1626. l'escompte à 107.⅔ pour % l. 1282.6.3. / Pasques 1626.l'escompte à 10. — l. 3192.6.4. } en debit au Carnet de Pasques 1625.f.17.cy	à 38.	l.	4474.	12.	7
Aoust 1626.l'escompte à 7.½ l.10029.1.6. en debit au Carnet des Saincts 1625.f.17.par Guetton.	à 42.	l.	10029.	1.	6
	—	l.	14503.	14.	1

AVOIR pour la moitié de l'achapt & defpens cy-contre en debit à Iean Oort ——— à 14. l. 1484?. 1. 4
Vente faicte en Amfterdam par ledict Oort.

502.	Sacs ℔ 48302.-ris à ℔ 50.--le ¼ l'efcompte à 5.pour ⅔	—————	l.1207.11.--	
159.	Sacs ℔ 25926.-dict à ℔ 55.--le ¼ l'efcompte à 10. pour ⅔	—————	l. 712.19.3.	
382.	Sacs ℔ 193833.-dict à ℔ 57.6.le ¼ l'efcompte à 12.¼ pour ⅔	—————	l.5572.14.--	
168.	Sacs ℔ 37358.-dict à diuers prix pour comptant eftant gafté	—————	l. 732.12.9.	
25.	Sacs iettez en Mer, la chambre ayant taxé tant pour ledict iet, que pour le dommage			
	des fufdicts 168.facs tarez,que les affeureurs doiuent payer ———	————	l. 207. 3.--	

l.8433.--

Frais enfuiuis fur la reception & vente defdicts riz.

Loüage dudict Vaiffeau pour 3.mois qu'il a feiourné de Marfeille à Amfterdam à rai-
fon de l.116.13.4.pour chacun mois, ——— ——— l.350.--⎤
Pour frais faicts à final, Genes, & Ligorne, ——— l. 15.17.-- ⎥
Pour defcharger lefdicts riz, & droit d'entrée à ℔ 1.le ¼ ——— l.103. 2.-- ⎥
Port au poids à 6.ℋ pour bale,& droit du poids, ——— l. 99. 5.-- ⎬ l.1500.17.--
Loüage du grenier pour vn an ——— ——— l. 22.10.-- ⎥
Prouifion dudict Oort à 2.pour ⅔ ——— ——— l.168.13.-- ⎥
Efcompte de l.1207.11.- à 5.pour ⅔ ——— l. 57.10.-- ⎥
Efcompte de l.711.19.3.à 10.pour ⅔,& de l.5572.14.à 12.¼ ——— l.684.--⎦

1536.

Refte monnoye de gros l.6932. 3.--

Qu'eft pour noftre moitié l.3466.1.6.monnoye de gros,que à l.6.-tournois l'vne,font ——— à 14. l. 10796. 9.—

————— l. 35644. 10. 4

————— 1625. —————

AVOIR pour nolis, prouifion, & autres frais par eux fournis à la reception de 8. bales farges
perpetuanes venuès de Londres,qu'ils nous ont renuoyé par conduicte de Benoift Valence en ce à 11. l. 197. 5.—
v 357.10.6.que à 68.fterlins pour v leur ont efté tirez pour noftre compte de Londres par Abraham Bech,debiteur en ce, à 14. l. 1072. 11. 6
Prouifion à ⅓ pour ⅔ de ladicte traicte à 11. l. 3. 11. 6
Pour nolis,& autres frais par eux fournis à la reception d'vn tonneau fuftaine venant d'Angleterre qu'il nous a renuoyé par conduicte de Benoift Valence,en ce, ——— à 11. l. 47. 5.—
v 4044.- que à 124.gros pour v leur ont été tirez de noftre ordre par Iean Oort,debiteur en ce, à 14. l. 11132.
Pour leur prouifion à ⅓ pour ⅔ de ladicte traicte en ce, ——— à 15. l. 40. 8. 9

————— l. 13493. 1. 9

————— 1625. —————

AVOIR
En Roys 1626. l'efcompte à 107. ⅓ pour ⅔ l. 1282.6.3. ⎫ en debit au Carnet de Pafques 1625.f.17.cy à 38. l. 4474. 12. 7
Pafques 1626.l'efcompte à 10.—— l. 3192.6.4. ⎭
Aouft 1626.l'efcompte à 7.¼ l.10029.1.6. en debit au Carnet des Saincts 1625.f.17.par Guetton. à 42. l. 10029. 1. 6

————— l. 14503. 14. 1

SATINS DE BOLOGNE, de compte à moitié auec Laurens Fiorauanty, doiuent pour les cy-apres,

370.aunes 40.10.10.br.76.———Satin rouge cramoify			
400.aunes 41.15.———br.78. 5.--dict			
399.aunes 37.17. 6.br.71.---dict canelé cramoify,			
398.aunes 38.13. 4.br.72.10.--dict			
389.aunes 34. 2. 6.br.64.---dict colôbin cramoify,	braſſes 704.5.		
390.aunes 36. 5.---br.68.---dict	pour br.701. ½ à l.5.15. ——— l.4035. 1.3.		
395.aunes 38.---dict violet cramoify,			
401.aunes 37.17. 6.br.71.---dict prince cramoify,			
388.aunes 34. 7. 6.br.64.10.--dict incarnadin			
384.aunes 36. 1. 6.br.67.15.--dict			
392.aunes 35. 1. 8.br.65.15.--dict minime, ———			
393.aunes 34.18. 4.br.65.10.--dict			
397.aunes 37.17. 6.br.71.--- dict triftamie, ———	braſſes 417.5.		
387.aunes 34.18. 4.br.65.10.--dict turquin, ———	pour br.415. ½ à l.5. ——— l.2078.15.—		
411.aunes 41. 1. 3.br.77.---dict blanc, ———			
405.aunes 37.13. 4.br.72.10.--dict			

Embalage,& port de ℔ 240.iufqu'à Milan, ——— ——— l. 77.13.--

Monnoye de Bologne l.6191. 9.3.
Qu'eſt pour noſtre moitié l.3095.14.7.

Laquelle ſomme de l. 3095. 14. 7. a eſté tirée à Plaiſance en Foire de la Purification en ▽ 482.7.8. d'or de marc changés à 151.pour ½, & de ce lieu ſe ſont preualus à Lyon auec leur prouiſion en ▽ 604.19.8.d'or ſol 3 à 80.pour ½ ſur Lumaga & Maſcranny crediteurs au Carnet des Roys 1625. f° 5. & en ce, ——— à 5. l. 1814. 19.

Port de Milan à Lyon l.25.10.- dace de Suſe l.30. - doüanne de Lyon l. 234.6.3. change deſdicts frais de Roys iuſqu'en Paſques à 2.pour ½ l.5.14.11. Courratage du vendu à ⅓pour ½ l.24.5.4. prouiſion de la véte à 4.pour ½ pour demeurer du croire l.194.2.10.eſcompte de l.4853.11.4. (que monte la vente cy-contre)à 112.½ pour ½ l.539.5.8. tout en credit à deſpences, ——— à 4. l. 1053. 6.

Pour la moitié de la vente cy-contre rabbatu ½ des frais que faiſons bon audict Fiorauanty au Carnet des Roys 1625.f° 6.& en ce, ——— à 5. l. 1900. 2. 8

Pour noſtre moitié du profit qu'il a pleu à Dieu enuoyer ſur ce compte, ——— à 41. l. 85. 3. 8

——— l. 4853. 11. 4

———————1625.———————

ANDREA DIECEMY, ET FORTENGVERRA BENASCEY, de Meſſine doiuent ▽ 5000.- de reaux à ◐ 70.-pour ▽ à eux enuoyez ſur vne Galere de France, que à Taris 15.& grains 15.pour ▽,ſont en credit à Benoiſt Robert de Marſeille, ———onces 2625.— à 3. l. 17500.

▽ 810 7.3.d'or de marc,qu'ils nous ont tiré à Noüe en Roys 1625.à carlins 31.pour ▽, ſur Lumaga au Carnet des Roys 1625.f° 4.& en ce——— ———onces 432.5.16. à 5. l. 3030. 9

onces 3057. 5.16. ——— l. 20530. 9

———————1625.———————

NICOLAS HERVE, ET GVILLAVME SAVARRY , de Paris doiuent

du 10.Mars 1626.pour Roys 1626.pour marchandiſes liurées audict Sauarry , montant en ce, ———	à 8.	l.	1443.	5. 2
Paſq. 1626.pour aunes 221.⅓ ſatins de Bologne,couleurs communes à l.7.10.liuré audict Sauarry, le 20. dudict ———	à 18.	l.	1661.	5.
Aouſt 1626.pour 40.pieces creſpes de Bologne,conſignées à Blandin le 8.Iuillet 1625.en ce, ———	à 13.	l.	1601.	6
Aouſt 1626. pour aunes 768.- tabis noir de Veniſe à l.5.- liuré audict Blandin le 15.dudict ———	à 22.	l.	3840.	
Touſſ.1626.pour 3.pieces ſatins & damas de Lucques conſignez audict le 10. Septembre 1625.—	à 23.	l.	770.	13. 1

——— l. 10316. 3. 9

A V O I R pour les cy-apres vendus à diuers ,

370.aunes 40.10.10.Satin rouge cramoisy	
400.aunes 41.15. —dict	
399.aunes 37.17. 6.dict canelé cramoisy,	
398.aunes 38.13. 4.dict	
389.aunes 34. 2. 6.dict colôbin cramoisy,	aunes 375. 7/13 à l.8.10.———
390.aunes 36. 5. —dict	pour Iean des Lauiers le 10.Mars 1625.pour Pasq.1626.
395.aunes 38.— —dict violet cramoisy,	
401.aunes 37.17. 6.dict prince cramoisy,	
388.aunes 34. 7. 6.dict incarnadin ———	
384.aunes 36. 2. 6.dict	
392.aunes 35. 1. 8.dict minime,	
393.aunes 34.18. 4.dict	
397.aunes 37.17. 6.dict tristamie,	aunes 211. 1/2 à l.7.10.———
387.aunes 34.18. 4.dict turquin,	Pour Herue,& Sauary,le 20.Mars 1624.pour Pasq.1626.
411.aunes 41. 1. 3.dict blanc, —	
405.aunes 37.13. 4.dict ———	

	à 17.	l.	3192.	6.	4
	à 18.	l.	1661.	5.	—

	l.	4853.	11.	4

———————•1625.————

A V O I R pour 10.bales soye Messine qu'ils ont chargées sur vne Galere de Genes,Capitaine dom Carles de Ria,pour consigner à Tholon à Deburgues, lequel doit ensuiure l'ordre de Benoist Robert de Marseille.

bal. 8.	lb 2200.-net soye Messine de Meso fine à tari 30. & grains 16.la lb font ——— onces 2258.20. —	
bal. 1.	lb 275.- dicte fine de Ramette,& la Rocque à tari 31.12. ——— onces 289.20. —	
bal. 1.	lb 275.- dicte de Montagne à ——— tari 30. 6.——— ——— onces 277.22.10.	
	Poids & courtatage de lb 2750.- à 4.grains pour lb ——— onces 18.10. —	
	Pour les 2.gabelles de Messine à 3.carlins pour lb ——— onces 137.15.—	
	Pour l'embalage à tari 46.pour bale——— ——— —— onces 15.10.—	
	Prouision à 2. pour 0/0 ——— ——— ——— onces 59.28. 6.	

	onces 3057. 5.16. à 3.	l.	20530.	—	9

————————•1625.————

A V O I R

En Roys 1626.l'escompte à 7. 1/2 pour 0/0 l.2443.5.1. } en debit au Carnet de Pasq. 1625.f° 17.& en ce,	à 38.	l.	4104.	10.	2
Pasques 2626.l'escompte à 10. pour 0/0 l.1661.5.— }					
Aoust 1626.l'escompte à 7. 1/2 pour 0/0 que les portons debit. au Carnet des Saincts 1625.f. 17.& en ce	à 42.	l.	5441.	—	6
Portez debiteurs au liure B,f° 4.& en ce, ——— ——— ———	à 44.	l.	770.	13.	1

	l.	10316.	3.	9

DRAPS DE SOYE DE GENES doiuent pour les cy-apres,

245.aunes 81. 5.--palm.390.—
246.aunes 80. 2.6.palm.384. 10.
247.aunes 81. 2.6.palm.389. 10.
248.aunes 80.12.6.palm.387.—
249.aunes 80.——palm.384.— } palmes 3103. Satin noir à ſ 41. —— ——l. 6361. 3.–
250.aunes 81.13.4.palm.392.—
251.aunes 80.16.8.palm.388.—
252.aunes 80.16.8.palm.388.—

81.aunes 29. 1.3.palm.139. 10.Veloux noir 3.poil à ſ 73. —— —— ——l. 509. 3.6.

82.aunes 29. ——palm.139.—
83.aunes 29. 7.6.palm.141.— } palmes 422.½ dict 2. poil à ſ 64. —— ——l. 1352.——
84.aunes 29. 13.9.palm.142. 10.

85.aunes 29. 7.6.palm.141.—
86.aunes 28.15.–palm.138.— } palmes 417.½ dict poil ½ à ſ 58. —— ——l. 1210.15.–
87.aunes 28.17.6.palm.138. 10.

88.aunes 29. 1.3.palm.139. 10.
89.aunes 28.15.--palm.138.— } palmes 413. dict renforcé à ſ 53. —— ——l. 1094. 9.–
90.aunes 28. 5.–palm.135. 10.

91.aunes 29. ——palm.139.—dict demy renforcé à ſ 46.6.—— —— ——l. 323. 3.6.

Emb.desdictes 2.Caisses n° 1.2.prouisió à 1.pour ½,& autres frais, l. 263.——

Monnoye courante de Genes, l. 11113.14.–

Lesquelles l.11113.14.sont doublons d'Espagne 958.1.6.à l.11.12. l'vn,& à l.7.7. tournois,sont en credit à Lumaga de Genes, —— —— —— ——	à 19.	l. 7041.	17.	—
Port de Genes à Lyon des satins l. 30.-- dace de Suse l. 35. & doüanne de Lyon l.252.-tout en credit à despences, —— —— —— ——l.317.—— } Port des veloux l.30.dace l.41.doüanne de Lyon,l.308.9.4. tout ——l.379.9.4. }	à 4.	l. 696.	9.	4
Pour aduance en credit, à profits & pertes —— —— —— ——	à 41.	l. 1828.	6.	10
	——	l. 9566.	13.	2

—— 1625. ——

OCTAVIO, ET MARC-ANTOINE LVMAGA de Genes, doiuent que les portons crediteurs au Carnet des Roys 1625. f° 4. & en ce, —— —— ——l.32913.14.–	à 5.	l. 21291.	17.	—

—— 1625. ——

PIERRE LAMY D'ALEP, doit ▽ 6000. -- de reaux à ſ 70.-- tournois l'vn,à luy enuoyez par le Vaisseau l'Ange Gabriel,Capitaine Iean Baptiste Lagorio, pour employer en achapt des soyes valans à raison d'vn escu de reaux pour 1.½ piastre, en credit à Benoist Robert de Marseille, en ce, —— —— —— —— —— —— —— piastres 9000.—–	à 3.	l. 21000.	——	—
▽ 12166.½ de reaux à ſ 69.9.l'vn à luy enuoyez, & consignez à George Boulano, Capitaine du Vaisseau S.François de Paule à 1.½ piastre pour ▽, —— —— piastr. 18250.—–	à 3.	l. 42431.	5.	—
Et piastres 265. aspr. 33. que à 93. aspr. ½ pour piastre luy ont esté remis de Constantinople par Iean Scaich faisant ▽ 176.½ de reaux à ſ 70.l'vn,& à 1.½ piast. sont piast. 265.22.–	à 20.	l. 618.	6.	8
▽ 498.- de reaux qu'il a tiré de nostre ordre à Marseille sur Benoist Robert à payer à ſ 70.l'vn à Scipion Manfredy, Capitaine du Vaisseau S. Antoine, pour valeur receuë de luy audict Alep,en ce—— —— —— —— —— —— ——piastr. 748.14.–	à 3.	l. 1743.	——	—
Piastres 28263.36.–	——	l. 65792.	11.	8

AVOIR pour les cy-apres vendus à diuers,

. 245.aunes 81. 5.-- ⎫			
. 246.aunes 80. 2.6.			
. 247.aunes 81. 2.6.			
. 248.aunes 80.12.6. ⎬ Satin noir dict à l.8.10.-- pour Iean des Lauiers debiteur en ce,——— à 17. l. 5494. 17. 11			
. 249.aunes 80.——			
. 250.aunes 81.13.4.			
. 251.aunes 80.16.8.			
. 252.aunes 80.16.8. ⎭			
. 81.aunes 29. 1.3.Veloux noir 3.poil à l.14.15.— ⎫			
. 82.aunes 29. ⎬			
. 83.aunes 29. 7.6. ⎱ dict 2. poil à —— l.13.15.			
. 84.aunes 29.13.4. ⎰			
. 85.aunes 29. 7.6. ⎱			
. 86.aunes 28.15.-- ⎰ dict poil ½ à — l.12.15.— ⎬ Pour Robert Gehenaud de Paris,debiteur en ce à 16. l. 4071. 15. 3			
. 87.aunes 28.17.6.			
. 88.aunes 29. 1.3. ⎱			
. 89.aunes 28.15.-- ⎰ dict renforcé à—l.12.15.			
. 90.aunes 28. 5.—|			
. 91.aunes 29.—dict demy renforcé à l.10.15.— ⎭			

——— l. 9566. 13. 2

————1625.————

AVOIR en Roys 1625. pour 2.Caisses satins, & veloux consignées à Gabaleon
le 15.Ianuier 1625.montant auec les frais en ce ,——————l. 11113.14. à 19. l. 7041. 17. --
1000. doublons d'Italie effectifs à l.10.18.l'vn monnoye de Genes,qu'ils ont payé de
nostre ordre à Maluasie debiteurs en ce————————l. 10900. —— à 16. l. 7100. --
1000. doublons d'Italie effectifs à l. 10. 18. qu'ils ont liuré de nostre ordre à nostre
Pierre Alamel debiteur en ce,—————————l. 10900.— à 9. l. 7150. --

l. 32913.14. —— l. 11291. 17.

————1625.————

AVOIR pour le nolis desdicts ▽ 6000. de reaux qu'il a payez audict Capitaine
Lagorio,——————————piastres 15.--
Pour nolis de ▽ 12166.½ de reaux qu'il a payez à George Boulano.————piastr. 30.--
Bales 16.--Rottes 719.½ soye legis à piastres 11.& 2.medins le rotte font,——piastr. 7941.34.
Bales 34.--Rottes 1600.--Soye ditte a piastres 11.-le rotte——— ——piastr. 17600.--
Lesquelles bales 50.--n° 1.à 50.ont esté chargées sur le Vaisseau S.Antoine Patron
Scipion Manfredy , auec ordre de les consigner à Marseille à Benoist Ro-
bert,lequel doit ensuiure nostre ordre , embalage & autres frais y compris 2.
pour ½.pour le Consulat ,————————piastr. 1299.36.
Menus despens en Alexandrette,droict de Leunin,& Age d'Alexandrette, à 3.
pour ½,piastres 823.9.prouision dudict L.uny à 2.pout ½,piastr.554.10.tout piastr. 1377.19.

piastres 28263.36.

Lesquels piastres 28263. & 36.medins , calculez à raison que les piastres 17250. cy -contre
rendent l.63431.5. sont en debit à soyes de Mer ,——— ——— à 3. l. 65789. --
Perte de monnoye en ce,————————————————— à 3. l. 3. 11. 8

l. 65792. 11. 8

H 3

MARCHANDISES en compagnie de Boloſon pour ⅓, & nous pour les ⅔ enuoyées à Conſtantinople par voye de Marſeille, és mains de Iean Scaich, pour en faire la vente, & chargées ſur le Vaiſſeau S.Hilaire, Capitaine Boutin.

461. aunes 24.—— Veloux incarnadin 2. poil				
1483. aunes 17.12.6. dict rouge cramoiſy	à —— l. 17.—			
1527. aunes 14.15.—Satin canelé 5. couleurs		Pour comptant rabbatu l'eſcompte		
1300. aunes 32. 6.8. dict		à 15. pour ⅓, reſte en credit à Ma-		
683. aunes 35. 5.— dict orangé paſtel,	à —— l. 7.—	nis au Carnet des Roys 1625.		
1266. aunes 12.10.—dict		f° 6. & en ce, —— à 5. l. 1798. 15.—		
988. aunes 24.—dict vert naiſſant				
758. aunes 36. 2.6. dict fleurdelin Arabeſque,				
1852. aunes 33.—— dict canellé 4. fleurs à —— l. 6.5.—				
504. aunes 12.10.—Veloux fonds d'argent Turque 4. fleurs,				
59. aunes 17.12.6. dict fonds d'or				
419. aunes 12.10.— dict fonds bleuf,	à l. 18.	pour comptant en ce à 8. l. 1149. 17. 6		
702. aunes 17.12.6. dict fonds blanc,				
720. aunes 18. 7.6. Veloux fonds taffetas Napolitaine orangé paſtel à l.9.—				

Frais d'embalage, caiſſe de bois, & toile cirée par deſpences, —— à 4. l. 6.—

Port de Lyon à Marſeille de ladicte Caiſſe l.8.13. ſortie de Marſeille l.9.3. en credit à Robert, —— à 3. l. 17. 15.—

Pour ⅓ de piaſtres 265. que monte la remiſe faicte par noſtre compte par ledict Scaich en Alep à bon côpte de la vente cy-côtre, que faiſons bô à Boloſon au Carnet de Paſq. 1525. f°6. aſpres 8255.⅓ à 38. l. 206. 2. 2

Pour ⅓ de 4. bales Camelots acheptez à Conſtantinople par ledict Scaich, pour ſouldu du proüenu de la vente cy-contre en credit à Camelots en compagnie de Boloſon, —— aſpres 45667.⅓ à 21. l. 975. 10.—

53923.——

Pour nos ⅔ du profit qu'il a pleu à Dieu enuoyer en ce compte, —— —— à 41. l. 1377. 9. 3

—— l. 5631. 8. 11

———— 1625. ————

IEAN SCAICH de Conſtantinople doit pour le net procedit de la vente par luy faicte de nos marchandiſes, tant au comptant que en trocque de Camelots, —— aſpr. 161769.—— à 20. l. 3455. 19. 4

Pour aduance ſur la remiſe de 265. piaſtres par luy faicte en Alep, qui ſe ſont paſſées audict lieu à raiſon de 1.⅓ piaſtre pour vn eſcu de reaux de ₫ 70. piece, en ce, —— à 20. l. 88. 17. 4

—— l. 3544. 16. 8

A V O I R pour ¼ de l'achapt & defpens cy-contre, en debit à Bolofon au Carnet des Roys 1625.
f.6. & en ce ————————————————————————— à 5. l. 1024. 2. 6

- 461.aunes 10.——pics 18.—Veloux incarn.2.poil ⎫
- 1483.aunes 9. 3.4.pics 16.10.dict rouge, ⎰ pics 34.¼ à 510. afpres le pic fót afpr. 17555.
- 720.aunes 18. 7.6.pics 32. 5.Veloux fonds armoifin orangé a 255.afpres le pic,——afpr. 8224.
- 702.aunes 17.12.6.pics 31.—Vel.à la Turque fóds blác,à piaſt.6.le pic, & la piaſt.à 90.afpr. 16740.
- 1483.aunes 8. 9.2.pics 14.10.Vel.rouge cram.à 510.afpr. le pic cóptant à Solimá Aga,afpr. 7395.
- 683.aunes 35. 5.—pics 61.—Satin orangé ⎫ pics 149.¼ à 190. afpr. le pic vendu à Tho-
- 1527.aunes 14.15.—pics 44.10.dict canelé ⎰ mas Fournety, pour payer en Alep dans
- 988.aunes 24.——pics 43.—dict vert, ⎰ 2. mois,———————afp. 28405.
- 1266.aunes 12.10.—pics 22.—dict orangé à 110.afpres le pic, font ————afpr. 4610.
- 1852.aunes 33.——pics 57. 5.dict canelé à 110.afp.le pic,———————afp. 11011.
- 59.aunes 17.12.6.pics 31.—Vel.à la Turque fóds d'or à piaſt.7.le pic,& la piaſt.à 100.afpr. 21700.
- 461.aunes 14.—-pics 25.—Veloux incarnadin 2.poil à 510.afpr.le pic,————afpr. 12750.
- 758.aunes 36. 2.6.pics 65.—Satin fleurdelin à piaſtres 2.& la piaſt.à 100.afpr. ——afpr. 13000.
- 504.aunes 12.10.—pics 22.—Vel.à la Turque fonds d'argent ⎫ pics 44.à afpr.816. le pic
- 419.aunes 12.10.—pics 22.—dict fonds bleuf ——————⎰

Vendu à Cacan Elias Ofiel, pour payer en Camelots 4. fil
à piaſtres 260. la table de pieces 34. ——— ——— afpr. 35900.

afpres 178311.

Frais enfuiuis tant à la reception que vente defdictes marchandifes
pour Nolis de ladicte Caiſſe nº 1.receu par le Vaiſſeau S. Hilaire
& payé au Capitaine Boutin, ——— — — afpres 170. ⎫
Droict de doüanne à 5.pour ¼, de 7.pieces fatin, tirant au- ⎪
nes 198. font pics 356.eftimées à 150.afpr.le pic font afp.2672. ⎪
Pour le mefme droict de 7. pieces veloux aunes 110. pics ⎬ afpr. 16542.
198.à 400.afpres le pic font———————afpres 3960. ⎪
Pour Sarafage à 5. afpres pour mille, pour l'eftimeur de ⎪
doüanne à vn fequin la Caiſſe,& autres frais,——afp.6160. ⎪
Prouifion de la vente à 2.pour ⅔,———————afp.3480. ⎭

Refte afpres 161769.

Lefquels afpres 161769. font piaſtres 1470.¼ à 110. afpres la piaſtre, & à ♔ 47.
tournois l'vn,font en debit à Iean Scaich en ce, ——— à 20. l. 3455. 19. 4
Pour benefice de remife faicte en Alep par led.ct Scaich,——— à 20. l. 88. 17. 4
Pour nos ¼ du profit faict fur la vente des Camelots ennoyez de Cóſtantinople, à 21. l. 803. 16. 5
6300. aunes 32. 6.8.Satin canelé 5.couleurs à l.8. --reftans à vendre és mains dudict Scaich en debit
au liure B, fº 4.& en ce, ——————————— à 44. l. 258. 13. 4

——— l. 5631. 8. 11

——————————— 1625. ——————————————
A V O I R pour 4.tables Camelots blancs 4.fil contenant 168. pieces à piaſtre 260. la table de 34.
pieces qu'il a acheptées de Elias Ofiel, & chargées fur le Vaiſſeau S. François,Patron Baralier, pour
defcharger à Marfeille,& les configner à Benoiſt Robert, ———————— afpr. 118470.
Menus defpens à l'achapt defdicts Camelots pour les Goŭerneurs & Ianiſſaires, de
Camp à 40. afpres la table de 34.pieces, ————————afpr. 204.
Port du Camp à la doüanne de Conftantinople,& Ianiſſaires de Contrade, ——afpr. 120.
Droict de doüanne à 5.pour ¼ payé pour 5.tables eftimées à mil 25.afpres la table de pie-
ces 34.font afpres 5100.Dare Doro,& Sarafage afpr.130.tout ———— afpr. 5230.
Menus droicts de ladicte doüanne afpres 176.embalage, port au Vaiſſeau , & autres me-
menus frais,tout ———————————————— afpr. 2410.
Prouifion à 2. pour ⅔ ————————————— afpr. 2569.

afpres 137003.

Lefquels afpres 137003. ont eſté calculez à raiſon que les afpres 161769. cy-contre
ont rendu l.3455.19.4. font en debit à Camelots en compagnie de Bolofon , ——— à 21. l. 2926. 10. —
Et piaſtres 265.& afpres 31.que à 93.afpres ¼ la piaſtre, il a remis de noſtre ordre en
Alep à Pierre Lamy debiteur en ce ——————————— afpr. 24766. à 19. l. 618. 6. 8

Afpres 161769. ——— l. 3544. 16. 8

H 4

CAMELOTS DE LEVANT en compagnie de Boloſon pour $\frac{1}{4}$, & nous pour les $\frac{3}{4}$
doiuent pour les cy-aprés enuoyez de Conſtantinople par Iean Scaich.

bal. 4.	Pieces 168.– Camelots greges 4.fil, montant auec les frais en ce ,	à 20.	l.	2916.	10.
	Pour voyture & doüanne deſdictes 4.bales Camelots en credit à deſpences -l. 72.7.4.$\rbrace$	à 4.	l.	171.	15. 4
	Prouiſion de la vente à 2.pour $\frac{1}{2}$ l.86.2.courrarage à $\frac{1}{3}$ pour $\frac{0}{0}$ ..14.6. tout -l.100.8.–$\int$				
	Pour le $\frac{1}{4}$ de la vente au comptant cy-contre, rabatu le $\frac{1}{4}$ des frais en credit audict Bo-	à 38.	l.	221.	8. 3
	loſon au Carnet de Paſques 1625. à 6. & en ce ,				
	Pour le $\frac{1}{4}$ de la vente à terme, apartenant audict Boloſon , en ce	à 21.	l.	1155.	
	Pour nos $\frac{3}{4}$ des profits qu'il a pleu à Dieu y enuoyer, en ce	à 20.	l.	803.	16. 5
			l.	5280.	10.

————————1625.————————

VESPASIAN BOLOSON doit

En Paſques 1618.pour ℔ 5219.Soye lege à l.10.17.6.d'accord à luy liuré le 3. Decembre 1625. en ce,	à 3.	l.	56756.	12. 6
Porté crediteur au liure B,f° 3. & en ce ,	à 44.	l.	1155.	
		l.	57911.	12. 6

————————1625.————————

CAMELOTS DE LEVANT de noſtre compte doiuent pour les cy-apres,

bal. 7.	pieces 294. Camelots greges 2. fil à d. 6.16.$\frac{1}{2}$	ducats 1966. 3.		
bal. 5.	pieces 210. dict ——— 3. fil à d. 7.16.	d. 1610.		
bal. 3.	pieces 126. dict ——— 4. fil à d.10. 6.	d. 1291.12.		
bal.15.	Frais d'embalage,& prouiſion à 1.pour $\frac{0}{0}$	d. 208. 7.		
		ducats 5075.22.		
	Pour age deſdicts ducats 5075.22.à 120.pour $\frac{0}{0}$,pour reduire le payement en			
	monnoye de change,	d. 845.23.		
		Reſte monnoye de change. 4229.23.		
	Calculé à ⅀ 50.– tournois pour vn ducat,ſont en credit à Taſca	à 21.	l.	10574.	18.
	Pour port,dace,& doüanne deſdictes 15.bales,reuenant à l.83.6.8. pour bale	à 4.	l.	1250.	
	Pour auance en credit à profits & pertes,	à 41.	l.	4450.	2.
			l.	16275.	

————————1625.————————

ALEXANDRE TASCA de Veniſe doit que le portons crediteur au Carnet des Roys

1625. f° 6.& en ce,	d. 4229.23.	à 5.	l.	10574. 18.
Porté crediteur au Carnet de Paſques 1625. f° 6. & en ce ,	d. 7051.15.	à 38.	l.	17457. 15. 1
	d.11281.14.		l.	28032. 13. 1

————————1625.————————

SATINS DE FLORENCE doiuent pour les cy-apres,

391.aunes 46.10.–br. 95.—Satin noir,& paſtel Arabeſque à l.7.—	▽ 88.13.4.		
514.aunes 39. 8.9.br. 80.10.dict noir & incarnadin, $\rbrace$ à — l.8.—	▽ 218. 2.8.		
571.aunes 60.15.–br.124. —dict à fleurs,			
596.aunes 47.——br. 96.—dict noir, & fleurdelin,			
570.aunes 51.——br.104. —dict noir, & colombin,			
589.aunes 51.10.–br.105. —dict noir,& blanc,			
585.aunes 49. 7.6.br.100.15.dict $\rbrace$ à —l.7.—	▽ 659. 3.4.		
390.aunes 60.15.–br.123.15.dict noir,& faune ,			
515.aunes 44.16.8.br. 91.10.dict noir,& paſtel ,			
395.aunes 41.15.–br. 85. 5.dict noir, & iſabelle,			
385.aunes 48. 7.6.br. 98.15.$\rbrace$ dict à la Chine, à — l.7.—	▽ 235. 8.8.		
496.aunes 75. 5.–br.153.10.$\int$			
Embalage & gabelle ▽ 14.13.6. prouiſion à 2.pour $\frac{0}{0}$ ▽ 24.tout — ▽ 38.13.6.			
	▽ 1240. 1.6.		
Calculé à l.3.tournois,pour vn eſcu d'or de Florence,ſont en credit à Daſpichio,	à 25.	l.	3720. 4. 6
Port & dace l.109.10.— doüanne de Lyon de ℔ 140.l.184.6.tout	à 4.	l.	293. 16. 8
Pour aduance en credit à profits & pertes ,	à 41.	l.	673. 14. 6
		l.	4687. 15. 8

A VOIR pour le ⅐ de l'achapt cy-contre appartenant à Boloſon, debiteur en ce, —— Et pour les cy-apres vendus à diuers,	à 20.	l.	975.	10.
bal. 1. pieces 42.--Camelots greges 4. fil à l.27.-pour Blauf, le 30. Auril 1625. pour Touſſainct 1627. ——	à 22.	l.	1134.	
bal. 1. pieces 42.--dict à l.20. —pour comptant le 15. May 1625. à Goyet, & Decoleur, ——	à 5.	l.	840.	
bal. 1. pieces 42.--dict à l.27.10. pour Glotton le 15. Septembre 1625. pour Roys 1628. ——	à 16.	l.	1155.	
bal. 1. pieces 42.--dict à l.28. —pour Enemond Duplomb le 20. Decembre 1625. pour Paſques 1628. ——	à 39.	l.	1176.	
bal. 4. piec. 168.		l.	5280.	10.

.1625.				
A VOIR pour le ⅓ à luy appartenant de la vente de 4. bales Camelots en compagnie auec luy pour receuoir à ſes riſques des debiteurs, & termes cy-bas,				
Antoine & Hugues Blauf en Touſſaincts 1627. —l.378.				
Eſtienne Glotton en Roys —— 1628.—l.385.	à 21.	l.	1155.	
Enemond Duplomb en Paſques —— 1628.—l.392.				
En debit au liure B, f° 3. & en ce, ——	à 44.	l.	56756.	12.	6
		l.	57911.	12.	6

.1625.				
A VOIR pour les cy-apres vendus à diuers,				
bal. 7. pieces 294. Camelots greges 2. fil à l.25. —pour Blauf, pour Paſques 1628.——	à 22.	l.	7350.	
bal. 5. pieces 210. dict —— 3. fil à l.26. —pour Raymond Orlic, pour Paſques 1628. ——	à 39.	l.	5460.	
bal. 3. pieces 126. dict —— 4. fil à l.27.10. pour Enemond Duplomb, pour Paſques 1628. ——	à 39.	l.	3465.	
bal. 15. pieces 630.		l.	16275.	

.1625.				
A VOIR en Roys 1625. pour 15. bales Camelots de Leuant n° 1. à 15. qu'il nous a enuoyées par conduicte de Pons S. Pierre le 15. Ianuier 1625. montant en ce —— d. 4229.23.	à 21.	l.	10574.	18.
Paſques 1625. pour 8. bales ſoye lege n° 16. à 23. qu'il nous a enuoyé par conduicte de George Schein le 17. Auril 1625. montant en ce, —— d. 4635. 2.	à 5.	l.	11587.	15.	1
Paſques 1625. pour 2. Caiſſes tabis de Veniſe, par enuoy du 20. May 1625.—— d. 2416.13.	à 22.	l.	5870.	
ducats 11281.14.		l.	28031.	13.	1

.1625.				
A VOIR pour les cy-apres,				
391. aunes 46.10.—Satin noir, & paſtel —à l.7.5.				
514. aunes 39. 8.9. dict noir & incarnadin, } à l.8.5. } pour Enemond Duplomb, debiteur en ce, ——	à 39.	l.	1164.		8
571. aunes 60.15.—dict à fleurs,				
396. aunes 47.——dict noir, & fleurdelin,				
570. aunes 51.——dict noir, & colombin,				
589. aunes 51.10.—dict noir, & blanc, ——				
585. aunes 49. 7.6. dict ——				
390. aunes 60.15.—dict noir, & iaune, — } à l.7.10. pour Raymond Orlic, debiteur en ce, ——	à 39.	l.	3523.	15.
515. aunes 44.16.8. dict noir, & paſtel,				
395. aunes 41.15.—dict noir, & iſabelle,				
581. aunes 48. 7.6. } dict à la Chine, ——				
496. aunes 75. 5.—}				
		l.	4687.	15.	8

	SARGES ET REVERCHES de Florence doiuent pour les cy-apres,						
pieces	3.$\frac{1}{2}$ aunes 117.19.3.br.240.$\frac{1}{4}$ canes 60.& br.$\frac{3}{4}$ sarge noire Florence à l.35.la cane, ——	▽ 280.17.6.					
	Embalage,gabelle,& autres frais, ——	▽ 8. 4.3.					
		▽ 289. 1.9.					
	Calculé à l.3.- tournois,pour vn escu de Florence,sont en credit à Daspichio, —		à 25.	l.	867.	5.	5
	Port de Florence à Lyon, & dace de Suse l.54. doüanne dudict Lyon l. 26. 13.4. tout en credit à despences, ——		à 39.	l.	80.	13.	4
pieces	3.—aunes 110. 5.--br.225.—canes 56.& br.1.reuerche rouge cramoisy à l.42.la cane ——	▽ 315.—					
	Pour l'embalage,gabelle,& autres frais ——	▽ 9.11.					
pieces	6.$\frac{1}{2}$						
		▽ 324.11.					
	Calculé à l.3.tournois,pour vn escu de Florence,en credit à Daspichio, ——		à 25.	l.	973.	13.	—
	Pour port,dace,& doüanne de Lyon,en credit à despences, ——		à 39.	l.	80.	13.	4
	Pour aduance,en credit à profits & pertes, ——		à 41.	l.	330.	14.	3
				l.	2332.	19.	2
	——1625.——						
	TABIS DE VENISE doiuent pour les cy-apres,						
pieces	24.aunes 768.——br.1344.— tabis noir plein ondé à gros 22.$\frac{1}{3}$ ——	d. 1250.16.--					
pi:ces	20.aunes 647. 8.4.br.1133.— dict couleurs ordinaires à gros 25.$\frac{1}{3}$ ——	d. 1195.22.--					
pieces	4.aunes 128.17.6.br. 225.$\frac{1}{2}$ dict cramoisy à gros —— 27.$\frac{1}{3}$ ——	d. 256.19.--					
	Embalage,dace,prouision à 1.pour $\frac{0}{0}$,& autres frais, ——	d. 172. 6.--					
pieces	48.--						
		ducats 2875.15.--					
	Distrait pour age à 119. pour $\frac{0}{0}$ ——	d. 459. 2.--					
		Monnoye de change d. 2416.13.--					
	Tirez à Lyon en Pasques 1625.à 123.$\frac{1}{2}$ pour $\frac{0}{0}$,sont en credit à Tasca, ——		à 21.	l.	5870.	—	—
	Port de Venise à Lyon,& dace de Suse desdictes 2.Caisses, —— l.181.16.— Doüanne de Lyon, —— l.482. 1.8.		à 39.	l.	663.	17.	8
	Pour aduance en credit à profits & pertes, ——		à 41.	l.	1413.	17.	4
				l.	7947.	15.	—
	——1625.——						
	FRANCOIS VERDIER, THEODE PI(QVET, ET IEAN BAPT. DECOQVIEL,						
	doiuent pour Pasq.1627.℔ 1406.-soye Messine fine à l.13.la ℔ liurée à eux le 19.Mars 1625.en ce, —		à 3.	l.	18278.	—	—
	Roys 1628. pour ℔ 611.-Doppion de Milan à l.6.15.-liuré à eux le 28.Nouemb.1625. en ce,		à 23.	l.	4735.	5.	—
	Roys 1628. pour ℔ 2050.-soye lege à l.11.-la ℔ liurée à eux le 3.Decembre 1625.en ce ——		à 3.	l.	22550.	—	—
	Roys 1627. pour ℔ 1886.-filage de Raconis à l.10.18.9.liuré à eux le 16.dudict en ce, ——		à 7.	l.	20628.	2.	6
				l.	66191.	7.	6
	——1625.——						
	ANTOINE, ET HVGVES BLAVF de Lyon, doiuent du 30. Auril 1625. pour						
	Touss.1627. pi:ces 42.--camelots greges à l.27. la piece liuré à eux,en ce ——		à 21.	l.	1134.	—	—
1626.	Roys 1627.pour aun.128.--tabis de Venise canelé cramoisy à l.6.10.liuré à eux le 3.Ianuier 1626. —		à 27.	l.	832.	—	—
	Pasq. 1628.pour piec.294.--Camelots greges de Leuant 2.fil à l.25.liuré à eux le 15.dudict, ——		à 21.	l.	7350.	—	—
	Roys 1627.pour aun.100.--Tapisserie de Bergame à l.6.10. hauteur aunes 2.$\frac{1}{4}$ liuré le 3. Feur. 1626.		à 13.	l.	650.	—	—
	Roys 1627.pour aun.110.$\frac{1}{4}$ Reuerche de Florence rouge cramoisy à l.11.-liuré à eux le 3.Mars 1626.		à 21.	l.	1212.	15.	—
				l.	11178.	15.	—

A V O I R pour les cy-apres vendues à diuers,					
pieces 3.⅕ aunes 117.19.3.. farge noire Florence à l.9.10.-pour Enemond Duplomb debiteur en ce	à 39.	l.	1120.	4.	2
pieces 3.—aunes 110. 5.--reuerche rouge cramoify à l.11.-pour Antoine & Hugues Blauf debiteurs,	à 22.	l.	1212.	15.	
pieces 6.⅓		l.	2332.	19.	2

A V O I R pour les cy-apres.					
pieces 24.aunes 768.——tabis noir plein ondé à l.5.-pour Herue, & Sauarry debiteurs en ce,	à 18.	l.	3840.		
pieces 20.aunes 647. 8.4.dict couleurs ordinaires à l.5.5.- pour Eftienne Glotton debiteur, en ce,	à 16.	l.	3398.	18.	9
pieces 4.aunes 128.17.6.dict cramoify à l.5.10.- pour Robert Gehenaud debiteur en ce,	à 16.	l.	708.	16.	3
pieces 48.--		l.	7947.	15.	

A V O I R que les portons debiteurs au Carnet de Pafques 1625.f 7.efcompté à 20.pour ⅖	à 38.	l.	18278.		
Portez debiteurs au Carnet d'Aouft 1625.f° 7.efcompté à 25. pour 0/8	à 42.	l.	4735.	5.	
Portez debiteurs au liure B,f° 4.pour foude,	à 44.	l.	43178.	2.	6
		l.	66191.	7.	6

A V O I R que les portons debiteurs au liure B,f° 4.pour foude	à 44.	l.	11178.	15.	

SATINS, ET DAMAS DE LVCQVES doiuent pour les cy-apres,
1. aunes 31. — br. 62. — Damas blanc ℔ 9. — } ℔ 11.3. à ducats 4.19. d. 55.13.9. — ▿ 58.16.6.
pour le $\frac{1}{4}$ de la couleur ℔ 2.3. }

2. aunes 46.10. — br. 93. — Satin incarnad. d'Espagne ℔ 11.10.
3. aunes 42. 7.6. br. 84.15. — dict gris plombé — ℔ 12. 2.
4. aunes 46.10. — br. 93. — dict noir à la Geneuoise, ℔ 14. 9.
5. aunes 55.12.6. br. 111. 5. — dict — ℔ 22. 9.
6. aunes 52.10. — br. 105. — dict — ℔ 22. 4.
7. aunes 53. — br. 106. — dict — ℔ 22. 1. } ℔ 194.1. once. en noir
8. aunes 54.16.8. br. 109.13.4. dict — ℔ 21. —
9. aunes 53.10. — br. 107. — dict — ℔ 22. 3.
10. aunes 57.17.6. br. 115.15. — dict — ℔ 23.10. } à d. 4.16. la ℔ d. 931.12. ▿ 984. 1.8.
11. aunes 48. 2.6. br. 96. 5. — dict canellé, — ℔ 12. 1.
pour le $\frac{1}{4}$ de ℔ 36. couleur — ℔ 9. —

Pour l'auantage de ℔ 11.10. incarnadin d'Espagne à l. 10. sont l. 65.1.8. ▿ 8.13.7.
Pour doüanne, & embalage — ▿ 16.18.4.
Pour la prouision à 2. pour % — ▿ 21. 7.4.

En credit à Augustin Sexty au Carnet des Roys 1625. f° 6. — ▿ 1089.17.5. à 5. l. 3091. 11. 6

Port & dace de Suse l. 105.9. doüanne de Lyon l. 149.8. tout par despences, — à 39. l. 254. 17. —
Pour aduance en credit à profits & pertes, — à 41. l. 205. 11. 8

— l. 3552. 0. 2

— 1625. —

DOPPIONS DE MILAN, en compagnie de Philippe, & Luc Seue pour $\frac{1}{3}$, Bolofon pour $\frac{1}{3}$, & nous pour l'autre tiers, doiuent pour les cy-apres,
bal. 1. n° 1. ℔ 600. - Doppion net à l. 7.10. — l. 2250. — —
Embalage l. 12. dace de Milan, & nouarre l. 191.4.6. tout — l. 203. 4.6.
Prouision à 2. pour % — l. 49. 1. —

l. 2502. 5.6. à 24. l. 1251. 2. 9

bal. 2. n° 2.3. ℔ 300. - Doppion dict à l. 7.10. — l. 4500. — —
Embalage l. 24. - dace de Milan l. 382.9. prouisió à 2. pour % l. 98.2. l. 504.11. —

l. 5004.11. — à 24. l. 2502. 5. 6

bal. 4. n. 4. à 7. ℔ 1200. - Doppion dit à l. 7.10. — l. 9000. — —
Embalage, & dace l. 812.18. prouision à 2. pour % l. 196.4. tout — l. 1009. 2. —

l. 10009. 2. — à 24. l. 5004. 11. —

bal. 2. n° 8.9. ℔ 600. - Doppion dict à l. 7.12.6. — l. 4575. — —
Embalage l. 24. dace l. 382.9. prouision à 2. pour % l. 99.12. tout — l. 506. 1. —

l. 5081. 1. — à 24. l. 2540. 10. 6

bal. 10. n. 10. à 19. ℔ 3000. - Doppion dict à l. 7.12.6. — l. 22875. — —
Embalage l. 120. dace l. 1912.5. prouision à 2. pour % l. 498. tout l. 2530. 5. —

l. 25405. 5. — à 24. l. 12702. 12. 6

bal. 5. n° 20. à 24. ℔ 1500. - Doppion dict à l. 7.12.6. — l. 11437.10. —
Embalage l. 60. - dace l. 956.2.6. prouision à 2. pour % l. 249. tout - l. 1265. 2.6.

l. 12702.12.6. à 24. l. 6351. 6. 3

b. 10. n° 25. à 34. ℔ 3000. Doppion dict à l. 7.12.6. — l. 22875. — —
Embalage l. 120. - dace l. 1912.5. Prouision à 2. pour % l. 498. tout l. 2530. 5. —
bal. 34. — 43055.1. —

l. 25405. 5. — à 24. l. 12702. 12. 6
Pour port, dace de Suse & doüanne de Lyon de 18. bales en credit à despences — à 39. l. 1155. — —
Pour port, dace, doüanne, & courratage de 9. bales, payé par lesdicts Seue crediteurs au Carnet de Pasques 1625. f° 9. & en ce — à 38. l. 607. 15. 1
Port, dace, doüanne, & courratage de 7. bales par Bolofon audict Carnet f° 6. cy à 38. l. 595. 10. 1
Pour courratage de 18. bales, par nous venduës en credit à despences, — à 39. l. 54. — —
2412.5.2.
Pour $\frac{1}{3}$ de la vente cy-contre appartenāt esdicts Philippe, & Luc Seue, crediteurs à 24. l. 18160. 18. 4
Pour $\frac{1}{3}$ de ladicte vente appartenant audict Bolofon crediteur en ce, — à 25. l. 18160. 18. 4
Pour nostre tiers de l. 1212.17.6. que fait perdre Charles Rouier au compte des debiteurs assignez par Bolofon en ce, — à 24. l. 404. 5. 11
Pour aduance en credit à profits & pertes, — à 41. l. 2600. 16. 11

— l. 84794. 5. 8

AVOIR pour les cy-apres vendus à diuers,

		l.		
1.aunes 31.——Damas blanc, à ———} l.6.10.—}				
2.aunes 46.10.--Satin incarnadin d'Espagne,à — l.7.——} pour Herue,& Sauarry debiteurs,en ce	à 18. l.	770.	13.	1
3.aunes 42. 7.6.dict gris plombé à———l.5.15.}				
4.aunes 46.10.--℔ 14.9.}				
5.aunes 55.12.6.℔ 29.9.}				
6.aunes 52.10.--℔ 21.4. }℔ 109.11.onces noir à l.18.--la ℔, pour Enemond Duplomb debiteur,	à 39. l.	1978.	10.	—
7.aunes 53.---℔ 21.1.}				
8.aunes 54.16.8.℔ 21.—}				
9.aunes 53.10.—}aunes 111.7.6.dict noir à l.4.10.l'aune,pour Eftienne Glotton, debiteur en ce	à 16. l.	501.	3.	9
10.aunes 57.17.6.}				
11.aunes 48. 2.6.℔ 11.1.once dict canelé ——}℔ 15.1.once à l.20.pour Raymond Orlic,debiteur	à 39. l.	301.	13.	4
℔ 3.--pour le 1/7 de la couleur}				
		l. 3552.	—	2

———1625.———

AVOIR pour le 1/7 de l.43055.1.que monte l'achapt cy-contre,en debit à Philippe,& Luc Seue,
au Carnet de Pafques 1625.f° 16.& en ce,——— à 38. l. 14351. 13. 8

Pour le 1/7 dudict achapt appartenant audict Bolofon debiteur audict Carnet f° 16.& en ce, à 38. l. 14351. 13. 8

Pour le 1/7 des frais cy-contre en debit efdicts Seue audict Carnet f° 9.& en ce , ——— à 38. l. 804. 1. 8

Pour le 1/7 defdicts frais en debit audict Bolofon,audict Carnet f° 6.& en ce, ——— à 38. l. 804. 1. 8

Et les cy-apres vendus à diuers.

		l.		
bal. 1.n° 1.—— ℔ 203.Doppion de Milan à l.8. --pour Lantillon,pour Touffaincts 1617.debiteur	à 28. l.	1624.		
bal. 4.n° 2.à 5.℔ 821.Doppion dict à ———l.7.17.6.pour Iean de la Foreſt,pour Touffaincts 1627.	à 28. l.	6465.	7.	6
bal. 2.n° 6. 7.℔ 401.dict à——— ——l.7.16.3.pour Eftienne Chally, pour Touffaincts 1627.	à 29. l.	3132.	16.	3
bal. 3.n° 8.à 10.℔ 611.dict à———l.7.15.--pour Antoine Gayot, pour Touff.1627.debit.	à 25. l.	4735.	5.—	
bal. 4.n°11.à 14.℔ 808.dict à———l.7.17.6.pour Fleury Gros,pour Roys 1628.debit.en ce	à 30. l.	6363.—		
bal. 1.n°15.—— ℔ 207.dict à———l.7.16.3.pour François Verthema, pour Roys 1628.—	à 36. l.	1617.	3.	9
bal. 2.n°16.à 18.℔ 611.dict à———l.7.15.--pour Verdier,Picquet,& Dec.pour Roys 1628.	à 22. l.	4735.	5.—	
bal. 9.n°19.à 27.℔ 1847.dict à diuers pris , vendus par Philippe, & Luc Seue, à diuers payables l.6465.7.6.en Touffainct 1627.& l.8079.15.en Roys 1628. en ce ———	à 24. l.	14545.	2.	6
bal. 7.n°28.à 34.℔ 1441.dict à diuers pris vendus par Bolofon à diuerfes perfonnes , payables l.1611.6.3.en Touffaincts 1627.& l.9653.8.9.en Roys 1628.en ce	à 24. l.	11264.	15.—	
bal.34.——				
		l. 84794.	5.	8

PHILIPPE, ET LVC SEVE, compte des debiteurs qu'ils nous affignent prouenus
de la vente des Doppions en compagnie,qu'ils ont faicte aux cy-apres,

A Theophile,& Iean Buiffon, ——— ———l.1622. 5.—
Gregoire Quinet , ——— ——— ———l.3236.12.6. PourTouffainﬅs 1617.
Philippe Olier, ——— ——— ———l.1606.10.—
Iean Barry, dict Maifonnette, ——— ———l.1606.10.—
Iules, & Iean Baptiﬅe de Belly , —— ———l.1614. 7.6. pour Roys 1628. —
Iean François Aignes, ——— ———l.4858.17.6.

à 23. l. 14545. 2. 5

——————1625.——————

VESPASIAN BOLOSON, compte des debiteurs qu'il nous affigne prouenus de la
vente par luy faicte aux cy-apres des Doppions en compagnie,

A Audry, ——— ——— — ———l.1611. 6.3. pour Touffainﬅs 1627.
A Maifonnette, ——— ———l.1614. 7.6.
A Veiffiere,& Chally, ——— ———l.3218.15.—
A Charles Rouier , ——— ———l.1617. 5.9. pour Roys 1628. —
Qu'il a pris pour fon compte , ——— l.3203. 2.6.

Failly

à 23. l. 11264. 15.

——————1625.——————

NEGOCE DE MILAN. compte de l'achapt des Doppions en compagnie,
de Seue,Bolofon,& nous,doit en credit au Carnet d'Aouﬅ 1625.f.16.& en ce, ——— l.86110.2.- à 42. l. 43055. 1.

——————1625.——————

PHILIPPE, ET LVC SEVE, compte des debiteurs que leur affignons doiuent que
leur faifons bon pour les cy-apres,qui ont payé par efcompte,fçauoir,

Hierofme Lantillon, ——— ———l. 541. 6.8.
Iean de la Foreﬅs, ——— ———l.2155. 2.6.
Eﬅienne Chally, ——— ———l.1044. 5.5. Touffainﬅs 1627.
Bolofon, ——— ———l.1678.15.—
Antoine Gayot , ——— ———l.1578. 8.4.
François Verthema, ——— ——— l. 539. 1.3.
Fleury Gros, ——— ——— ———l.2121.—
Bolofon, ——— ———l. 537. 1.1. Roys 1628.
Verdier,Picquet,& Decoquiel, —l.1578. 8.4.

portez crediteurs au Carnet
d'Aouﬅ 1625.fº 17.& en ce, à 42. L. 12773. 9. 7

Pour leur ⅓ à compte des debit.qu'ils nous affignét l.2155.2.6. Touff. 1627. en credit à autre cópte, à 24. l. 4848. 7. 6
A compte dict ——— ———l.2693.5.— Roys 1628.
Pour leur ⅓ des ¾ de l.1212.17.10.que Rouier fait perdre à compte des debit.affignez par Bolofon, à 24. l. 404. 5. 11
Pour leur ⅓ du quart reﬅant par ledict Rouier,audict Carnet d'Aouﬅ 1625.fº 17.cy ——— ——— à 42. l. 134. 15. 4

——— l. 18160. 18. 4

AVOIR qu'ils nous font bon pour les cy-apres,					
Gregoire Quinet, l.3236.12.6.					
Philippe Olier, l.1606.10.–					
Theophile,& Iean Buisson, l.1622. 5.–					
Iules,& Iean Baptiste de Belly, l.1614. 7.6.					
Iean Barry dit Maisonnette, l.1606.10.–					
Iean François Aignes, l.4858.17.6.					
} Portez debiteurs pour les $\frac{2}{3}$ au Carnet d'Aoust 1625.f° 17.cy	à 42.	l.	9696.	15.	–
14545.2.6.					
Et Pour le $\frac{1}{3}$ à eux appartenant en debit à autre compte en ce,	à 24.	l.	4848.	7.	6
	—	l.	14545.	2.	6

1625.

AVOIR qu'il nous fait bon pour les cy-apres,					
Pour luy mesme, l.3203. 2.6.					
Veissiere,& Chally, l.3218.15.–					
Maisonnette, l.1614. 7.6.					
Audry, l.1611. 6.3.					
} porté debiteur pour les $\frac{2}{3}$ au Carnet d'Aoust 1625.f° 17.& en ce,	à 42.	l.	6431.	14.	2
Et pour le $\frac{1}{3}$ à luy appartenant en debit à autre compte en ce,	à 25.	l.	3215.	17.	x
Pour $\frac{1}{3}$ de l.1212.17.10.que montent les $\frac{3}{4}$ de l.1617.3.9. deus par Charles Rouier, lequel a faict faillite,& accordé auec ses creanciers de ne payer que le quart de ses debtes dans vn an, faisant perdre les $\frac{3}{4}$,& a baillé pour Caution Iean Prat, ainsi qu'appert par son contract d'accord receu Deschuyes Notaire, en datte du 15.Septembre 1625.en debit audict Boloson à autre compte en ce,	à 25.	l.	404.	5.	11
Pour $\frac{1}{3}$ desdictes l.1212.17.10.que ledict Rouier nous fait perdre en debit à Seue,	à 24.	l.	404.	5.	11
Pour nostre tiers desdictes l.1212.17.10. En debit à Doppions,	à 23.	l.	404.	5.	11
Et pour les $\frac{2}{3}$ de l. 404. 6. que ledict Boloson fait bon pour soude du compte dudict Rouier, au Carnet d'Aoust 1625.f° 17.& en ce,	à 42.	l.	269.	10.	8
Et pour le $\frac{1}{3}$ à luy appartenant en debit à autre compte,	à 25.	l.	134.	15.	4
	—	l.	11264.	15.	–

1625.

AVOIR pour les cy-apres,					
bal. 1.n° 1.–℔ 300.-Doppion de Milan consigné à Pons S.Pierre le 9.Iuillet, –l. 2502. 5.6.	à 23.	l.	1251.	2.	9
bal. 2.n° 2. 3.℔ 600.-dict consigné audict le 15.dudict, l. 5004.11.–	à 23.	l.	2502.	5.	6
bal. 4.n° 4.à 7.℔ 1200.-dict consigné audict le 18. dudict l.10009. 2.–	à 23.	l.	5004.	11.	–
bal. 2.n° 8. 9.℔ 600.-dict consigné audict le 24.dudict l. 5081. 1.–	à 23.	l.	2540.	10.	6
bal.10.n° 10.à 19.℔ 3000.-dict consigné audict le 27.dudict l.25405. 5.–	à 23.	l.	12702.	12.	6
bal. 5.n° 20.à 24.℔ 1500.-dict consigné à Schem le 31.dudict l.12702.12.6.	à 23.	l.	6351.	6.	3
bal.10.n° 25.à 34.℔ 3000.-dict consigné audict le 6.Aoust 1625. l.25405. 5.–	à 23.	l.	12702.	12.	6
l.86110. 2.–	—	l.	43055.	1.	–

1625.

AVOIR que leur assignons à receuoir à leurs risques des debiteurs,& termes cy-bas pour leur $\frac{1}{3}$ de l.54482.15.que monte la vente des Doppions en compagnie auec eux, sçauoir					
Estienne Chally, l.1044. 5.5.					
Hierosme Lantillon, l. 541. 6.8.					
Antoine Gayot, l.1578. 8.4. } pour Touss. 1627.					
Iean de la Forests, l.2155. 2.6.					
Pour le $\frac{1}{3}$ des debit.qu'ils nous assignēt pour la vēte par eux faicte, l.2155. 2.6.					
Boloson pour le $\frac{1}{3}$ des debiteurs qu'il nous assigne, l. 537. 2.1.					
Fleury Gros, l.2121.––					
François Verthema, l. 539. 1.3.					
Verdier,Picquet,& Decoquiel, l.1578. 8.4. } pour Roys 1628.					
Pour le $\frac{1}{3}$ des debiteurs qu'ils nous assignent, l.2693. 5.–					
Boloson pour $\frac{1}{3}$ des debiteurs qu'ils nous assigne, l.3217.16.3.					
	à 23.	l.	18160.	18.	4

VESPASIAN BOLOSON, compte des debiteurs que luy affignons doit que luy faifons bon pour les cy-apres qui ont payé par efcompte, fçauoir \

Hierofine Lantillon, —— —— ——l. 541. 6.8.			
Iean de la Forefts, —— ——l.2155. 2.6.			
Eftienne Chally, —— ——l.1044. 5.5. ⎫ Touffainct 1617.			
Philippe,& Luc Seue, —— ——l.2155. 2.6.			
Antoine Gayot, —— ——l.1578. 8.4. ⎭			
Fleury Gros , —— ——l.2111.——			
François Verthema, —— —— l. 539. 1.3. ⎫			
Philippe & Luc Seue, —— ——l.2693. 5.— ⎬Roys 1628.			
Verdier,Picquet,& Decoquiel,— ——l.1578. 8.4. ⎭			

Porte cred.au Carnet d'Aouft 1625.f.17. à 42. l. 14406.			
Pour s6 ⅟₇ à côpte des deb.qu'il nous affigne l.2678.15.–Touff.1617.⎫en credit à autre compte, à 24. l. 3215. 17. 1			
A compte dict , —— l. 537. 2.1.Roys 1628. ⎭			
Pour fon ⅟₇ des ⅟₇ de l.1212.17.10.que Rouier fait perdreà compte des debiteurs par luy affignez,— à 24. l. 404. 5. 11			
Qu'il a receu pour fon ⅟₇ du quart reftant par ledict Rouier, à compte dict en ce , —— à 24. l. 134. 15. 4			
l. 18160. 10. 4			

———1625.———

DOPPIONS OVVREZ à Lyon,doiuent pour les cy-apres,

℔ 611.Doppion de Milan à l.7.15.-donné à ouurer à Antoine Gayot de S.Chaudmond en ce , à 23. l. 4735. 5.—			
℔ 621.dict à l.5.5.donné à ouurer à diuers,appert au liure des Ouuriers, & en ce , —— à 12. l. 3260. 5.—			
℔ 421.dict à l.5.5.donné à ouurer à diuers,appert audict liure des ouuriers,& en ce, à 12. l. 2215. 10.—			
℔ 1654.			
℔ 300.Veróne Doppi6 à ♦16.la ℔ ⎫ ouurée par Gayot,cred.au Carnet d'Aouft 1625 f° 3. à 42. l. 540.			
℔ 400.R ódelettre dicte à ♦ 15.— ⎭			
℔ 165.Veronne dicte à ♦ 16. ⎫ Fabriq.par Ieã Feuly cred.audict Carnet f° 3.& en ce à 42. l. 507.			
℔ 500.R ódelettre dicte à ♦ 15. — ⎭			
℔ 272.Bourre renduë par ledict,			
℔ 17.Pour difcal fur lefdictes 8.bales.			
l. 11258.—			
℔ 1654.—			

———1625.———

SOYES OVVREES à Lyon,doiuent pour les cy-apres baillées à ouurer à diuers,

℔ 2088.Filage de Raconis à l.9.10.donné à ouurer à diuers,apert au liure des ouuriers,— à 7. l. 19836.			
℔ 1662.Soye legis à l.7.10.-baillé à ouurer à diuers,appert audict liure, & en ce, — à 3. l. 11465.			
℔ 1500.-- Orgãc.de Raconis à ♦ 12.la ℔,ouuré par Vianey cred.au Carnet d'Aouft 1625.f°3. à 42. l. 900.			
℔ 538.- Organcin dict à ♦ 12. fabriqué par Louys Burlet , crediteur audict Carnet,f°3.cy à 42. l. 322. 16.			
℔ 50.- difcal			
℔ 500.-- Organcin de legis à ♦ 25.la ℔ fabriqué par Vianey crediteur audict Carnet,f°3.cy à 42. l. 625.			
℔ 750.-- Veronne.& rondelet.de legis à ♦ 23.ouurée par Gayot,cred.audict Carnet f° 3.cy à 42. l. 862. 10.			
℔ 210.-- Organcin de legis à ♦ 25.-fabriqué par Molandier,crediteur audict Carnet,f° 3.- à 42. l. 262. 10.			
℔ 175.-- bourre			
℔ 27.-- difcal			
℔ 560.Soye Meffine à l.11.— baillée à ouurer à Antoine Gayot en ce , à 3. l. 6160.			
℔ 300.-- Organc.de Meffine à ♦ 30. ⎫ ouuré par ledict Gayot,credit.au Carnet d'Aouft f° 3. à 42. l. 714.			
℔ 240.-- Traine de Meffine à ♦ 22. ⎭			
℔ 20.-- difcal			
Pour aduance en credit à profits & pertes , —— à 41. l. 8795. 14.			
℔ 4310.—℔ 4310.			
l. 50943. 10.			

———1625.———

FABIO D'ASPICHIO de Florence, doit

Porté crediteur au Carnet de Pafques 1625.f° 14.& en ce , —— v 1529. 3.3. à 38. l. 4587. 9. 9			
Porté crediteur au Carnet d'Aouft 1625.f° 14.& en ce, —— v 324.11.— à 42. l. 973. 13.—			
v 1853.14.3. l. 5561. 1. 9			

A V O I R que luy affignons à receuoir à fes rifques des debiteurs, & termes cy-bas pour fon ⅓ de
l.54482.15.que monte la vente des Doppions en compagnie auec luy,

Eftienne Chally, ———————————l.1044. 5.5.					
Hierofme Lantillon,————————l. 541. 6.8.					
Antoine Gayot , ———————————l.1578. 8.4.	pour Touff. 1627.				
Iean de la Forefts , ————————l.2155. 2.6.					
Philippe,& Luc Seue, pour debiteurs qu'ils affignent ——l.2155. 2.6.		à 23.	l. 18160.	18.	4
Pour fon ⅓ des debiteurs qu'il affigne pour vente par luy faicte,l. 537. 2.1.					
Fleury Gros,——————————l.2121.					
François Verthema,————————l. 539. 1.3.					
Verdier,Picquet,& Decoquiel , ————l.1578. 8.4.	pour Roys 1628.				
Philippe & Luc Seue , pour debiteurs qu'ils affignent , —l.2693. 5.					
Pour fon ⅓ des debiteurs par luy affignez,————l.3217.16.3.					

A V O I R pour les cy-apres.

℔ 300.Veronne deDoppion à l.8.12.6. —	pour Charles Hauard de Paris , debiteur en ce,—	à 31.	l. 5987.	10.
℔ 400.Rondelette dicte a —l.8.10. —				
℔ 272.Bourre de Doppion à ♃ 27. —	Pour Iean de la Forefts de Lyon,debiteur en ce,—	à 28.	l. 1769.	14.
℔ 105.Veronne dicte à ————l.8.10. —				
℔ 500.Rondelette dicte à l.6.—reftans en magafin au 3.Auril 1626. en debit à marchandifes en general,		à 43.	l. 3000.	
℔ 1027. Pour defaduance en debit à profits & pertes , ————		à 41.	l. 500.	16.
		——	l. 11258.	

A V O I R pour les cy-apres,

℔ 650.Veronne de legis à — l.12.— enuoyée en Anuers és mains d'Hannecard , en ce		à 16.	l. 7800.	
℔ 100.- Organcin de legis à — l.12.10.pour Charles Hauard,pour Touff.1626. debiteur en ce,		à 31.	l. 1250.	
℔ 538.Organcin de Raconis à l.12.— pour Fleury gros,pour Roys 1627.en ce,		à 30.	l. 6456.	
℔ 300.- Organcin de Meffine à l.15.10. pour Charles Hauard, pour Roys 1627.en ce,		à 31.	l. 4650.	
℔ 240.- Trame de Meffine à —l.15,— pour Cefar,& Iulien Granon,pour Roys 1627.en ce,		à 6.	l. 3600.	
℔ 500.- Organcin de legis à —l.12. 5.pour Hierofme Lantillon, pour Pafques 1627.—		à 18.	l. 612.	10.
℔ 210.-Organcin dict à —— l.12.10.pour Iean de la Forefts,pour Pafques 1627.		à 28.	l. 2625.	
℔ 1500.-Organcin de Raconis à l.12.— pour Hierofme Lantillon,pour Pafques 1627.		à 18.	l. 18000.	
℔ 175.-Bourre de legis à — ♃ 50.— pour Fleury Gros,pour Pafques 1627. —		à 30.	l. 437.	10.
		——	l. 50943.	10.
℔ 4113.—				
℔ 97.-- pour difcal,				
℔ 4310.--				

A V O I R en Pafques 1625.pour vne Caiffe fatins n° 1.qu'il nous a enuoyé par conduicte de George Schench le 3.Mars 1625.montant auec les frais

A V O I R en Pafques 1625... ▽ 1240. 1.6.	à 21.	l.	3720.	4.	6
Pafques 1625.vne bale farges de Florence n° 2.côfignée le 15.dudict à Pons S.Pierre ▽ 289. 1.9.	à 22.	l.	867.	5.	3
Aouft 1625.pour vne bale reuerche de Florence n°3.confignée à Schen,le 6.Iuin 1625.▽ 324.11.—	à 22.	l.	973.	13.	
▽ 1853.14.3.——		l.	5561.	2.	9

MARCHANDISES de noftre compte enuoyées en Anuers és mains de Gilles Hannecard,
pour vendre pour noftre compte doivent pour les cy-apres,
bales 3.nº 1.à 3.lb 650.Veronne de legis à l.12.-par enuoy du 10.Auril 1625.en ce, ——— à 25. l. 7800.
——Pour voyture defdictes 2.bales l. 9. 4. menus frais ⅌ 8. courratage de la vente
cy-contre à 2.⅌ pour liure l.11.2. prouifion à 1.⅟2 l.20.tout monnoye de gros
d'Anuers,en credit audict Hannecard au Carnet de Paiq.1625.fº 5.cy l.40.14. à 38. l. 244. 4.

l. 8044. 4.

—————1625.—————
GILLES HANNECARD d'Anuers compte des debiteurs qu'il nous alligue, doit pour
les cy-apres,calculé à l.6.-tournois pour vne liure de gros,
Pour Girand Seutrelles,& François Angelgrand,pour le 27.Auril 1626.——— l. 212. 3.6. à 26. l. 1273. 1.
Iofeph Vefpreet,pour le 17.May 1626.l'efcompte à volonté, ——— l. 208. 9.2. à 26. l. 1250. 15.
Herman Vanhaure pour le 25.May 1626. ——— l. 411. 1.6. à 26. l. 2466. 9.
Guillaume de Decher pour le 3.Iuin 1626. ——— l. 504.——. à 26. l. 3024.

l.1235.14.2. l. 8014. 5.

—————1625.—————
MARCHANDISES de noftre compte enuoyées à Paris és mains de Taranget, & Routier,
pour en faire la vente doiuent pour les cy-apres,
268.aunes 16. 2.6.Veloux noir fonds armoifin petite façon,
117.aunes 22. 2.6.dict à 1. 9.
166.aunes 21.10.--dict à tail
291.aunes 17.15.-Veloux noir fonds fatin ras petite façon,
281.aunes 17.11.8.dict à l.12.
267.aunes 18. 2.6.dict
297.aunes 18. 8.4.dict à Vialbera
307.aunes 17.13.4.Veloux fonds fatin verd 4.fleurs Arabefq.
331.aunes 17. 8.4.dict à l.16. Par enuoy du 3.Mars
321.aunes 18.17.6.dict 2.fleurs, 1626. dans vne
298.aunes 17.15.--dict celefte, Caiffe nº 1.confi-
299.aunes 15. 5.--Veloux fonds fatin morelin cramoify 3.fleurs à l.19. gnée à Lorrin, à 8. l. 3861. 4. 2
146.aunes 13.10.-Veloux à la Turque fonds fatin incarnad.4.fleurs à l.20.
118.aunes 16. 2.6. Veloux noir ras 3.trames à
115.aunes 22. 6.8. l.15.
311.aunes 34.13.4.
312.aunes 34.13.4. Gafe noire de foye torce à lifton à ⅌ 50.-pour enuoy du 15.dudict, à 10. l. 348. 15. 3
213.aunes 35. 2.6.
214.aunes 35. 2.6.
266.aunes 31. 2.6.
242.aunes 28.13.4.
140.aunes 37. 2.6. Crefpon noir de Milan à l.3.- par enuoy du 8. Auril 1625. à 12. l. 476. 15.
269.aunes 30.13.4.
272.aunes 31. 6.8.
139.aunes 60.——.
164.aunes 60. 6.8.
158.aunes 60. 5.— Sargette noire de Milan à l.3.-par enuoy du 16.dudict à 12. l. 722. 10.
181.aunes 60. 5.—
Mares 20. ——Or filé 555.à l.26.-
Mares 60. ——dict 555.à l.27.
Mares 60. ——dict-5555.à l.28. Par enuoy du 6.May 1625. à 4. l. 5580.
Mares 40. ——dict-5555.à l.29.
Mares 20. ——dict 55555.à l.30.
Prouifion du vendu cy-contre à 2. pour ⅟2 l.228. voitures & autres menus frais
l.97.10.- tout en credit efdicts Taranget, & Routier, au Carnet de Pafques
1625.fº 16. & en ce ——— à 38. l. 325. 10.
Pour aduance en credit, à profits & pertes ——— à 41. 97. 8. 8

l. 11402. 7. 1

AVOIR pour les cy-apres venduës à diuers,
℔ 103. 8.onces veronne de legis à ♍ 41.pour Seutelles,& Angelgrand le 27.Auril, terme l'an — à 26. l. 1273. 1.
℔ 101.11.onces veronne dicte — à ♍ 41.pour Ioseph Vespreet,le 17.May 1625.pour l'an — à 26. l. 1250. 15.
℔ 195.12.onces dicte — à ♍ 42.pour Herman Vanhaure le 25.dudict,pour l'an — à 26. l. 2466. 9.
℔ 240. —dicte — à ♍ 42.pour Guillaume de Decher le 3.Iuin, pour l'an — à 26. l. 3024.

℔ 640.15.onces　　　　　Perte sur ce compte en debit à profits & pertes,— à 41. l. 29. 19.
℔ 9. 1.once difference de poids.
　　　　　　　　　　　　　　　　　　　　　　　　　　　　── l. 8044. 4.
℔ 650.—

───── 1625.─────
AVOIR que les portons debiteurs au Carnet de Pasques 1625. Fº 5. escompté à 8.
pour cent,　　　　　　　　　　　　　　　　　　　　　　── l. 211. 3.6. à 38. l. 1273. 1.
Pour l'escompte de l.1123.10.8.de gros à 5.pour ⁴⁄₇ qu'il a rabbatu aux debiteurs cy-
contre en Touffainct 1625.── l. 53.10.
Et l.1070.0.8.de gros qu'il a receu des debiteurs cy-contre, & payé suiuant nostre ordre
à Iean Baptiste Decoquiel d'Anuers,debiteur en ce,── l.1070.-8. à 37. l. 6741. 4.
　　　　　　　　　　　　　　　　　　l.1335.14.2.── l. 8014. 5.

───── 1625.─────
AVOIR pour les cy-apres vendus à diuers,
268.aunes 16. 2.6. ⎫
317.aunes 22. 2.6. ⎬ aunes 59.¼ veloux noir fonds armoisin à l.9.10.- pour Aymé le Roy, en ce— à 27. l. 567. 12. 6
266.aunes 21.10.- ⎭
291.aunes 7.15.—Veloux noir fonds satin à l.12.10. ── ⎫ pour Robert Gehenaud,── à 27. l. 675. 15.
307.aunes 17.13.4. ⎬ aunes 35.⁷⁄₁₂ Veloux verd fonds satin à l.16.10.
331.aunes 17.8. 4. ⎭
291.aunes 10. — ⎫
281.aunes 17.11.8. ⎬ aunes 64.⁷⁄₈ Veloux noir fonds satin petite façon à l. 12. 10. pour Heruc, & à 27. l. 801. 11. 3
267.aunes 18. 2.6. ⎬ Sanary,──
297.aunes 18. 8.4. ⎭
321.aunes 18.17.6.Veloux verd fonds satin 3.fleurs, ── ⎫ à l.16.10.pour Iean des Lauiers,── à 27. l. 604. 6. 8
298.aunes 17.15.—dict celeste ── ⎭
299.aunes 18. 5.—Veloux fonds satin morelin cramoisy 3. fleurs à l.19. 10. ⎫
136.aunes 11.10.—Veloux à la Turque fonds satin incarnad. 4. fleurs à l.21. ⎬ Pour Lindo,& Heron, à 27. l. 826. 2. 6
139.aunes 61. —Sargette noire de Milan à ── l. 3.15. ⎭
118.aunes 6. 2.6.Veloux noir ras 3.trames à l.16.-Vendu comptant — à 27. l. 98.
311.aunes 34.13.4. ⎫ aunes 69.6.8.Gase noire de soye torte à l.3.pour Guillaume Freson,── à 27. l. 208.
312.aunes 34.13.4. ⎭
135.aunes 20. —Veloux noir ras 3.trames à l.16.-pour Iean Vllard,en ce── à 27. l. 320.
313.aunes 35. 2.6. ⎫ aunes 70.¼ Gase noire à ♍ 55.- pour Pamphile de la Cour, — à 27. l. 193. 3. 9
314.aunes 35. 2.6. ⎭
266.aunes 31. 2.6. ⎫
241.aunes 28.13.4. ⎬ aunes 127.⁷⁄₁₂ Crespon noir de Milan à l.3.5.pour Samson, & Deuilars, ── à 27. l. 414. 12. 11
140.aunes 37. 2.6. ⎬
269.aunes 30.13.4. ⎭
163.aunes 60. 6.8. ⎫
168.aunes 60. 5.— ⎬ aunes 180.¼ Sargette noire de Milan à l.3.15.pour Malepard,& Gandrion, ── à 27. l. 678. 2. 6
181.aunes 60. 5.— ⎭
Marcs 10. —Or filé　55.à l.29.— ⎫ pour Louys du Bois, en ce── à 27. l. 2380.
Marcs 60. —dict 5555.à l.30.— ⎭
Marcs 60. —dict 5555.à l.31.—pour Claude Bossey, ── à 27. l. 1860.
Marcs 40. —dict 5555.à l.32.—pour Nicolas Libert, ── à 27. l. 1280.
Marcs 15. —dict 55555.à l.33.—pour Nicolas de Lestre, ── à 27. l. 495.
135.aunes 2. 6.8.Veloux noir ras 3.trames ⎫ Donné esdicts Taranget,& Rousier,pour Estrennes──
272.aunes 31. 6.8.Crespon noir de Milan, ⎬
Marcs 5. —Or filé 55555. qui se sont perdus. ── l. 11402. 7. 1

I 4

FRANCOIS TARANGET, ET FRANCOIS ROVSIER, Compte des
debiteurs qu'ils nous affignent, doiuent pour les cy-apres,

			l.		
Aymé le Roy le 18. Mars 1625. pour Roys 1626.	à 26.	l.	567.	12.	6
Robert Gehenaud , le 20. dudict pour Roys 1626.	à 26.	l.	675.	15.	
Herue , & Sauarry , le 20. dudict pour Roys 1626.	à 26.	l.	801.	11.	5
Iean des Lauiers le 3. Auril 1625. pour Pafques 1626.	à 26.	l.	604.	6.	8
Lindo , & Heron , le 8. dudict pour Pafques 1626.	à 26.	l.	826.	2.	6
Comptant le 10. Auril 1625.	à 26.	l.	98.		
Guillaume Frefon , le 18. dudict pour Pafques 1626.	à 26.	l.	208.		
Iean Vilard , le 18. dudict pour Pafques 1626.	à 26.	l.	320.		
Pamphile de la Cour, le 25. dudict pour Pafques 1626.	à 26.	l.	193.	3.	9
Samfon,& de Vilars,le 18.May 1625.pour Pafques 1626.	à 26.	l.	414.	11.	11
Malepard , & Gaudrion,le 25. dudict pour Aouft 1626.	à 26.	l.	678.	2.	6
Louys du Bois , le 28. dudict pour Aouft 1626.	à 26.	l.	2380.		
Claude Boiffey , le 5. Iuin 1625. — pour Aouft 1626.	à 26.	l.	1860.		
Nicolas Libert , le 28. dudict pour Aouft 1626.	à 26.	l.	1280.		
Nicolas de Leftre le 15. Iuillet 1625. pour Aouft 1626.	à 26.	l.	495.		
		l.	11402.	7.	1

—————1625.————

DENIS BERTHON, ET OLIVIER GASPARD de Lyon , doiuent pour no-
ftre part de l.100000.de fonds & capital à eux remis pour le negocier en commandite durant 3. ans à
commencer au 3.Ianuier 1625. Sçauoir l. 30000. - fournis pour ledict Berthon , l.30000.— pour ledict Gafpard,& l.40000.que nous fourniffons pour participer à leur negociation pour ⅖ aux profits
& pertes qu'il plaira à Dieu y enuoyer,& eux pour les ⅗.Appert par la Scripte de compagnie,& en ce
au Carnet des Roys 1625.f° 6.

			l.		
	à 5.	l.	40000.		
Et l.19280.-pour noftre tiers de l.57840.- que montent les profits qu'il a pleu à Dieu y enuoyer, ainfi qu'apert par leur liure de raifon,————————l.19280.—					
Surquoy diftrait l.4512.-que leur faifons bon à caufe qu'ils fe font chargez de tous les debiteurs,marchandifes , & autres effects tant bons que mauuais reftans de ladicte compagnie , laquelle demeure refoluë par ce moyen , ainfi qu'il eft contenu par le con- tract entre nous paffé, receu par Gorrel Notaire,————l. 4512.—	à 41.	l.	14768.		
Refte qu'ils doiuent payer auec le principal en Pafques 1628.————l.14768.—					
		l.	54768.		

—————1625.————

CLAVDE CICERY, ET FRANCOIS CERNESIO de Venife , compte
des debiteurs que leur affignons, doiuent que les portons crediteurs au Carnet de Pafques 1625.f° 11.

			l.		
pour Eftienne Glotton,& en ce ,	à 38.	l.	1920.		
Portez crediteurs au liure B, f° 3.& en ce,	à 44.	l.	3416.		
		l.	5336.		

—————1625.————

IEAN BAPTISTE BEREGANY de Vincenfe compte des debiteurs , que luy affignons doit que le portons crediteur au Carnet de Pafques 1625. f° 12. cy

			l.		
Porté crediteur au Carnet d'Aouft 1625.f° 12.cy	à 38.	l.	217.	10.	
Porté crediteur au Carnet des Sainets 1625. f° 12.efcompté à 107.⅖ pour ⁰⁄₀	à 42.	l.	153.	6.	8
	à 42.	l.	10199.	14.	
		l.	10570.	10.	8

A V O I R pour les cy-apres qui ont payé,					
Aymé le Roy escompté — à 7.½ pour °/o — l. 567.12. 6.					
Robert Gehenaud, escompté à 7.½ — l. 675.15.—					
Herue, & Sauarry, escompté à 7.½ — l. 801.11. 3.					
Comptant dez le 10. Auril 1625. — l. 98.—.—					
Guillaume Freson, l'escompte à 10. pour °/o — l. 208.—					
Iean Vllard, l'escompte — à 10. pour °/o — l. 320.—					
Pamphile de la Cour, escópté à 10. pour °/o — l. 193. 3. 9.					
Samson, & de Vilars, escompté à 10. pour °/o — l. 414.12.11. } Portez debiteurs au Carnet de Pasques 1625. f° 16.—	à 38.	l.	9476.	17.	11
Malepard, & Gaudrion, escópté à 12.½ — l. 678. 2. 6.					
Louys du Bois, l'escompte — à 12.½ — l. 2380.—.—					
Claude Bossey, l'escompte — à 12.½ — l. 1860.—.—					
Nicolas Libert, l'escompte à 12.½ — l. 1280.—.—					
Iean des Lauiers, — l. 604. 6. 8.					
Lindo, & Heron, — l. 826.12. 6. } En debit au liure B, f° 4. cy	à 44.	l.	1925.	9.	2
Nicolas de Lestre, — l. 495.—					
	—	l.	11402.	7.	1

1625.

A V O I R que les portons debiteurs au liure B, f° 27. & en ce, —	à 44.	l.	54768.	—	—

1625.

A V O I R pour les marchandises cy-apres venduës pour leur compte, pour receuoir à leurs risques des debiteurs, & termes cy-bas specifiez,					
pieces 12. aunes 384. tabis noir de Venise ondé à l. 5. — vendu à Glotton, pour Pasques 1626. —	à 28.	l.	1920.	—	—
pieces 42. Camelots de Leuant greges 4. fil à — l. 28. — pour Enemond Duplomb, pour Aoust 1628. —	à 39.	l.	1176.	—	—
pieces 4. aunes 128. Tabis canelé cramoisy à l. 6.10.- pour Blauf, pour Roys 1627. —	à 22.	l.	832.	—	—
pieces 8. aunes 256. Tabis couleurs ordinaires à l. 5.10.- pour Raymond Orlic, pour Roys 1627. —	à 39.	l.	1408.	—	—
	—	l.	5336.	—	—

1625.

A V O I R pour les marchandises cy-apres venduës pour son compte, pour receuoir à ses risques des debiteurs, & termes cy-bas,					
lb 58.- Floret, à — l. 3.15.- vendu à Estienne Glotton, pour Pasques 1626. —	à 28.	l.	217.	10.	—
lb 530.- Trame de Vincense à — l. 16. — vendu à Iean Iacques Manis; pour Aoust 1626. —	à 31.	l.	8480.	—	—
lb 593.- Bourre de soye à — ſ 58. — vendu à Cesar, & Iulien Granon, pour Aoust 1626.	à 6.	l.	1719.	14.	—
lb 26.10. onces Doppion de Vincense à l. 5.15.- vendu comptant au Carnet d'Aoust 1625. f° 14. —	à 28.	l.	153.	6.	8
	—	l.	10570.	10.	8

REPARTIMENS doiuent à veloux de Milan, ——— l.1141.11.8. à 8.		
A Gafes, ——— l. 98.10.— à 10.		
A Bas de foye, ——— l. 180.— à 10. }l. 3557. 11. 8		
A Beregany de Vincenfe, ——— l. 217.10.— à 27.		
A Cicery, & Cernefio de Venife, ——— l. 1920.— à 27.		
A Veloux de Milan, ——— l. 237. 9.2. à 8.		
A Gafes, ——— l. 109.19.4 à 10.		
A Bas de foye, ——— l. 360.— à 10. }l. 1418. 9. 9		
A Crefpons, ——— l. 193. 5.— à 12.		
A Or filé, ——— l. 290.— à 4.		
A Sargette de Milan, ——— l. 227.16.3. à 13.		
A Veloux de Milan, ——— l. 925. 1.8. à 8.		
A Gafes, ——— l. 214.11.6. à 10.		
A Bas de foye, ——— l. 509.— à 10.		
A Tapifferie de Bergame, ——— l. 150.— à 13. }l.11776. 19. 10		
A Beregany, ——— l. 153. 6.8. à 27.		
A Cochenille, ——— l.1680.— à 34.		
A Mufc, ——— l.1620.— à 34.		
A Souchons, ——— l. 525.— à 37.		
A Iean Bertrand,pour Pierre Richard,par Caiffe au Carnet d'Aouft 1625.fº 3. cy à 42. l. 431. 8. 9		
A Iean & Pierre du Lac d'Vfez,par Caiffe audict Carnet,fº 3.cy à 42. l. 237.		
A Antoine Roux de Saumieres,par Caiffe audict Carnet,fº 3.& en ce, à 42. l. 286. 2. 6		

En Touffainéts 1625. que faifons bon à Ioachin Laurens, & Dauid Salicoffre , pour les parties cy-apres tranfportées , fçauoir;

Barthelemy Mas de Seiffac ——— l.264.18.—		
Pierre Antoine Guy de Limoux , ——— l.308. 9.- }au Carnet des Sainéts 1625.fº 15.cy à 42. l. 868. 15.		
Iean Barrau de Caftres , ——— l.295. 8.—		

868.15.—

En Roys 1626.les parties cy-apres tranfportées à Galiley,& Barelly,

André Pirouard de Limoux, ——— l. 281. 1.—		
Louys de Coudrey de Dieppe , ——— l. 337.18.—		
Pierre Arnoux de Roüan , ——— l. 500.— }Au Carnet des Roys 1626.fº 11.cy à 42. l. 3171. 17.		
Pierre le Franc, ——— l. 217.15.—		
Chriftophle Brodrigue, ——— l. 621.—		
Richard Herbert, ——— l.1214. 3.—		

3171.17.—

Pafques 1626.les parties cy-apres tranfportées à Lumaga,& Mafcranny,

Charles Seuelin, ——— l. 630.—		
Iean de Compans, ——— l. 417. 8.—		
Ionas Nolet de la Motte, ——— l. 939.18.— }au Carnet de Pafques 1626.fº 15.cy à 42. l. 3699. 10. 6		
René Pepin de S.Iean d'Angely, ——— l. 685. 3.6.		
François Ferret de la Chaftaigneraye, ——— l.1027. 1.—		

3699.10.6.

l. 25447. 15.—

———1625.———

HIEROSME LANTILLON de Lyon doit donner du 22.Iuillet 1625.

Pour Touff.1627.℔ 203.Doppion de Milan à l. 8.— d'accord à luy liuré courratier Petit , à 23. l. 1624.		
Pafques — 1628.℔ 4174.Soye lege à l.10.15.d'accord à luy liuré le 12. Decembre 1625. à 3. l. 44870. 10.		
1626. Pafques — 1627.℔ 500.Organcin de legis à l.12. 5.à luy liuré le 15. Feurier 1626. à 25. l. 6125.		
Pafques — 1627.℔ 1500.Orgác. de Raconis à l.12.— à luy liuré le 12.Mars 1626. à 25. l. 18000.		

l. 70619. 10.

———1625.———

IEAN DE LA FORESTS de Lyon, doit du 1.Aouft 1625.

Pour Touff.1627. ℔ 811.—Doppion de Milan à l.7.17.6.à luy liuré & d'accord,courratier Iufty , à 23. l. 6465. 7. 6		
Roys——1627. ℔ 14.—Filage de Raconis à l.11.liuré à luy le 16.Decembre 1625. à 7. l. 154.		
1626. Roys———1627.aun.210.⅓ Crefpon noir leger de Naples à l.3.-liuré à luy le 10.Feutier 1626. à 12. l. 631. 17. 6		
Pafques — 1627. ℔ 210.—Organcin de legis à l.12.10.d'accord à luy liuré le 15.dudict en ce, à 25. l. 2625.		
Pafques—1627.pour marchandifes à luy venduës, & liurées le 3.Mars 1626. montant en ce à 25. l. 1769. 14.		

l. 11645. 19.

A V O I R pour Eftienne Glotton , debiteur en ce ,	à 16.	l. 3557.	11.	8
Pour Robert Gehenaud, debiteur en ce,	à 16.	l. 1418.	9.	9

Pour Claude Catillon , compte de voyages l.2104. 7.3. que de tant , il a faict cedulles ou lettres de change en noftre nom, aux enfuiuantes perfonnes payables à iceux ou aux porteurs d'icelles en diuers termes, fçauoir

A Pierre Richard de Nyfmes, ———————l.431. 8.9. ⎫				
A Iean & Pierre Dulac d'Vfez, ————————l.237.——⎬pour Aouft 1625.				
A Antoine Roux de Saumieres,———————l.286. 2.6. ⎭				
A Barthelemy Mas de Seiffac, ————l.264.18.-- ⎫	à 5.	l. 2104.	7.	3
A Pierre Antoine Guy de Limoux , ————l.308. 9.--⎬pour Touffaincts 1625.				
A Iean Barrau de Caftres, ————————l.295. 8.--				
A André Pirouard de Limoux,————————l.281. 1.—pour Roys 1626.———⎭				

Pour Claude Catillon, compte de voyage l.6590.6.6. qu'il nous affigne à payer aux crediteurs, & termes cy-apres fpecifiez par ces cedulles ou lettres de change qu'il a faictes en noftre nom,

A Louys de Coudrey de Dieppe , ————l. 337.18.-- ⎫				
A Pierre Arnoux de Roüan , ————— l. 500.——|				
A Pierre le Franc, ————————l. 217.15.—⎬pour Roys 1626.——⎫				
A Chriftophle Brodrigue, ————l. 621.——				
A Richard Herbert,————————l.1214. 3.--⎭	à 38.	l. 6590.	6.	6
A Charles Seuelin,————————l. 630.——				
A Iean de Compans,————————l. 417. 8.—				
A Ionas Nolet de la Motte,————l. 939.18.-⎬pour Pafques 1626. ⎭				
A René Pepin de S.Iean d'Angely , ————l. 685. 3.6.				
A François Ferret de la Chaftaigneraye, ————— l.1027. 1.--⎭				
Pour diuerfes marchandifes venduës comptant au Carnet de 1625.f° 14. & en ce , ———	à 42.	l. 11776.	19.	10
		l. 25447.	15.	

————1625.

A V O I R que le portons debiteur au Carnet d'Aouft 1625. f° 18.efcompté à 22.½ —	à 41.	l. 1624.		
Porté debiteur au liure B, f° 5.pour foude de ce compte, ———————	à 44.	l. 68995.	10.	
		l. 70619.	10.	

————1625.

A V O I R que le portons debiteur au Carnet d'Aouft 1625.f° 19. efcompté à 22.½ pour ⁰⁄⁰	à 41.	l. 6465.	7.	6
Porté debiteur au liure B,f° 5.pour foude du prefent,——— ——— —	à 44.	l. 5180.	11.	6
		l. 11645.	19.	

DRAPS DE LAINE de Dauphiné,& Languedoc, doiuent pour les cy-apres,
Achapt faict en Dauphiné, & Languedoc, par Claude Catillon,

A Romans au comptant de Taſſy Motet.

pieces 5.nº 1.à 5.aun.109.$\frac{1}{2}$ Drap blanc Romans à l.3.8. — — — l.372. 6.—

A Valence au comptant de Claude Gamon.

pieces 2.nº 6. 7.aun. 39.$\frac{1}{2}$ Sarge blanche Valence à l.3.12. — — — l.142. 4.—

Au Creſt de Gabriel Chappaix comptant.

pieces 6.nº 8.à 13.aun.130.$\frac{1}{4}$ Courdellat blanc creſt à ʃ 32. — — — l.209. 4.—

Au Montelimar d'Eſtienne Laueyne comptant.

pieces 9.nº 14.à 22.aun. 90.—Sarge blanche }
pieces 5.nº 23.à 27.aun. 43.—Dicte griſe — } à l.3.4. — — — — l.425.12.—

A Vſez de Iean,& Pierre du Lac, pour Aouſt 1625.

pieces 5.nº 28.à 32.aun.131.$\frac{2}{3}$ Canes 79.—Sargette griſe à l.3.la cane, — — l.237.—

A Nyſmes de Pierre Richard pour Aouſt 1625.

pieces 12.nº 33.à 44.aun.319.$\frac{7}{12}$ Canes 191.6.p.Cadis de Nyſmes coul.ord.à ʃ 45.-la Cane l.431. 8.9.

A Saumieres d'Antoine Roux pour Aouſt 1625.

pieces 6.nº 45.à 50.aun.158.$\frac{7}{8}$ Canes 95.3.pans Cadis gris cramoiſy à l.3.-la cane — l.286. 2.6.

A Couques de Iacques Audrieu, comptant.

pieces 5.nº 51.à 55.aun. 69.$\frac{1}{6}$ Canes 41.4.pans Bigearre Carcaſſonne à l.6.14. — l.278. 1.—

A Seiſſac de Barthelemy Mas, pour Touſſaincts 1625.

pieces 8.nº 56.à 63.aun. 91.—Canes 54.5.pans Bigearre Seiſſac, à l.4.17. — — l.264.18.—

A Lodeſue de François Carriere, au comptant.

pieces 2.nº 64. 65.aun. 26.—Canes 15.5.pans Bure de Lodeſue, à l.4. — — l. 62.10.—

A Carcaſſonne de Iean Maffre, comptant.

pieces 6.nº 66.à 71.aun. 82.$\frac{2}{3}$ Canes 49.5.pans Eſtamet blanc la graſſe à l.5.1. — l.259.10.—

A Chalabre de Pierre Boyer, comptant.

pieces 1.nº 72. — aun. 20.—Canes 11.7.pans Courdellats gris Chalabre à ʃ 34. — l. 20. 3.9.

A Limoux de Pierre Antoine Guy, comptant.

pieces 2.nº 73. 74.aun. 34.$\frac{1}{8}$ Canes 20.5. pans Seſeins blanc à l.5.17. — — l.120.13.—

Dudict Guy, pour Touſſaincts 1625.

pieces 6.nº 75.à 80.aun. 95.$\frac{1}{8}$ Canes 57.1. pan Sarge blanche Limoux à l.5.8. — l.308. 9.—

A Caſtres de Iean Barrau, pour Touſſaincts 1625.

pieces 4.nº 81.à 84.aun. 93.$\frac{1}{3}$ Canes 56.—Courdell.blãc Caſtres liſiere rouge à ʃ 43. }
pieces 6.nº 85.à 90.aun.145.$\frac{1}{6}$ Canes 87.4.pans Courdellats dict liſiere noire à ʃ 40. } l.295. 8.—

A Limoux d'André Pirouard, pour Roys 1626.

pieces 8.nº 91.à 98.aun.121.$\frac{2}{3}$ Canes 73.-Eſtamet blanc Limoux à l.3.17. — — l.281. 1.—

Embalage, deſpence de bouche,& autres menus frais faicts
pieces 98. audict voyage en vn mois, — — — l.103. 2.—

—	à 5.	l.	4088.	13.	—
Pour aduance en credit à profits & pertes, — — —	à 41.	l.	796.	5.	2
	—	l.	4884.	18.	2

— 1625. —

ESTIENNE CHALLY de Lyon, doit donner du 8.Aouſt 1625.

Pour Touſſ.1627.℔ 401.Doppion de Milan à l.7.16.3.liuré à luy courratier Petit, en ce, — —	à 23.	l.	3132.	16.	3
Paſques — 1628.℔ 1044.Soye lege à l.10.16.3.d'accord à luy liuré le 10.Decembre 1625.en ce, —	à 3.	l.	11288.	5.	—
Roys — 1627.℔ 1259.Filage de Raconis à l.11.-à luy liuré le 15.dudict, — — —	à 7.	l.	13849.	—	—
	—	l.	28170.	1.	3

AVOIR pour les cy-apres vendus à diuers,

piec. 9.n° 14.à 22.aun. 90.——Sarge de Montelimar coul. ordin. à l.4.—⎫				
piec. 8.n° 56.à 63.aun. 91.——-Bigearre Seiffac, à ——————l.3.—				
piec. 5.n° 1.à 5.aun.109.—— -Drap noir Romans,à ————l.4.—				
piec. 2.n° 6. 7.aun. 39.10.—-Sarge de Valence canelé cramoify, à l.5.— ⎬Enuoyé à Sourzach en	à 31.	l.	2012.	——
piec. 6.n° 8.à 13.aun.130.15.--Courdellats du Creft couleurs ord.à l.2.— Foire de Pentecofte,				
piec. 4.n° 81.à 84.aun. 93. 6.8.Courd. Caftres coul. ordinaires à ₰ 30.—⎭				
piec. 8.n° 91.à 98.aun.121.13.4.Eftamet de Limoux couleurs ord. à l.3.10.⎫				
piec.12.n° 33.à 44.aun.319.11.8.Cadis de Nyfmes coul.ord. à ₰ 30.— ⎬ enuoyé audict Sourzach en				
piec. 5.n° 51.à 55.aun. 69. 3.4.Bigearre Carcaffonne,à ————l.4.10. ⎭ Foire de S.Frenne, en ce	à 31.	l.	790.	12.	6
piec. 5.n° 28.à 52.aun.131.13.4.Sargettes de Nyfmes couleurs ord.à ₰ 50.—⎫				
piec. 6.n° 45.à 50.aun.158.17.6.Cadis gris cramoify Nyfmes , à ₰ 35.—⎪				
piec. 2.n° 64. 65.aun. 26.——Bure de Lodefue, à ——————l.3.10. ⎪				
piec. 6.n° 66.à 71.aun. 82.13.4.Eftamet blanc la Graffe,à ————l.4. ⎬ enuoyé aux noftres de	à 6.	l.	1931.	15.	8
piec. 1.n° 72.——-aun. 20.——Courdellat gris Chalabre , à ₰ 26.-- ⎪ Milan, ——				
piec. 2.n° 73. 74.aun. 34. 7.6.Sezeins blancs,à ————l.4. 5.⎪				
piec. 6.n° 75.à 80.aun. 95. 2.6.Sarge noire Limoux,à ——— l.5.— ⎪				
piec. 6.n° 85.à 90.aun.145.16.8.Courdellats de Caftres coul. ordin. à ₰ 35.⎭				
piec. 5.n° 23.à 17.aun. 43.——Sarge grife Montelimar à l.3.10.reftant en magafin au 3.Auril 1626.	à 43.	l.	150.	10.	——
piec.98.——		l.	4884.	18.	2

——— 1625 ———

AVOIR que le portons debiteur au Carnet d'Aouft 1625. f° 19. Efcompté à 122.⅕ pour ⅖, & en ce , | à 42. | l. | 3132. | 16. | 5

Porté debiteur au liure B,f° 5.pour foude de ce'compte, | à 44. | l. | 25137. | 5. | —

| | l. | 28270. | 1. | 5

K

DRAPS DE LAINE de France,& Poiĉtou,doiuent pour les cy-apres,
Achapt fait en France,& Poiĉtou par Carillon noſtre homme,
A Beaunais de Pierre Marcel,pour comptant le 20.Iuin 1625.

pieces	6.nᵒ 1.à 6.aun. 81. 5.-Sarge blanche Beaunais à l.5.14.———l.400.12.6.—			
pieces	6.nᵒ 7.à 12.aun. 84.———Sarge diĉte 2.enuers à ——— l.4. 1.———l.340. 4.—	}l. 716.16.6.	
pieces	8.nᵒ 13.à 20.aun.———————Bayette Beaunais à ———l.9.10.la piece l. 76.—		

A Dieppe de Louys de Coudrey, pour Roys 1626.

pieces	4.nᵒ 21.à 24.aun, 55.15.-Sarge noire Dieppe à l.6.1.3.————————l. 337.18.—			

A Roüan de Pierre Arnoux d'Arnetal, pour payer
l.177.19.9.comptant,& l.500.- en Roys 1626.

pieces	1.nᵒ 25.————aun. 28.15.-Sarge Arnetal à——— ——l.4. 2.6.—l.118.12.--—			
pieces	1.nᵒ 16.————aun. 19. 5.-Bure brune à ——— —l.4.— ——l.117.—			
pieces	1.nᵒ 27.————aun. 26.10.-Diĉte More,à ——— ——l.4. 2.6.—l.109. 6.3.—	}l. 677.19.9.	
pieces	1.nᵒ 28.————aun. 30.15.-Diĉte Perpignan ,à ——— —l.4. 8.9.—l.136. 9.-—		
pieces	1.nᵒ 19.————aun. 35.15.-Sarge blanche Limeſtre, à ——l.5.10.—l.196.12.6.—		

De Pierre le Franc,pour Roys 1626.

pieces	1.nᵒ 30.————aun. 33.10.-Sarge Sigonye blanche à l.6.10.——————l. 217.15.--—			

De Pierre Lambert du Seau,au comptant.

pieces	1.nᵒ 31.————aun. 20. 2.6.Drap blanc du Seau , à ——— l.166.—--—			
pieces	1.nᵒ 32.————aun. 30. 5.-Bure du Seau , à ——— l.7.10.—l.222.17.6.—	}l. 388.17.6.	

De Chriſtophle Brodigue Anglois,pour Roys 1626.

pieces	23.nᵒ 33.à 55.aun. ————Croiſez blancs à l.17.la piece ,——————l. 611.—			

De Richard Herbert,pour Roys 1626.

pieces	35.nᵒ 56.à 90.aun.359.15.-Croiſez cramoiſy à l.3.7.6.————————l.1214. 3.-—			

De Charles Seuclin Anglois,pour Paſques 1626.

pieces	7.nᵒ 91.à 97.aun.————Bayette blanche d'Angleterre à l.90.la piece ,——l. 630.-—			

De Iean Compans,pour Paſques 1626.

pieces	1.nᵒ 98.————aun. 10. 5.-Eſcarlatte de Berry , à ——— l.14. 7,6.—l.147.6.9.—	}l. 417. 8.—	
pieces	1.nᵒ 99.————aun. 18.12.6.Eſcarlate du Seau , à ——— l.14.10.—l.270.1.3.—		

A Romorantin de Iean Thion , comptant

pieces	1.nᵒ 100.————aun. 11.15.-Bure Romorantin à l.70.10.la piece ——— l. 70.10.-—	}l. 206.10.--—	
pieces	2.nᵒ 101.à 102.aun. 20.-Drap blanc Romorantin,à l.68.la piece —l.136.—		

A la Motte de Ionas Nolet,pour Paſques 1626.

pieces	52.nᵒ 103.à 134.aun. 482.10.-Bure la Motte à ₰ 39.————————l. 939.18.-—			

A S.Iean d'Angely de René Pepin,pour Paſques 1626.

pieces	25.nᵒ 135.à 159.aun. 288.10.-Bure S.Iean,à ₰ 47.6.————————l. 685. 3.6.			

A la Chaſtaigneraye de François Ferret,pour Paſq.1626.

pieces	18.nᵒ 160.à 177.aun. 234.——— Drap Preſdeau couleurs ordinaires à ₰ 50.l.585.-—			
pieces	12.nᵒ 178.à 189.aun. 153.15.-Bure blanche à ₰ 42. —————l.321.17.6.—	}l.1017. 1.--—	
pieces	4.nᵒ 190.à 193.aun. 56.15.-Drap rouge,& celeſte Poiĉtou à ₰ 42. —l.119. 3.6.—		

Embal.deſpence de bouche en 40.iours,& autres frais, l. 178. 9.--—

pieces	193.———			à 38.	l.	8158.	19.	3
	Pour aduancé en credit à profits & pertes,——— ———			à 41.	l.	1683.	15.	9
				———	l.	9942.	15.	

————1625.————

FLEVRY GROS de Lyon,doit donner du 19.Aouſt 1625.

Pour Roys 1628.℔ 8c8.-Doppion de Milan à l.7.17.6.d'accord à luy liuré Courratier Derichy,———	à 25.	l.	6363.			
Roys 1627.℔ 1049.-Filage de Raconis à l.10.17.6.à luy liuré le 16.Decembre 1625.———	à 7.	l.	11407.	17.	6	
Roys 1627.℔ 538.-Organcin de Raconis à l.12. - liuré à luy le 20.dudiĉt ,	à 25.	l.	6456.			
Paſques 1627.℔ 175.-Bourre de legis à ₰ 50.liuré le 4.Mars 1626,———	à 30.	l.	437.	10.		
		———	l.	24664.	7.	6

AVOIR pour les cy-apres vendus diuers,

pieces	2.nº 29. —— aun. 35.——Sarge noire Limestre à l. 6.-	} enuoyé à Sourzach en Foire de Pérec.	à 31.	l.	931.	5.
pieces	25.nº 135.à 159. aun.288.10.--Bure S. Iean à —— ♍ 50.				
pieces	32.nº 103.à 134. aun.481.10.--Bure la Motte à —— ♍ 42.-	} enuoyé audict Sourzach en			
pieces	7.nº 91.à 97. aun.——Bayette blanche d'Angleterre à l. 95.-	} Foire de S.Frenne ——	à 31.	l.	1678.	5.
pieces	6.nº 1.à 6. aun. 82.——Sargette de Beauuais coul.ord.à l. 5. —				
pieces	6.nº 7.à 12. aun. 84. —— Dicte à 2.enuers noire à —— l. 5.10.-				
pieces	4.nº 11.à 24. aun. 56.——Sarge noire Dieppe à —— l. 7.-				
pieces	1.nº 30. ——aun. 33.-— Sarge noire Sigouie à —— l. 7.10.-				
pieces	1.nº 31. ——aun. 20.—— Drap du Seau noir à —— l.12.-				
pieces	1.nº 32. ——aun. 30.—— Bure du Seau à —— l. 8.-				
pieces	35.nº 56.à 90.aun.359.15.—Croisez cramoisy à —— l. 4. ——	} en debit à neg. de Piedmót	à 11.	l.	5941.	
pieces	1.nº 98. ——aun. 11.—— Escarlate de Berry, —— l. 1.16.-				
pieces	1.nº 99. ——aun. 19.——Escarlate du Seau, } à —— l. 1.16.-				
pieces	1.nº 100. ——aun. 12.——Bure Romorantin à —— l.10.-				
pieces	2.nº 101. 102.aun. 20.——Drap noir Rombrantin à ——l.12.-				
pieces	18.nº 160.à 177.aun.234.——Drap Presleau couleurs ordin. à l.3.-				
pieces	12.nº 178.à 189.aun.153.15.--Bure blanche Poictou, } à ♍ 50.-				
pieces	4.nº 190.à 193.aun. 57.——Drap rouge,& celestePoict. }				
pieces	8.nº 13.à 20.aun.——Bayette de Beauuais à l.12.la piece.	} enuoyé aux nostres de Milan, -	à 6.	l.	1392.	5.
pieces	4.nº 25.à 28.aun.115. 5.——Sarges d'Arnetal, à —— l. 5. l'aune				
pieces	23.nº 33.à 55.aun.240.——Croisez coul.cómunes à l. 3. ——				
pieces	193.——		——	l.	9942.	15.	—

—————1625.—

AVOIR que le portons debiteur au Carnet d'Aoust 1625.fº 19. escompté à 25. pour °/₊ —— à 42. l. 6363.

Porté debiteur au liure B, fº 5. pour solde —————— à 44. l. 18301. 7. 6

—— l. 24664. 7. 6

MARCHANDISES de noftre compte enuoyées à Sourzach, en Foire de Pentecofte és mains de Claude Catillon noftre homme, pour illec en procurer la vente, doiuent pour les cy-apres,

pieces	2.n° 29.——aun. 35.——Sarge noire Limeftre à l. 6.—	à 30. l.	93.	5.
pieces	25.n° 135.à 159.aun.288.10.—Bure de S.Iean à—— l. 50.—			
pieces	9.n° 14.à 22.aun. 90.——Sarge de Montelimas couleurs ordinaires à l. 4.—			
pieces	8.n° 56.à 63.aun. 91.——Bigearre Seiffac.à—— l. 3.—			
pieces	5.n° 1.à 5.aun.109.——Drap noir Romans à—— l. 4.—			
pieces	2.n° 6.à 7.aun. 39.10.—Sarge de Valence canellé cramoify à—— l. 5.—	à 29. l.	2912.	
pieces	6.n° 8.à 13.aun.130.15.—Courdellats du Creft couleurs ordinaires à——l. 30.—			
pieces	4.n° 81.à 84.aun. 95. 6.8.Courdellats de Caftres diuerfes couleurs à——l. 30.—			
pieces	8.n° 91.à 98.aun.121.13.4.Eftamet de Limoux couleurs ordinaires à——l. 3.—			
	Defpence de bouche faicte par ledict Catillon, loüage de banc, droict de ville,& autres menus frais,——	à 31. l.	90.	
	Et les cy-apres enuoyées audict Sourzach en Foire de S.Frenne.			
pieces	12.n° 28.à 39.aun.319.11.8.Cadis de Nyfmes couleurs ordinaires à——l. 30.—	à 29. l.	795.	12. 6
pieces	5.n° 51.à 55.aun. 69. 3.4.Bigearre Carcaffonne à—— l. 4.10.—			
pieces	32.n° 103.à 134.aun.481.10.—Bure la Motte,à—— l. 42.—	à 30. l.	1678.	5.
pieces	7.n° 91.à 97.aun.——Bayette blanche d'Angleterre à——l.95.la piece.			
pieces	125. Defpence de bouche, loüage de banc, droict de ville, prouifion de Rodolphe Leon, pour auoir gardé les marchandifes, demeurées de refte de la Foire de Pentecofte,——	à 31. l.	186.	13. 4
	Perte de remifes ou change de diuerfes efpeces en piftolles au Carnet d'Aouft 1625.f° 14.& en ce,——	à 42. l.	112.	9. 3
	Frais d'embalage,& fortie de ville l.82.10.port de Lyon à Sourzach l.250.-tout——	à 39. l.	332.	10.
	Profit qu'il a pleu à Dieu enuoyer en ce compte,——	à 41. l.	2029.	17. 9
		l.	8163.	12. 10

1625.

CLAVDE CATILLON, compte de voyages au pays de Suiffe, doit qu'il nous affigne à receuoir des debiteurs & termes cy-bas, pour ventes par luy faictes à Sourzach en Foire de Pentecofte, calculé à 33.4.pour florin, valant 15.bach,

Abraham de Vert de Berne, pour payer en Foire de Saincte Frenne prochain, florins 158.b.10.cr.	à 31. l.	264.	8. 10
Salomon Yerffel de Zurich, pour ledict temps,—— fl. 330.—	à 31. l.	550.	
Michel Fennel de Lucherne, pour ledict temps—— fl. 230. 8.—	à 31. l.	384.	4. 5
Sebaftien Hogger de S.Gal, pour ledict temps,—— fl. 392. 6.—	à 31. l.	654.	
Comptant—— fl. 673. 2.—	à 31. l.	1121.	17. 6
Et en Foire de Saincte Frenne aux cy-apres,			
Salomon Yerffel de Zurich, pour Foire de Pentecofte prochain,—— fl. 417. 13.—	à 31. l.	696.	8. 10
Sebaftien Hogger de S.Gal, pour ledict temps—— fl. 473. 11. 2.	à 31. l.	789.	11.
Vendu comptant—— fl.2221. 13. 2.	à 31. l.	3703.	2. 3
fl.4898. 4.—	l.	8163.	12. 10

1625.

IEAN IACQVES MANIS de Lyon, doit

en Aouft 1626.pour ℔ 530.trame de Vincenfe à l.16. - à luy vendu,& liuré le 16. Aouft 1625.——	à 27. l.	8480.	
Roys 1627.pour 3.bales foyes ouurées d'Italie à luy venduës,& liurées le 3.Septembre 1625.——	à 7. l.	10774.	10.
	l.	19254.	10.

1625.

CHARLES HAVARD de Paris, doit du 20.Aouft 1625.liuré à Mercier,

en Aouft 1626.pour marcs 470.-Or filé afforty à l.28.le marc de premiere forte,en ce——	à 4. l.	14540.	
Touff. 1626.pour ℔ 700.-Veronne,& rondel.Doppió,liuré audict Mercier le 3.Sept.1625.en ce	à 25. l.	5987.	10.
Touff. 1626.pour ℔ 100.-Organcin de legis à l.12.10. liuré audict le 12. dudict,en ce	à 25. l.	1250.	
Roys 1627.pour ℔ 300.-Organcin de Meffine à l.15.10.liuré audict le 25.Decemb.1625.en ce	à 25. l.	4650.	
	l.	26417.	10.

AVOIR pour les cy-apres venduës en Foire de Pentecofte,

pieces	2.n° 29.——aun. 35. —Sarge noire Limeftre à bach 68.l'aune pour Abrahá de Vert,deb.en ce	à 31. l.	264.	8.	10
pieces	9.n° 14.à 22.aun. 90. —Sarge Montelimar couleur ord.à bach 55.-pour Salomó Yeríſel, en ce	à 31. l.	550.		
pieces	8.n° 56.à 63.aun. 91.—Bigearre Seiſſac à bach 38.-pour Michel Frennel,en ce ———	à 31. l.	384.	4.	5
pieces	5.n° 1.à 5.aun.109.—:Drap noir Romans à bach 54.- pour Sebaftien Hogger,en ce	à 31. l.	654.		
pieces	25.n° 135.à 159.aun.288.10. Bure S.Iean à bach 35.- vendu comptant à diuers , ———	à 31. l.	1121.	17.	6

Et les cy-apres venduës en Foire de Saincte Frenne.

pieces	2.n° 6. 7.aun. 39.10.—Sarge de Valéce canelé cram.à bach 66.				
pieces	6.n° 8.à 13.aun.130.15.—Courd.du Creft, couleur ord.à bach 28. } pour Salomó Yeríſel, en ce	à 31. l.	696.	8.	10
pieces	4.n° 81.à 84.aun. 93. 6.8.Courd.de Caftres diuerfes coul. à B.24.				
pieces	8.n° 91.à 98.aun.121.13.4.Eftainer de Limoux coul.ord.à bach 40. } pour Sebaft.Hogger,en ce	à 31. l.	789.	11.	
pieces	12.n° 28.à 39.aun.519. —-Cadis de Nyfmes,couleurs cómunes à bach 24.—				
pieces	5.n° 51.à 55.aun. 69.—Bigearre Carcaffonne à——— ———bach 50.				
pieces	32.n° 103.à 134.aun.482.10.- Bure la Motte, ——— ———à bach 33. } vendu comptant	à 31. l.	3703.	2.	3
pieces	7.n° 91.à 97.aun. ———Bayettes d'Angleterre —— à florins 60. - la piece				
pieces	125.———	l.	8163.	12.	10

———1625.———

AVOIR pour defpence de bouche par luy faicte en fon voyage de Sourfach, pour Foire de
Pentecofte,loüage de banc,droict de ville,& autres frais,——— ———fl. 54.— à 31. l. 90.

Porté debiteur au Carnet de Pafques 1625.f° 14.& en ce, ——— fl. 619. 2.— à 38. l. 1031. 17. 6

Autre defpence de bouche par luy faicte en Foire de Saincte Frenne audict Sourzach
Loüage de banc,droict de ville,prouifion de Rodolphe Leon,tout ——— fl. 113. 9.— à 31. l. 186. 15. 4

Et les parties cy-apres qu'il a receu des debiteurs,cy-contre en Foire Saincte Frenne.

D'Abraham vert, ——— ———fl. 158.10.—
Salomon Yeríſel , ——— ——— ——— fl. 330.—
Michel Frennel,——— ——— ——— fl. 230. 8.—
Sebaftien Hogger,——— ——— ——— fl. 392. 6.-- } porté debiteur au Carnet
Salomon Yeríſel efcompté à 5. pour °/₀ ——fl. 417.13.-- d'Aouft 1625.f° 14.& en ce, à 42. l. 6855. 2.—
Sebaftien Hogger efcompté à 5. pour °/₀ ——fl. 473.11.2.
De la vente au comptant rabbatu les frais, fl.2108. 4.2.— fl.4111. 8.--

	fl. 4898.4.--	——— l.	8163.	12.	10

———1625.———

AVOIR
En Aouft 1626. efcompté à 7.$\frac{1}{2}$ l. 8480. ——— } porté debit.au Carnet des Saincts 1625.f° 6.— à 42. l. 19254. 10.
Roys 1627. efcompté à 11.$\frac{1}{2}$ l.10774.10,

———1625.———

AVOIR que le portons debiteur au Carnet des Saincts 1625.f° 15.par Lumaga,& Mafcranny,
efcompté à 107.$\frac{1}{2}$ pour °/₀,& en ce ——— à 42. l. 14540.
Porté debiteur au liure B,f° 5.& en ce, ——— ——— à 44. l. 11887. 10.

	——— l.	16427.	10.	

K 3

	BLEDS DIVERS en participation de Picquet, & Strasse, pour $\frac{1}{3}$, Iacques de Pures pour $\frac{1}{4}$, Leonard Berthaud pour $\frac{1}{6}$, & nous pour $\frac{1}{4}$, doiuent pour les cy-apres acheptez de diuers, sçauoir				
10000.	Asnées bled froumét (de 6. bichets l'asnée) à l. 9. l'asnée acheptez comptant de diuers, par Caisse au Carnet des Roys 1625. f° 3. & en ce	à 5.	l. 90000.	—	—
846.	Asnées pour 700. mesure de Mascon à l. 9. l'asnée acheptè comptant audict lieu, par Caisse audict Carnet, f° 3. & en ce,	à 5.	l. 6300.	—	—
437.	Asnées pour 500. bichots à payement pour 480. à l. 7. le bichot acheptè comptant à Chalon, audict Carnet f° 3. & en ce,	à 5.	l. 3360.	—	—
	99660. —				
	Pour la voyture desdictes 1283. asnées acheptées en Bourgogne, despence de bouche faicte audict voyage, & port dans les greniers l. 451. 3, loüage de 7. greniers pour 6. mois l. 140. - pour nostre prouision desdictes l. 99660. à 1. pour % l. 996. 12. grabelage, & paleage l. 67. 5. -- tout en credit à despences	à 39.	l. 1655.	—	—
	Pour soude de la vente faicte à Genes par Lumaga,	à 32.	l. 6679.	16.	—
	Pour soude de la vente faicte en Espagne, & Portugal, en ce	à 34.	l. 43496.	17.	6
	Pour soude de la vente des marchandises acheptées à Roüan, en ce	à 34.	l. 21657.	14.	4
	Que faisons bon à Pierre Sauset, pour ses gages & salaires, en ce	à 33.	l. 2000.	—	—
	Pour nostre $\frac{1}{4}$ du profit qu'il a pleu à Dieu enuoyer sur ce compte, en ce	à 41.	l. 11422.	16.	11
		—	l. 186572.	4.	9

—— 1625. ——

	BLEDS DIVERS en participation de Picquet, & Strasse, pour $\frac{1}{3}$, Depures pour $\frac{1}{4}$, Berthaud pour $\frac{1}{6}$, & nous pour $\frac{1}{4}$, enuoyez en Arles és mains de Girard Pillet, pour en faire la vente par conduicte de Patron Pelot, doiuent pour les cy-apres,				
1283.	Asnées bled à l. 8. - que à 114. pour % de Lyon, font 1462. saumées, mesure d'Arles,	à 32.	l. 10264.	—	—
	Pour l'auoir fait charger sur vn grand Bateau à 6. deniers pour asnée par despences,	à 39.	l. 36.	11.	—
	Pour la voyture desdictes 1283. asnées à l. 4. - l'asnée qu'il a payé audict Patron Pelot, y compris tous peages, frais du deschargement, & loüage de magasin, qu'il nous a tiré par sa lettre payable à Verdier, Picquet, & Decoquiel, crediteurs au Carnet des Roys 1625. f° 7. cy	à 5.	l. 6107.	10.	—
	Pour $\frac{1}{3}$ de la vente cy-contre faicte en Arles, appartenant à Picquet, & Strasse crediteurs, en ce	à 40.	l. 2114.	13.	4
	Pour $\frac{1}{4}$ de ladicte vente en credit à Iacques Depures, en ce	à 40.	l. 1586.	—	—
	Pour $\frac{1}{6}$ de ladicte vente en credit à Leonard Berthaud, en ce	à 40.	l. 1057.	6.	8
	Pour soude en credit à bleds de nostre compte,	à 52.	l. 321.	19.	9
		—	l. 21488.	—	9

—— 1625. ——

	BLEDS DIVERS en Compagnie de Picquet, & Strasse, Depures, Berthaud, & nous, enuoyez à Genes és mains d'Octauio, & Marc-Antoine Lumaga, pour en faire la vente, doiuent pour les cy-apres,				
878.	Asnées bled à l. 12. l'asnée pour 1000. Saumées d'Arles, que à 150. eymines de Genes, pour cent saumées font 1500. eymines à luy enuoyées sur le Galion S. Martin, Capitaine François Casal, d'accord à ₰ 30. pour saumée d'Arles à Genes, en ce	à 32.	l. 10536.	—	—
	Pour $\frac{1}{3}$ de la vente cy-contre faicte à Genes, appartenant à Picquet, & Strasse, crediteurs	à 40.	l. 5141.	12.	—
	Pour $\frac{1}{4}$ de ladicte vente en credit à Depures,	à 40.	l. 3856.	4.	—
	Pour $\frac{1}{6}$ à Berthaud, crediteur en ce,	à 40.	l. 2570.	16.	—
		—	l. 22104.	12.	—

	AVOIR pour le $\frac{1}{3}$ de l'achapt & despens cy-contre en debit à Picquet, & Straſſe, en ce	à 40.	l.	33771.	13.	4
	Pour le $\frac{1}{4}$ dudict achapt en debit à Iacques de Pures, en ce,	à 40.	l.	25328.	15.	—
	Pour le $\frac{1}{6}$ dudict achapt en debit à Leonard Berthaud, en ce	à 40.	l.	16885.	16.	8
1283.	Aſnées bled à l.8. -- l'aſnée enuoyées en Arles és mains de Girard Pillet, pour en faire la vente par conduicte de Patron Pelot, en ce	à 32.	l.	10264.	—	—
	Pour ſoude du compte des bleds vendus en Arles, en ce	à 32.	l.	321.	19.	9
10000.	Aſnées bled froment à l.10.-- l'aſnée qu'auons mis és mains & puiſſance de Pierre Sauſet noſtre facteur, pour faire conduire à Marſeille, & charger ſur Mer pour faire voile és villes d'Eſpaigne & Portugal, qu'il entendra en auoir plus grand diſette, pour vendre à noſtre plus grand auantage, en ce,	à 34.	l.	100000.	—	—
		—	l.	186572.	4.	9

1625.

	AVOIR pour le $\frac{1}{3}$ des frais cy-contre faicts en Arles, en debit à Picquet, & Straſſe, en ce	à 40.	l.	2048.	—	4
	Pour $\frac{1}{4}$ deſdicts frais en debit à Iacques de Pures,	à 40.	l.	1536.	—	3
	Pour $\frac{1}{6}$ deſdicts frais en debit à Berthaud, en ce	à 40.	l.	1024.	—	2
405.	Aſnées pour 462. ſaumées bled à l.14.10.-la ſaumée venduë comptant en Arles par ledict Pillet deſduit l.355.-- pour ſa prouiſion, & frais par luy faicts au chargement de 1000. ſaumées qu'il a enuoyées de noſtre ordre à Genes, reſte qu'il a remis de noſtre ordre à Marſeille à Benoiſt Robert, debiteur en ce	à 3.	l.	6344.	—	—
878.	Aſnées à l.12.-l'aſnée pour 1000. ſaumées qu'il a fait charger ſur le Galion S. Martin, pour conſigner à Genes és mains d'Octauio, & Marc-Antoine Lumaga, en ce,	à 32.	l.	10536.	—	—
		—	l.	21488.	—	9

1625.

	AVOIR pour les cy-apres,					
878.	Aſnées bled pour 1500. eymines, ſçauoir 300. eymines à l.16. -- & 1200. à l.16.10. venduës comptant audict Genes, deſduit l.2200.- pour nolis, prouiſion, & autres menus frais en debit eſdicts Lumaga. au Carnet de Paſques 1625. f° 4.l.22400,	à 38.	l.	15424.	16.	—
	Pour ſoude en debit à bleds de noſtre compte,	à 32.	l.	6679.	16.	—
		—	l.	22104.	12.	—

PIERRE SAVSET, compte du voyage de Mer que luy faisons faire, doit l. 50000. -- à luy comptant, pour aller faire la vente des bleds qu'auons mis entre ses mains, pour iceux faire conduire és villes d'Espagne, & Portugal, qu'il entendra en auoir plus grand diserte, pour vendre à nostre plus grand auantage, au Carnet des Roys 1625. f° 3. & en ce, — — — — — — — — à 53. l. 50000.

6000. Fanegues bled froment mesure de Calix, qu'il a vendu comptant audict lieu à marauedis 2300. la Fanegue, calculé à marauedis 400. pour v, sont en ce — — — — marauedis 1380000. à 34. l. 103500.

84000. Alquid bled froument mesure de Lisbonne à 150. raix l'alquid qu'il a vendu comptant audict lieu, calculé à raix 160. pour vne liure tournois, sont en ce, — — — — — raix 12600000. à 34. l. 78750.

— — l. 232250.

———— 1625. ————

PIERRE SAVSET, compte des effects qu'il a chargez sur la Nauire Espagnole Capitaine Diego laynes, laquelle par la grace de Dieu est arriuée à Roüan, doit suiuant sa lettre qu'il nous a enuoyé dudict Roüan,

220529. Reaux à ⊕ 5. — — — — — — — — — l. 55132. ⎫
10746. Pistoles d'Espagne à l. 7. 6. — — — — — — l. 78445. 16. ⎬ à 33. l. 136377. 16.
Diuerses especes, — — — — — — — — l. 2800. ⎭

AVOIR qu'il a payé pour Nolis de 10000. afnées bled froment de Lyon iufqu'à Marſeille, y compris les peages en ce, ─── à 34. l. 39700.

Pour nolis defdictes.10000. afnées qu'il nous a mandé auoir chargé fur 2. Galions, ſçauoir fur le
Galion Faulcon, Capitaine Iean Baptifte Lagorio 4000.afnées,& fur le Galion S.Michel,Patron Pierre Courtin 6000.afnées,accordé à ꝑ 15.l'afnée,de Marſeille à Seuille,s'eftant embarqué fur S.Michel
lefquels font arriuez à ſauuement,en ce, ─── à 34. l. 7500.

ꝟ 8000.- d'or fol,que à marauedis 398. pour ꝟ,nous a remis en payements de Paſques 1625.par lettre d'Antoine Spinola,fur Lumaga,& Maſcranny, debiteurs au Carnet defdicts payemens de Paſques
fº 15.& en ce, ─── marauedis 3184000.- à 38. l. 24000.

ꝟ 6795.- que à marauedis 400. pour ꝟ , nous a remis efdicts payements par lettre de
Françoois Catan, fur Guetton debiteur au Carnet de Paſques 1625.fº 8.cy ─── m. 2718000.- à 38. l. 20385.

Pour nolis de 4000.afnées de Seuille iufqu'à Lifbonne,ayant fait faire voile au Galion Faulcon,à marauedis 100. pour afnée,y compris tous peages & paffages,fuiuant ſa
lettre d'aduis efcrite à ſon defpart de Seuille, ─── m. 400000.- à 34. l. 3000.

Pour 7498000. marauedis,qu'il a changez en reaux à marauedis 34. le real , font
reaux 220519.que à ꝑ 5.- tournois l'vn , valent l. 55132. ─── 7498000.- à 33. l. 55132.

marauedis 13800000.-

Pour intermetteurs , faquins, paleages , & autres menus frais faicts à Lifbonne,
en ce, ─── raix 48000.- à 34. l. 300.

Pour 12552000.raix changez en 10746. piftolles d'Eſpagne , à raix 1168. pour pi-
ftolle,que à l.7.6.tournois l'vne , valent l.78445.16. qu'il a chargez fur la Nauire Eſ-
pagnolle auec les reaux,mis le tout dans vn Coffre pour conduire iufqu'à Roüan,&
les configner à luy-mefme,en ce, ─── raix 12552000.- à 33. l. 78445. 16.

raix 12600000.-

Et l.2800.- pour refte de l.50000.-à luy baillés à ſon defpart,defquels il n'a employé que l.47200.-
comme deffus qu'il a mis ledict coffre fur ladicte Nauire Eſpagnole , en laquelle il s'eft embarqué,en ce ─── à 33. l. 2800.

Perte de remiſe ou change de diuerſes eſpeces en reaux & piftolles,en ce ─── à 34. l. 987. 4.

─── l. 232150.

─────1625.─────

AVOIR l.360.-qu'il a payé à Diego Laynes , Capitaine de la Nauire Eſpagnole, pour nolis de
luy & des effects qu'il a tranſportez à Roüan , en reaux & piftoles y compris ſa defpence de bouche,
comme par ſa lettre du 18.Septembre 1625.& en ce ─── à 34. l. 360.

Pour 45. tonneaux , & 3.barils Caſſonnade blanche peſant ℔ 18597. net à l. 40. le cent font
l.11438.16.-pour les frais l.196.-tout en debit à marchandiſes en compagnie, ─── à 34. l. 11634. 16.

50. pieces bayettes d'Angleterre à l.90.-la piece,font l.4500.- Embalage,& autres frais l.97.2.tout ─── à 34. l. 4597. 2.

℔ 800. Cochenille Meftecque à l.14.-la ℔ , & l.308.pour les frais,tout ─── à 34. l. 11508.

onces 90. Muſc de Ponant en veſſie à l.13. ─── l. 1170. ⎱
onces 60. dict hors de veſſie à l.20. ─── l. 1200. ⎰ à 34. l. 2370.

Nous a remis de Paris par lettre de Lumaga , & Maſcranny , fur les leurs icy debiteurs au Carnet
d'Aouft 1625.fº 15.cy ─── à 42. l. 50000.

Pour defpence de bouche,& autres menus frais par luy faicts audict voyage, ─── à 34. l. 720.

Luy auons donné pour ſes peines & vacations,en ce ─── à 32. l. 2000.

Et l.53187.18. - receu de luy comptant pour ſoude à ſon retour dudict voyage par Caiſſe au Carnet d'Aouft 1625.fº 3. & en ce ─── à 42. l. 53187. 18.

─── l. 136377. 16.

BLED FROMENT en participation de Picquet, & Straſſe, pour $\frac{1}{3}$, de Pures pour $\frac{1}{4}$, Berthaud pour $\frac{1}{6}$, & nous pour $\frac{1}{4}$, mis au gouuernement de Pierre Sauſet noſtre Facteur, pour iceux faire conduire à Marſeille, & charger ſur Mer pour faire voile és villes d'Eſpagne & Portugal, qu'il entendra en auoir plus grande diſette, pour vendre à noſtre plus grand auantage, doit pour les cy-apres,

10000.	Aſnées bled froment à l. 10.- l'aſnée, — — — — — — —	à 32.	l.	100000.	—	—
	Pour les nolis, & peages que ledict Sauſet nous a mandé auoir payé de Lyon à Marſeille, —	à 33.	l.	39700.	—	—
	Pour nolis deſdictes 10000. aſnées de Marſeille à Seuille à ₰ 15. pour aſnée par ledict Sauſet, —	à 33.	l.	7500.	—	—
	Pour nolis de 4000. aſnées de Seuille iuſqu'à Liſbonne à marauedis 100. pour aſnée compris tous peages & paſſages par ledict Sauſet, — — — — — — —	à 33.	l.	3000.	—	—
	Pour frais faicts dans Liſbonne, paleages, intermetteurs, & autres menus frais, — —	à 33.	l.	300.	—	—
	Payé à Diego Laynes, Capitaine de la Nauire Eſpagnole, pour le nolis dudict Sauſet, & des effects qu'il a tranſportez à Roüan, en ce — — — — — — —	à 33.	l.	360.	—	—
	Pour deſpence de bouche, & autres frais faicts par ledict Sauſet, — — — —	à 33.	l.	720.	—	—
	Pour $\frac{1}{3}$ de l. 44385.- que nous ont eſté remis de Seuille à bon compte de la vente des bleds que faiſons bon à Picquet, & Straſſe, crediteurs en ce, — — — — — —	à 40.	l.	14795.	—	—
	Pour $\frac{1}{4}$ deſdictes l. 44385.- que faiſons bon à Iacques Depures, crediteur en ce — — —	à 40.	l.	11096.	5.	—
	Pour $\frac{1}{6}$ deſdictes l. 44385.- que faiſons bon à Berthaud, crediteur en ce — — —	à 40.	l.	7397.	10.	—
	Perte de remiſe ou change de diuerſes eſpeces en piſtoles & reaux, en ce — — —	à 33.	l.	987.	4.	—
	Pour $\frac{1}{3}$ de l. 103187.18.- qu'auons receu pour ſoude de la vente deſdicts bleds, que faiſons bon eſdicts Picquet, & Straſſe, en ce — — — — — — — —	à 40.	l.	34395.	19.	4
	A Depures, pour ſon $\frac{1}{4}$, — — — — — — — —	à 40.	l.	25796.	19.	6
	A Berthaud pour ſon $\frac{1}{6}$ — — — — — — — —	à 40.	l.	17197.	19.	8
		—	l.	263246.	17.	6

——— 1625. ———

MARCHANDISES en compagnie de Picquet, & Straſſe, pour $\frac{1}{3}$, Depures pour $\frac{1}{4}$, Berthaud pour $\frac{1}{6}$, & nous pour $\frac{1}{4}$, acheptées à Roüan par Pierre Sauſet à ſon retour d'Eſpagne, & Portugal, doiuent pour les cy-apres,

℔	28597. Caſſonnade blanche net à l. 40. le $\frac{0}{0}$, embalage, & autres frais l. 196. tout en ce, — —	à 33.	l.	11634.	16.	—
	50. Pieces bayettes d'Angleterre blanches à l. 90. la piece, & l. 37.2. pour embalage, & autres frais	à 33.	l.	4597.	2.	—
℔	800. Cochenille Meſtecque à l. 14.- & l. 308.- pour les frais, tout en ce, — — —	à 33.	l.	11508.	—	—
onces onces	90. Muſc de Ponant en veſſie à — l. 13. — — l. 1170. — 60. Dict hors de Veſſie à — — l. 20. — — l. 1200. — } — — — —	à 33.	l.	2370.	—	—
	Voyture de Roüan à Lyon, & Doüanne dudict Lyon, l. 1944. prouiſion dudict achapt à 1. pour $\frac{0}{0}$ l. 320.-- tout par deſpences, — — — — — —	à 39.	l.	2264.	10.	—
	Pour $\frac{1}{3}$ de la vente cy-contre, rabbatu le tiers des frais en credit à Picquet, & Straſſe, —	à 40.	l.	11269.	11.	7
	Pour $\frac{1}{4}$ de ladicte vente rabbatu le $\frac{1}{4}$ des frais en credit à Depures, — — —	à 40.	l.	8452.	3.	8
	Pour $\frac{1}{6}$ de ladicte vente rabbatu le $\frac{1}{6}$ des frais en credit à Berthaud, — — —	à 40.	l.	5634.	15.	10
		—	l.	57730.	19.	1

AVOIR pour les cy-apres,

6000. Afnées pour 6000. Fanegues mefure de Calix à marauedis 2300. la fanegue venduës comptant audict Calix par ledict Saufet, calculé à marauued. 400. pour ▽, ── marauedis 13800000.	à 53.	l. 103500.	
4000. Afnées pour 84000. alquid mefure de Lifbonne à 150. raix l'alquid vendu comptant audict Lifbonne, calculé à raix 160. pour vne liure tournois, ────── raix 12600000.	à 53.	l. 78750.	
Pour ⅓ de l. 50000.- (baillés à Pierre Saufet, pour payer les peages & nolis de 10000. afnées bled) que nous font bon Picquet, & Straffe, en ce, ──	à 40.	l. 16666.	13. 4
Pour ¼ defdictes l. 50000. que nous font bon Iacques Depures, en ce ──	à 40.	l. 12500.	
Pour ⅙ defdictes l. 50000.-nous font bon Leonard Berthaud, en ce ──	à 40.	l. 8333.	6. 8
Pour fonde en debit à bleds de noftre compte, ──	à 32.	l. 43496.	17. 6
10000		l. 163246.	17. 6

AVOIR pour les cy-apres vendues à diuers,

℔ 34316. Caffonade blanche à l.39. le ⁻/⁻ pour comptant, qu'auons pris pour noftre compte, & enuoyé aux noftres de Milan, en ce	à 6.	l. 13383.	4. 9
50. Pieces Bayettes d'Angleterre à l.95. la piece, pour comptât enuoyé aux noftres de Milan, en ce	à 6.	l. 4750.	
℔ 480. Cochenille Meftecque à l.17. la ℔, vendu comptant à Doulcet, & Yon, par Caiffe au Carnet d'Aouft 1625.f° 14.& en ce	à 28.	l. 7680.	
℔ 480. dicte à l.15. la ℔, pour comptant enuoyé aux noftres de Milan, en ce	à 6.	l. 7200.	
onces 108. Mufc en Veffie à l.15. l'once, vendu comptant à Iean Iuge, au Carnet d'Aouft 1625.f° 14. & en ce,	à 28.	l. 1620.	
onces 72. Dict hors de veffie à l.22.- pour comptant enuoyé aux noftres de Milan, en ce	à 6.	l. 1440.	⁻
Pour fonde en debit à bleds de noftre compte, ──	à 32.	l. 21657.	14. 4
		l. 57730.	19. 1

Iefus Maria ✶ 1625.

MARCHANDISES DIVERSES doiuent pour les cy-apres,
Achapt faict en Flandres par André Montbel, en Mars, & Auril, Et premierement
A Paris pour comptant 4.balles bas d'Eftame nº 1. à 4.

87.Douzaines bas d'eftame, pour femme, à	l.11.10.	l.1000.10.—	
70.Douzaines dict pour homme, à	l.15.10.	l.1085.	
8.Douzaines dict pour enfans, à	l. 8.	l. 64.—	} l. 2163.—
Embalage,		l. 13.10.—	

A Amyens pour comptant vne balle Sarges de Londres nº 5.

8.Pieces Sarge meflée fines Londres, à	l.16.	l.128.	
4.Pieces dicte, à	l.17.	l. 68.—	
4.Pieces dicte, à	l.17.10.	l. 70.—	} l. 429.12.—
5.Pieces dicte, à	l.18.	l. 90.—	

Dans laquelle balle y a 4.pieces noir en foye Guede, qui coufte pour
la teinture à 30.la piece, appreft de 21.pieces, & embalage tout — à 73.12.—

A l'Ifle en Flandres de Giles Cardon, pour payer dans 6.mois.

100.pieces Camelots de l'Ifle ordinaires	à 21.la piece	l.210.	
10.pieces Camelots ¼	à 50.—	l. 25.	
10.pieces dict	à 60.—	l. 30.	
10.pieces dict	à 70.—	l. 35.	
10.pieces dict	à 90.—	l. 45.	
10.pieces dict	à 100.—	l. 50.	

Monnoye de gros l.395.—

Calculé à l.6.-tournois, pour vne liure de gros, font — l. .2370.—
Comptant audict l'Ifle, de diuerfes perfonnes,

100.pieces farge de Honfcot blanche 3. fers	à 98.	l.490.	
20.pieces dicte noire,	à 93.	l. 93.	
50.pieces Camelots ¼ noirs, & couleurs à 70.la piece l'vne pour l'autre — l.175.			

l.758.

Laquelle fomme de l.758. a efté payée en 631.⅓ doublons d'Efpagne à 14. l'vn
monnoye de gros, & à l.7.7.tournois, font en ce — l. 4643.—

A Cambray de Charles Franqueuille, pour payer dans 9.mois,
47.pieces toiles Baptifte à l.14.la piece la premiere forte, & les autres en augmentant
de 20.chacune iufqu'à la derniere qui coufte l.60.en tont — l.1739.—
20.pieces toileCambray à l.30.la premiere, & les autres augmentant de 20.
iufqu'à l.49.la derniere, — l. 790.—

l.1529.—l. 15174.—

A Valancienne de Henry Henin, pour payer dans 9.mois,
10.pieces toiles Baptiftes à l.50.la premiere, & les autres augmentant de 20.-cha-
cune iufqu'à l.59.la derniere piece, font — l. 545.—
10.pieces toile Cambray à l.60.la premiere, & les autres augmentant de 20.
chacune, — l. 645.—

l.1190.—l. 7140.—

A Tourney de Giles le Veau, pour payer dans 6.mois,
27.Demy pieces tripe de Veloux defpuis 3.cordes iufques à 9. à 27. la premiere demy piece, & les autres augmentant de 2.6.chacune iufqu'à la
derniere, que monte 92. en tout — l.80.6.6.—l. 481.19.—

A Gam de Iean Vamberge, pour payer dans 6.mois.

100.tb fil d'Efpine à gros 25.la tb	—	l. 10. 8.4.—	
200.tb dict	à 3.la tb	l. 30.—	
150.tb dict	à 4.la tb	l. 30.—	
50.pieces tenant aunes 1500. toille de Gam à diuers pris afforties, reue-nant l'vne pour l'autre à 30.gros l'aune de Flandres, — l.187.10.—			

l.257.18.4.—l. 1547.10.—

Rapporté le mefme debit en ce à 36.-l. 33949. 1.—

A V O I R pour les cy-apres venduës à diuers,

8.pieces Sarges de Londres meflées — à l.18.la piece	l.	144.—	
4.pieces dictes — — — à l.19.—	l.	76.—	
5.pieces dictes— — — à l.20.—	l.	100.—	
4.pieces dictes noires, — — —à l.21.—	l.	84.—	
200.pieces Camelots de l'Ifle ordinaires — à l.10.—	l.	2000.—	en debit à negoce de Milan, à 6. l. 25070.
100.pieces farges de Honfcot, coul. 3. fers à l.40.—	l.	4000.—	
47.pieces Toiles Baptiftes à diuers ptix ,	l.	10600.—	
20.pieces Toile Cambray à diuers prix —	l.	5150.—	
100.pieces Toile d'Holande à ⊕ 40. l'aune, —	l.	2916.—	

A Eftienne Glotton le 16.Mars 1626.pour Pafques 1627.

87.douzaines bas d'eftame , pour femme — à l.14. la douzaine —	l.1218.—	
70.douzaines dict pour homme — à l.18.—	l.1260.—	
8.douzaines dict pour enfans, — — —	l. 80.—	
10. pieces Camelots ¾ — à l.20.—	l. 200.—	
10.pieces dict— — à l.25.—	l. 250.—	
10.pieces dict— — à l.30.—	l. 300.—	à 16. l. 10308.
10.pieces dict — — à l.35.—	l. 350.—	
10.pieces dict — — à l.40.—	l. 400.—	
20. pieces Sarge de Honfcot noire — à l.40.—	l. 800.—	
50.pieces Camelots ¾ noire , & couleurs — à l.30.la piece l'vne pour l'autre —	l.1500.—	
10.pieces Toiles Baptiftes à l.350.- la premiere,& les autres augmentant de l.10. cha-cune,iufqu'à l.440.	l.3950.—	

A Enemond Duplomb le 18.Mars 1626.pour Pafques 1627.

10.pieces toile Cambray à l.400. la premiere , & les autres augmentant de l.10. cha-cune,	l.4450.—	
7. demy pieces Tripe de veloux à l.10.—	l. 70.—	à 39. l. 6495.
100.tb fil d'Efpine — à ⊕ 20.la tb —	l. 100.—	
50.pieces aunes 625.-toile de Gam à l.3.l'aune l'vne pour l'autre afforties, —	l.1875.—	

A Raymond Orlic de Bourdeaux le 18.dudict pour Pafques 1627.

10.demy-pieces tripe de Veloux de 3. cordes iufqu'à 9.à l.25. la demy - piece , l'vne pour l'autre, —	l.1500.—	
200.tb fil d'Efpine à ⊕ 25.— l.1250.—	l.1475.—	à 39. l. 1719.
150.tb fil dict fin à ⊕ 30.— l.1225.—		
200.tb Cheucliere de Bouldruc à l.3. - la tb —	l.600.—	
12.pieces toiles houppées blanches à l.12.la piece ,	l.144.—	

Rapporté le mefme credit en ce, à 36. — l. 43592.

MARCHANDISES DIVERSES doiuent pour les parties du debit de leur compte
precedent,en suitte de l'achapt fait en Flandres par Montbel,————— ·————à 35.—l.33949.1.—

En Anuers de Gilles Hannecard,pour payer dans 6.mois,
50.pieces Croisez de Flandres à ℔ 50. la plufpart , & les autres augmentent de ℔ 20.
en tour——— ———— ——— ——————l.372.10.—
200.℔ Cheueliere de Bouldruc,à gros 80.la ℔——— ——— ——l. 66.13.4.—
15.pieces aunes 70. pour aun. 280. carrées Tapifferies de Flandres hauteur
aunes 3.¼ à ℔ 6.l'aune carrée font —— ——— ——l. 84.—.—
8.pieces aunes 34.pour aunes 170.carrécs Tapifferies dicte hauteur aunes
3.¼ à ℔ 8.——— ——— ——— ——————l. 68.—.—

l.591. 3.4.-l. 3547.—

A Amſterdam de Iean Vangroch,pour 6.mois,
20.pieces aunes 564. — toiles naturelles à diuers pris , reuenant l'vne pour l'autre à
gros 44. l'aune ——— ——— ——————l.103.8.—
12.pieces toiles houpées blanches à ℔ 25.la piece, ——— ——l. 15.—

l.1118.8.—l. 710.8.—
Achepté par Michel Pic de Midelbourg ès lieux cy-bas,pour comptant suiuant
l'ordre à luy donné pour se preualoir de la valeur à Paris au pair.
A Arlem.
100.pieces aunes 2500. - toile d'Holande à diuers prix , reuenant l'vne pour l'autre à vn
florin l'aune , font ——— ——— ——fl.2500.—
A Leydem.
10.pieces Sarge de Leydem à vn plomb——— —à fl.47.la piece—— fl. 470.—
30.pieces dicte 2. plombs ——— —à fl.51. ——— fl.1530.—
50.pieces dicte 3.plombs,——— ——à fl.56. ——— fl.2800.—
20.pieces Sarge de Seigneur au grand plomb doré à fl.98. —— fl.1960.—

Calculé à ℔ 20.-tournois pour florin,font——fl.9260.—l. 9260.—

Pour plufieurs frais enfuiuis à l'achapt defdictes marchandifes , tant pour embalage
defpence de bouche en 2.mois , que autres menus frais,ainfi qu'appert par le menu au compte qu'il a rendu——— ——— ——l. 2711.—

l.50177.9.—à 36.|l. 50177.| 9.|—

Pour aduance en credit à profits & pertes,——— ——— —à 41.|l. 6209.|14.| 4

|l. 56387.| 3.| 4

————————————1625.————————————

ANDRE' MONTBEL compte de voyages doit du 28.Mars 1625.l.11025.- à luy comptant
en 1500.-doublons d'Eſpagne pour faire l'emplette & achapt des marchandiſes à luy par nous com-
miſes au voyage de Flandres,que luy faiſons faire au Carnet des Roys 1625.f.3.& en ce,——— à 5.|l. 11025.|
Et l.30970.17.- pour l.5161.16.2. monnoye de gros qu'il a tiré en Anuers ſur Iean Baptiſte Deco-
quiel,pour payer aux debiteurs & termes fpecifiez en fon compte,en ce , ——— à 37.|l. 30970.| 17.|
Et l.9260.-pour florins 9260.- que Michel Pic de Midelbourg a tiré de fon ordre à Paris au pair ſur
l.umaga,& Maſeranny,crediteurs au Carnet de Paſques 1625.f.15.& en ce,——— ——— à 38.|l. 9260.|

|l. 51255.| 17.|

————————————1625.————————————

FRANCOIS VERTHEMA de Lyon doit du 4.Nouembre 1625. Courratier Iuſty,
Pour Roys 1618.℔ 207.-Doppion de Milan à l.7.16.3,d'accord à luy liuré,en ce——— à 23.|l. 1617.| 3.| 9
Roys —— 1627.℔ 210.Filage de Raconis à l.11.- liuré à luy le 16.Decembre 1625. —— à 7.|l. 2310.|
Touffaincts 1626.℔ 108.Bourre de Soye à l.3.2.6. à luy liuré le 20.dudict —— à 12.|l. 650.|

|l. 4577.| 3.| 9

AVOIR pour les parties du credit en leur compte precedent ——— ——— à 35. l. 43592.

    Et les cy-apres restans en magasin au 3. Auril 1626.

    En debit à marchandises en general.

50.pieces Croisez de Flandres à l.60. - l'vne pour l'autre , ——— l.3000. —

15.piec.aun. 40.⁴ pour aun.163.⅞ carrées tapisserie de Flãdres hauteur aun.1.¹¹/₁₂ à l.4.l. 653. 6.8.

8.piec.aun. 19.⅞ pour aun. 99.⁴ carrées tapiss.dicte haut.aun.2.⅐ à l.5.l'aun.carrée,l. 495.16.8.

20.piec.aun.564.—toilès naturelles à diuers pris reuenant l'vne pour l'autre à ₫ 30.—l. 846. —

10.pieces Sarge de Leydem à vn plomb à l.55. la piece ——— l. 550.—

30.pieces dicte 2.plombs——— à l.60.——— l.1800.—

50.pieces dicte 3.plombs——— à l.65.——— l.3250.—

20.pieces Sarge de Seigneur au grand plomb doré à l. 110. la piece ——— l.2200.—

à 43. l. 12795. 3. 4

——— l. 56387. 3. 4

————1625.————

AVOIR du 27.May 1625.l.50177.9.à quoy montent l'achapt, & despens de diuerses marchandi-

ses par luy fait en Flandres,dont l.9946.12.ont esté payez comptant,& l.40230.17.à payer en diuers

termes ainsi qu'appert par son compte,en ce ——— à 36. l. 50177. 9.

Pour 145.pistoles d'Espagne qu'il a remis à Iean Baptiste Decoquiel d'Anuers à ₫ 24. l'vne mon-

noye de gros,& à l.7.7.tournois, font en ce ——— à 37. l. 1065. 15.

Receu de luy comptant à son retour dudict voyage,au Carnet des Pasques 1625.f.3. & en ce, ——— à 38. l. 12. 13.

——— l. 51255. 17.

————1625.————

AVOIR que le portons debiteur au Carnet d'Aoust 1625.f.19.escompté à 25.pour ⁶/₀ ——— à 42. l. 1617. 3. 9

Porté debiteur au liure B,f.5. pour soude , ——— à 44. l. 2960.—

——— l. 4577. 3. 9

IEAN BAPTISTE DECOQVIEL d'Anuers doit pour 145. piſtoles d'Eſpagne à
24.-l'vne,monnoye de gros,& à l.7.7.tournois à luy remiſes par André Montbel,en ce l. 174.— | à 36. | l. 1065. | 15. |
En Touſſainĉts 1625. qu'il a receu ſuiuant noſtre ordre de Gilles Hannecard , ——— l.1070. 0.8. | à 26. | l. 6741. | 4. |
Porté crediteur au Carnet des Sainĉts 1625.f.12.& en ce , ——————— l.3934.19.7. | à 42. | l. 23163. | 18. |

l.5179.—3.—— | l. 30970. | 17. |

————1625.————

ANDRÉ MONTBEL demeurant à noſtre ſeruice,compte du voyage de Bourgogne,Fran-
che-Comté , & Lorraine, que luy faiſons faire , pour illec faire achapt de fer doux & rompant doit
l.7500.à luy comptant en 1000.doublons d'Eſpagne au Carnet de Paſques 1625.f.3.& en ce, | à 38. | l. 7500. | |
Et l.5868.8. payé ſuiuant ſa lettre à Claude Rambaud , pour valeur qu'il a receu à Dijon en mar-
chandiſes de Iean Boudronnet par Caiſſe au Carnet de Paſques 1625.f.3.& en ce ——— | à 38. | l. 5868. | 8. |
Nous a tiré par ſa lettre payable à Picquet, & Straſſe , pour valeur receuë à Dijon , de Benigne de
Mouhy audiĉt Carnet de Paſques 1625.f.14.& en ce , ——————— | à 38. | l. 3500. | |

—— | l. 16868. | 8. |

————1625.————

		FER doux & rompant doit par les cy-apres ,			
bandes	6578.℔ 283140.	Fer doux achepté en Bourgogne par André Montbel,en ce,	à 37.	l. 12584.	
bandes	1815.℔ 79880.	Fer rompant achepté en Lorraine par lediĉt Montbel,	à 37.	l. 1870.	12.
	1000.℔ 8750.	Souchons acheptez audiĉt lieu par lediĉt	à 37.	l. 373.	4.
bandes	457.℔ 21380.	Fer rompant de l'achapt dudiĉt Montbel ,	à 37.	l. 768.	4.
		Deſpence de bouche,& autres frais enſuiuis audiĉt achapt,	à 37.	l. 72.	8.
bandes	9850.-	Voyture de 6578.bandes fer doux à l.5.-pour 40. bandes de S.Iean de Laune à Lyon			
		l.822. 5. doüanne de Lyon à 26.8. pour cent bandes l.87.14. aux gagnedeniers			
		pour le deſcharger du Bateau au magaſin à 8.pour cent bandes l.26.6. tout	à 39.	l. 936.	5.
		Pour voyture de ℔ 110010.à l.7.10.pour milier pris à Grey l.825.Doüanne de Lyon			
		à 43.pour cent bandes l.70.7.3.port du Bateau au magaſin l.13.-tout	à 39.	l. 908.	7.	3
		Profit qu'il a pleu à Dieu enuoyer ſur ce compte	à 41.	l. 1857.	9.	9

—— l. 20370. | 10. |

————1625.————

		FER doux & rompant de compte à ⅓ auec Iean , & François du Soleil , remis entre leurs mains			
		pour en faire la vente,doit pour les cy-apres,			
bandes	5578.℔ 240000.fer doux—	} à l.5.- pour comptant,	à 37.	l. 15994.	
bandes	1815.℔ 79880.fer rompant				
		Prouiſion deſdiĉts du Soleil à 2. pour ⅓, pour noſtre ⅓ de la vente cy-contre credi-			
		teurs au Carnet d'Aouſt 1625.f.16.& en ce,	à 42.	l. 175.	10.
bandes	7393.-	Pour noſtre ⅓ du profit,en ce	à 37.	l. 604.	2.	6

—— l. 16773. | 11. | 6

AVOIR que luy a efté affigné à payer aux debiteurs , & termes cy-apres fpecifiez par André
Montbel , fçauoir

A Giles Cardon de l'Ifle , pour le 3. Octobre 1625. ———	l. 395.-	
A Iacques Lauau de Tourney, pour le 10. dudict ———	l. 80. 6.6.	
A Iean Vanberge de Gam, pour le 25. dudict ———	l. 257.18.4.	
A Gilles Hannecard d'Anuers, pour le 30. dudict ———	l. 591. 3.4.	à 36. l. 30970. 17.
A Iean Vangroch d'Amfterdam, pour le 3. Nouembre 1625. ———	l. 118. 8.-	
A Charles Franqueuille de Cambray, pour le 10. Ianuier 1626. ———	l.2529.-	
A Henry Henin de Valancienne, pour le 10. dudict ———	l.1190.-	

Calculé à l.6.- tournois, pour vne liure de gros,—l.5161.16.2.

Pour fa prouifion à ⅓ pour ⁰⁄₀ ——————— l. 17. 4.1.

l.5179.—3.

———1625.———

AVOIR pour le fer cy-apres achepté de diuers,

6578.	Bandes fer doux achepté à Dijon, pour comptant pefant audict lieu ℔ 242000.à l.52. le milier rendu à S.Iean de Laune,	à 37. l. 12584.
1815.	Bandes fer rompant pefant poids de Bourgogne ℔ 68270.- à l.48. le milier rendu à Grey , font monnoye de Compté l.3276.19. à l.8. 6. 8. là piftole , & à l.7.6. tournois , qu'il a achepté comptant de Claude Oder, Maiftre des Forges de Fontanois en Lorraine , & enuoyé par conduicte de Samfon Gonichon, en ce———	à 37. l. 2870. 12.
1000.	Souchons pefant ℔ 7475.- à l.57.- le milier rendu à Grey, font monnoye de compte l.426. 1. à l.8.6.8. la piftolle, & à l.7.6.- tournois, font en ce,———	à 37. l. 373. 4.
457.	Bandes fer rompant pefant ℔ 18270. à l.48. le milier, font l.8-76.19. monnoye de compte , qu'il a payé comptant en 105. piftoles d'Efpagne , & ₰ 52. monnoye en ce ,———	à 37. l. 768. 4.
	Pour defpence de bouche, & autres menus frais par luy faicts en Bourgogne, Franche-Comté , & Lorraine en 28. iours en ce———	à 37. l. 72. 8.
		l. 16668. 8.

———1625.———

AVOIR pour les cy-apres vendus à diuers,

bandes	1000. ℔ 43140.-fer doux à l.5. la ℔ ⎫ pour comptant à Iean, & François du Soleil, au Carnet de Paf-	à 38. l. 3247. 7. 6	
bandes	457. ℔ 21380.- fer rompât à l.5.2. ⎭ ques 1625. f.16.———		
bandes	5578. ℔ 240000.-fer doux—⎫ à l.5. le ⁴⁄₇ l'vn pour l'autre remis és mains defdicts du Soleil, pour en	à 37. l. 15994.	
bandes	1815. ℔ 79880.-fer rompant ⎭ faire la vente de compte à ⅓ auec eux en ce———		
	1000. ℔ 8750.- Souchons à l.6. le ⁴⁄₇, vendu comptât à diuers, au Carnet d'Aouft 1625. f.14. & en ce———	à 28. l. 525.	
	Pour profit fur le fer, de compte à ⅓ auec lefdicts du Soleil , en ce———	à 37. l. 604. 2. 6	
bandes	9850.		l. 20370. 10.

———1625.———

AVOIR pour ⅓ de l'achapt cy-contre en debit efdicts du Soleil au Carnet d'Aouft 1625. f.16.——— à 42. l. 7997.

bandes	2789. ℔ 120000. fer doux à l.5.10. le ⁴⁄₇ , pour Michel de la Veue qu'eft pour noftre moitié en ce———	à 38. l. 3300.	
bandes	2789. ℔ 120000. fer dict à l.5.8. le ⁴⁄₇, pour Gabriel Lardier, qu'eft pour noftre ⅓ en ce———	à 38. l. 3240.	
bandes	1815. ℔ 79880. fer rompant à l.5.12. le ⁴⁄₇, pour Pierre Girard , pour noftre ⅓ en ce———	à 38. l. 2236. 12. 6	
bandes	7393.		l. 16773. 12. 6

L 3

IEAN ET FRANCOIS DV SOLEIL de Lyon, doiuent pour noftre moitié
de la vente par eux faicte du fer doux, & rompant, en compagnie auec eux, pour receuoir à nos rifques des debiteurs, & termes cy-bas,

			l.		
Michel de la Veuë de S. Eftienne, pour Aouft 1625.—l.660d.——qu'eft pour noftre ⅓, en ce ——	à 37.	l.	3300.		
Gabriel Lardier de S. Eftienne, pour Touffaincts 1625.—l.6480.—pour noftre ⅓, en ce ——	à 37.	l.	3240.		
Pierre Girard de S.Chaudmond, pour Touffaincts 1625.—l.4473.5.—pour noftre ⅓, en ce ——	à 37.	l.	2236.	12.	6
		l.	8776.	12.	6

—————1625.—————

CARNET des payemens de Pafques 1625.doit

			l.		
Pour Verdier, Picquet, & Decoquiel,———— f° 7.——	à 14.	l.	14848.	1.	4
Pour Lumaga, & Mafcranny,———— f.15.——	à 14.	l.	18766.	14.	9
Pour Claude Catillon, compte de voyages,——— f.14.——	à 31.	l.	1031.	17.	6
Pour Philippe, & Luc Seue,——— f.16.——	à 23.	l.	14351.	13.	8
Pour Vefpafian Bolofon,——— f.16.——	à 23.	l.	14351.	13.	8
Pour Taranget,& Ronfier,——— f.16.——	à 27.	l.	9476.	17.	11
Pour Claude Catillon, compte de voyages,——— f. 7.——	à 28.	l.	6590.	6.	6
Pour Octauio, & Mar-Antoine Lumaga de Genes, —— f. 4.——	à 32.	l.	15424.	16.	—
Pour Lumaga, & Mafcranny de Lyon,——— f.15.——	à 33.	l.	24000.		
Pour André, & Philippe Guetton,——— f. 8.——	à 33.	l.	2038.5.		
Pour Iean, & François du Soleil,——— f.16.——	à 37.	l.	3247.	7.	6
Pour Gilles Hannecard,——— f. 5.——	à 26.	l.	1273.	1.	
Pour Philippe, & Luc Seue,——— f. 9.——	à 23.	l.	804.	1.	8
Pour Vefpafian Bolofon,——— f. 6.——	à 23.	l.	804.	1.	8
Pour André Montbel, compte de voyages,——— f. 3.——	à 36.	l.	12.	13.	
Pour Eftienne Glotton de Tholoufe,——— f.17.——	à 16.	l.	3557.	11.	8
Pour Iean des Lauiers de Paris,——— f.17.——	à 17.	l.	4474.	12.	7
Pour Herue, & Sauarry,——— f.17.——	à 18.	l.	4104.	10.	2
Pour Verdier,Picquet,& Decoquiel,——— f. 7.——	à 22.	l.	18278.		
Porté crediteur en payement d'Aouft,pour foude——— f.18.——	à 42.	l.	68081.	19.	1
		l.	243864.	19.	9

—————1625.—————

EFFECTS ET FACVLTEZ de Milan, doiuent

			l.		
Pour les marchandifes reftantes à vendre audict lieu, —— l.30500.——⎫					
Pour l'argent comptant trouué en Caiffe,——— l.10000.——					
Pour Hierofme Riua de Milan,au 10.Mars 1626. ——— l.15500.——⎬ l. 130500.	à 40.	l.	65250.		
Iacques Saba de Milan, pour le 3. Auril 1626. ——— l.34500.——					
Pietro Paulo Bafçapé de Milan,pour le 15. dudict ——— l.30000.——⎭					

v 677.19.3.d'or fol,que à 🜹 118. pour v, nous ont efté tirez de Milan par Sebaftien
Carcano,à payer à Picquet,& Straffe,crediteurs au Carnet des Roys 1626.F° 18.cy——— l. 4000.—— | à 42. | l. | 2033. | 17. | 9

v 2500. d'or fol,que à 8c.pour ⅖, valent v 2000. d'or de marc, nous ont efté tirez de
Plaifance,en Payement des Roys 1616. par Hierofme Turcon à payer efdicts Picquet,&
Straffe, crediteurs au Carnet defdicts payemens f° 18. & en ce——— l. 15000.—— | à 42. | l. | 7500.

v 1008.8.d'or fol,que à 🜹 119. pour v,nous ont efté tirez de Milan, en payements de
Pafques 1626.par Emilio Homodeo à payer à Lumaga,& Mafcranny, crediteurs au Car-
net defdicts payemens f° 15.& en ce——— l. 6000.—— | à 42. | l. | 3025. | 4.

			l.		
Auance fur ce compte,——— l. 100.——	à 39.	l.	184.	8.	6
l. 155600.——		l.	77993.	10.	3

AVOIR qu'ils ont receu des debiteurs cy-contre,
De Michel de la veuë en Aouſt 1625.portez debiteurs audiĉt Carnet f°.16.& en ce , — à 42. l. 3300.
De Gabriel Lardier,— — l.3240.- — ⎫
De Pierre Girard, — — l.2236.12.6. ⎬ portez debiteurs au Carnet des Sainĉts 1625.f° 16. à 42. l. 5476. 12. 6

l. 8776. 12. 6

—————1625.—————

AVOIR pour ſoude des payemens des Roys en ce, —	à 5.	l. 128119.	3.	7
Pour Lumaga , & Maſcranny , — f°.15.	à 36.	l. 9260.		
Pour André Montbel , compte de voyages , — f. 3.	à 37.	l. 7300.		
Pour Veſpaſian Boloſon , — f. 6.	à 20.	l. 206.	2.	2
Pour Alexandre Taſca de Veniſe , — f. 6.	à 21.	l. 17457.	15.	1
Pour Fabio d'Aſpichio de Florence, — f.14.	à 25.	l. 4587.	9.	9
Pour Picquet , & Straſſe , — f.14.	à 37.	l. 3500.		
Pour Veſpaſian Boloſon , — f. 6.	à 21.	l. 222.	8.	3
Pour Philippe,& Luc Seue,— f. 9.	à 23.	l. 607.	15.	1
Pour Gilles Hannecard , — f. 5.	à 16.	l. 244.	4.	
Pour André Montbel,compte de voyages , — f. 3.	à 37.	l. 5868.	8.	
Pour Veſpaſian Boloſon , — f. 6.	à 23.	l. 595.	10.	1
Pour Taranget,& Rouſier,— f.16.	à 26.	l. 325.	10.	
Pour Claude Catillon , compte de voyages , — f. 7.	à 30.	l. 8258.	19.	3
Pour Picquet , & Straſſe , — f.14.	à 40.	l. 19936.	12.	
Pour Iacques Depures, — f. 4.	à 40.	l. 14952.	9.	
Pour Leonard Berthaud , — f. 4.	à 40.	l. 9968.	6.	
Pour Claude Catillon compte de voyages , — f. 7.	à 11.	l. 10316.	17.	6
Pour Cicery , & Cerneſio ,— f.11.	à 27.	l. 1920.		
Pour Beregany, — f.12.	à 27.	l. 217.	10.	

l. 243864. 19. 9

—————1625.—————

AVOIR que deuons payer aux crediteurs,& termes cy-bas ſpecifiez,
A Sebaſtien Careno de Milan au 3.Auril 1626. — — l. 4000.-⎫
A Hieroſme Turcon de Plaiſance ▽ 2000.d'or de marc , en foire de S. Marc 1626. fai- ⎪
ſant à ◑ 150.pour ▽, — l. 15000. ⎬ à 40. l. 12500.
A Emilio Homodeo,pour le 3.May 1626. — l. 6000.-⎪
25000.-⎭

Et pour les marchandiſes cy-contre reſtantes audiĉt Milan , leſquelles ont eſté venduës à Picquet , & Straſſe , d'accord à l.30600.monnoye imperiale payables à Lyon par
les leurs en payemens des Roys 1616.à ◑ 110.pour ▽,en debit au Carnet deſdiĉts payemens f.18.& en ce — l. 30600. — à 42. l. 15300.

▽ 3305.14.9. d'or ſol , que à ◑ 121.pour ▽ , nous ont eſté remis dudiĉt Milan, par les
noſtres pour ſoude de l'argent comptant ſur Galiley,& Barelly , debiteurs au Carnet des
Roys 1626.f.11.& en ce , — l. 20000. — à 42. l. 9917. 4. 3

▽ 2627.2.4.d'or ſol,que à ◑ 118.pour ▽, nous ont eſté remis dudiĉt Milan, par Hieroſme Riua,ſur Bonuiſy debiteur au Carnet des Roys 1626.f.11. & en ce , — l. 15500. — à 42. l. 7881. 7.

▽ 5798.6.4.d'or ſol,que à ◑ 119.auons tiré par noſtre lettre ſur Iacques Saba,payable
au 3.Auril 1626.à Picquet,& Straſſe, valeur icy des leurs,au Carnet des Roys 1626.f.18.
& en ce, — l. 34500. — à 42. l. 17394. 19.

▽ 5000.- d'or ſol,que à ◑ 120.- auons tiré par autre lettre ſur Baſcape,payable au 15.
Auril 1626.à Frãçois Arbona,valeur de Ceſar Oſio au Carnet des Roys 1626.f.9.& en ce l. 30000. — à 42. l. 15000.

l.155600.— l. 77993. 10. 3

ENEMOND DVPLOMB doit du 20.Decembre 1625.pour

Pasques 1628.pour 42.pieces Camelots greges à l.28.la piece d'accord à luy liuré en ce ━━━	à 21.	l.	1176.	
Aoust 1628.pour 42.pieces Camelots dict à l.28.liuré à luy le 3.Ianuier 1626.en ce ━━━	à 27.	l.	1176.	
Pasques 1628.pour 126.pieces Camelots dict 4. fil à l. 27. 10. liuré à luy le 15.dudict ━━━	à 21.	l.	3465.	
Aoust 1627.pour 3.pieces Satins de Florence à luy liurez le 4.Feurier 1626.montant en ce	à 21.	l.	1164.	8
Roys 1627.pour aunes 66.¼ Crespon de Naples Morelin cramoisy à l.5.10. ━━━ l.231.17.6.	à 12.	} l.	811.	17. 6
Pieces 2. toiles d'or & argent 1.& 2. fil liurez à luy le 10.Feurier 1626.montant en ce l.580.-	à 13.			
Pasques 1627.pour aunes 117.½ Sarge noire Florence à l.9.10.d'accord à luy liuré le 15.dudict	à 22.	l.	1110.	4. 2
Pasques 1627.pour ℔ 109.11.onces Satin noir Lucques à l.18. la ℔ liuré à luy le 20. dudict ━━━	à 23.	l.	1978.	10.
Pasques 1627.pour diuerses marchandises à luy vendües,& liurées le 18.Mars 1626.montant en ce,━	à 35.	l.	6495.	
━━━		l.	17386.	11. 4

━━━ 1626.━━━

RAYMOND ORLIC de Bourdeaux doit du 4.Ianuier 1626.

Pour Roys 1627.aunes 256.tabis de Venise couleurs à l.5.10.consigné à François Chapuis, ━━━	à 17.	l.	1408.	
Pasques ━━ 1628.pour 210.pieces Camelots greges 3.fil à l.26.consigné audict le 15. dudict	à 21.	l.	5460.	
Aoust ━━ 1627.pour aunes 469.⅝ Satins de Florence à l.7.10.consignez audict le 4.Feurier 1626.━	à 21.	l.	3523.	15.
Roys ━━━ 1627.Pour aun.100.-Tapisserie de Bergame rouge à l.6.10.hauteur aunes 2.¼ liuré audict le 15.dudict	à 13.	l.	650.	
Pasques ━━ 1627.pour ℔ 15.1.once satin canelé Lucques à l.20.la ℔ consigné audict le 10.dudict	à 23.	l.	301.	13. 4
Pasques ━━ 1627.pour diuerses marchandises à luy vendües,& liurées le 18.Mars 1626.montant en ce	à 35.	l.	1719.	
━━━		l.	13062.	8. 4

━━━ 1626.━━━

DESPENCES GENERALES doiuent pour le monter de toutes les voytures,doüan-
nes,courratages,changes,loüage de maison,boutique,& magasins, despence de bouche ; gage des seruiteurs,& autres despences generalement quelconques, ainsi qu'apert à vn liure particulier de menüe
despence,& au Carnet des payemens de l'année 1625.f.8.& en ce ━━━ ━━━ ━━━ ━━━

	à 42.	l.	42709.	15. 9

A V O I R que le portons debiteur au liure B,f.5. pour soude du present, ———— ——	à 44.	l.	17386.	12.	4

————1616.————

A V O I R que le portons debiteur au liure B, f.5.pour soude, ———— —— ——	à 44.	l.	13062.	8.	4

————1616.————

AVOIR

l.10304.13.4.En debit à pareil compte,pour soude d'iceluy, ———— ——	à 4.	l.	10304.	13.	4
l. 80.13.4.En debit à Sarges de Florence, pour frais ensuiuis sur n° 2. —— ——	à 22.	l.	80.	13.	4
l. 80.13.4.En debit à Reuerche de Florence,pour frais ensuiuis sur n° 3. —— ——	à 22.	l.	80.	13.	4
l. 663.17.8.En debit à Tabis de Venise,pour frais ensuiuis sur 2.Caisses, —— ——	à 22.	l.	663.	17.	8
l. 254.17.—En debit à Satins de Lucques,pour frais ensuiuis sur vne Caisse, ——	à 23.	l.	254.	17.	——
l. 1155. —En debit à Doppions en Compagnie,pour frais ensuiuis sur 18.bales, —— — ——	à 23.	l.	1155.	——	——
l. 54.—En debit esdicts Doppions pour courtatage du vendu, —— ——	à 23.	l.	54.	——	——
l. 332.10.En debit à marchandises ennoyées à Sourlach,pour frais y ensuiuis, —— ——	à 31.	l.	332.	10.	——
l. 1655. ——En debit à Bleds diuers,pour frais ensuiuis sur 11283.asnées , —— —	à 32.	l.	1655.	——	——
l. 36.11.—En debit à Bleds ennoyez en Arles, —— ——	à 32.	l.	36.	11.	——
l. 2264.10.En debit à Marchandises en participation acheptées à Roüan par Pierre Saufet, ——	à 34.	l.	2264.	10.	——
l. 936. 5.—En debit à Fer doux,pour frais ensuiuis sur 6578.bandes, ⸱—— ——	à 37.	l.	936.	5.	——
l. 908. 7.3.En debit à Fer rompant,pour frais ensuiuis sur 11001o.℔ fer rompant, ——	à 37.	l.	908.	7.	3
l. 184. 8.6.En debit à effects & facultez de Milan,pour benefice de monnoye , —— —	à 38.	l.	184.	8.	6
l.23798. 9.4.En debit à profits & pertes,pour soude , —— ——	à 41.	l.	23798.	9.	4
	——	l.	41709.	15.	9

PICQVET, ET STRASSE de Lyon, doiuent pour leur $\frac{1}{3}$ de l'achapt, & despens de 11283. asnées bled, en ce	à 32.	l. 33771.	13.	4
Pour le $\frac{1}{3}$ des frais faicts en Arles sur les bleds y enuoyez, en ce	à 32.	l. 2048.	—	4
Pour le $\frac{1}{3}$ de l. 50000. qu'ont esté baillés à Pierre Sauset, pour payer les peages & nolis de 10000. asnées bled, en ce	à 34.	l. 16666.	13.	4
Portez crediteurs au Carnet des Roys 1625. f° 2. & en ce,	à 5.	l. 2114.	13.	4
Portez crediteurs au Carnet de Pasques 1625. f° 14. & en ce	à 38.	l. 19936.	12.	—
Portez crediteurs au Carnet d'Aoust 1625. f° 18. & en ce	à 42.	l. 45665.	10.	11
	—	l. 120203.	3.	5

— 1625. —

IACQVES DEPVRES de Lyon, doit pour son $\frac{1}{4}$ de l'achapt, & despens de 11283. asnées bled, en ce	à 32.	l. 25328.	15.	—
Pour le $\frac{1}{4}$ des frais faicts en Arles sur les bleds y enuoyez en ce	à 32.	l. 1536.	—	3
Pour le $\frac{1}{4}$ de l. 50000. baillés à Sauset, pour faire conduire 10000. asnées bled, en ce	à 34.	l. 12500.	—	—
Porté crediteur au Carnet des Roys 1625. f° 4. & en ce	à 5.	l. 1586.	—	—
Porté crediteur au Carnet de Pasques 1625. f° 4. & en ce	à 38.	l. 14952.	9.	—
Porté crediteur au Carnet d'Aoust 1625. f° 4. & en ce	à 42.	l. 34249.	3.	2
	—	l. 90152.	7.	5

— 1625. —

LEONARD BERTHAVD de Lyon, doit pour son $\frac{1}{6}$ de l'achapt, & despens de 11283. asnées bled, en ce	à 32.	l. 16885.	16.	8
Pour le $\frac{1}{6}$ des frais faicts en Arles sur les bleds y enuoyez en ce,	à 32.	l. 1024.	—	2
Pour $\frac{1}{6}$ de l. 50000. baillés à Sauset, pour faire conduire 10000. asnées bled en Espagne,	à 34.	l. 8333.	6.	8
Porté crediteur au Carnet des Roys 1625. f° 4. & en ce	à 5.	l. 1057.	6.	8
Porté crediteur au Carnet de Pasques 1625. f° 4. & en ce	à 38.	l. 9968.	6.	—
Porté crediteur au Carnet d'Aoust 1625. f° 4. & en ce	à 41.	l. 22832.	15.	6
	—	l. 60101.	11.	8

— 1626. —

NEGOCE DE MILAN, Compte general doit pour le monter de toutes les marchandises y enuoyées de Lyon en ce,	l. 160706. 0. 10.	à 6.	l. 80353.	—	5
Pour soude du compte courant tenu au Carnet de 1625. f° 10. & en ce,	l. 25881. — 4.	à 42.	l. 12403.	2.	7
Et pour les crediteurs que ledict negoce nous assigne à payer en diuers termes specifiez en ce a compte des effects dudict Milan,	l. 25000. —	à 38.	l. 12500.	—	—
Profits qu'il a pleu à Dieu enuoyer en ce negoce,	l. 39669. 16. —	à 41.	l. 20372.	5.	6
	l. 251256. 17. 2.	—	l. 125628.	8.	6

	à	l.	s.	d.
A V O I R que les portons debiteurs au Carnet des Roys 1625.f.2.& en ce,——	à 5.	l. 52486.	7.	—
En Roys 1625.leur faifons bon pour le 1/7 de l.6344.-que monte la vente de 405.afnées bled faicte en Arles,en ce——	à 32.	l. 2114.	13.	4
Pafques 1625.pour 1/7 de l.15424.16.- que monte la vente de 878.afnées bled faicte à Genes,en ce,	à 32.	l. 5141.	12.	—
Pour 1/7 de l.44385. Que nous ont efté remis de Seuille à bon compte de la vente des bleds faicte à Calix par Pierre Saufet,en ce——	à 34.	l. 14795.		
Aouft 1625.pour 1/7 de l.33808. 14. 9. que monte la vente des marchandifes acheptées à Roüan, rabbatu les frais en ce——	à 34.	l. 11269.	11.	7
Pour 1/7 de l.103187.18.qu'auons receu de comptant,pour foude de la vente defdicts bleds,——	à 34.	l. 34395.	19.	4
		l. 110203.	3.	3

1625.

	à	l.	s.	d.
A V O I R que le portons debiteur au Carnet des Roys 1625.f.4.& en ce,——	à 5.	l. 39364.	15.	3
En Roys 1625.pour 1/7 de l.6344.que monte la vente faicte en Arles de 405.afnées bled ——	à 32.	l. 1586.		
Pafques 1625.pour 1/7 de l.15424.16.que monte la vente de 878.afnées bled faicte à Genes,	à 32.	l. 3856.	4.	—
Pour 1/7 de l.44385.que nous ont efté remis de Seuille à côpte de la vente des bleds faicte à Calix,	à 34.	l. 11096.	5.	—
Aouft 1625.pour 1/7 de l.33808.14.9.que monte la vente des marchâdifes acheptées à Roian,en ce	à 34.	l. 8452.	3.	8
Pour 1/7 de l.103187.18.- qu'auons receu de comptant,pour foude de la vente defdicts bleds , en ce	à 34.	l. 25796.	19.	6
		l. 90152.	7.	5

1625.

	à	l.	s.	d.
A V O I R que le portons debiteur au Carnet des Roys 1625.f.4.& en ce ——	à 5.	l. 26243.	3.	6
En Roys 1625.pour 1/6 de l.6344.que monte la vente faicte en Arles de 405.afnées bled ——	à 32.	l. 1057.	6.	8
Pafques 1625.pour 1/6 de l.15424.16.que monte la vente de 878.afnées bled faicte à Genes,	à 32.	l. 2570.	16.	—
Pour 1/6 de l.44385.que nous ont efté remis de Seuille à côpte de la vente des bleds faicte à Calix,	à 34.	l. 7397.	10.	—
Aouft 1625.pour 1/6 de l.33808.14.9.que monte la vente des marchâdifes acheptées à Roüan,en ce	à 34.	l. 5634.	15.	10
Pour 1/6 de l.103187.18.qu'auons receu de comptant,pour foude de la vente defdicts bleds,en ce——	à 34.	l. 17197.	19.	8
		l. 60101.	11.	8

1626.

	à	l.	s.	d.
A V O I R pour le monter de toutes les marchandifes à nous enuoyées dudict Milan , en ce ——l.110756.17.2.——	à 6.	l. 60378.	8.	6
Et l.130500.- monnoye imperiale à quoy fe montent generalement tous les effects & facultez reftans audict Milan,fuiuant l'inuentaire qu'en a efté fait le 3.Mars 1626.par nous figné, clos,& arrefté ainfi qu'il eft contenu amplement au liure corté A,tenu audict lieu,& en ce debiteurs effects de Milan, ——l.130500.——	à 58.	l. 65250.		
l.151256.17.2.——		l. 125618.	8.	6

PROFITS ET PERTES doiuent pour le Vaisseau S. Pierre qui s'est perdu,	à 14.	l.	5493.	1.
Pour Doppions ouurez,	à 25.	l.	500.	16.
Pour marchandises enuoyées en Anuers,	à 26.	l.	19.	19.
Pour soude du compte des despenses generales,	à 39.	l.	23798.	9. 4
En credit au liure B, f.3. pour soude,	à 44.	l.	161713.	15. 4
		l.	191536.	8

		l.		
AVOIR pour le Vaiffeau le Cheualier de Mer, debiteur en ce,	à 17.	5322.	13.	5
Pour Satins de Bologne, de compte à ⅓ auec Fiorauanty,	à 18.	85.	3.	8
Pour Berthon, & Gafpard,	à 27.	14768.		
Pour marchandifes venduës à Sourfach,	à 31.	1029.	17.	9
Pour bleds diuers en Compagnie,	à 32.	11422.	16.	11
Pour fer doux, & rompant,	à 37.	1857.	9.	9
Pour Negoce de Milan, compte general,	à 40.	20372.	5.	6
Pour Soyes de Mer,	à 3.	53428.	13.	4
Pour or filé de Milan,	à 4.	2378.	13.	
Pour Soyes d'Italie ,	à 7.	13400.	6.	10
Pour Veloux de Milan,	à 8.	1641.	15.	2
Pour Gafes,	à 10.	294.	8.	8
Pour Bas de foye ,	à 10.	41.	10.	
Pour Crefpons,	à 12.	731.		9
Pour Bourre de foye,	à 12.	207.	7.	8
Pour Doppion de Milan ,	à 12.	337.	8.	4
Pour Sargettes de Milan,	à 13.	150.	14.	7
Pour Tapifferie de Bergame,	à 13.	341.	12.	
Pour Toiles d'or & argent ,	à 13.	905.	5.	
Pour Crefpes de Bologne,	à 15.	2206.	8.	3
Pour le Vaiffeau le Cheualier de Mer,	à 15.	16397.	6.	3
Pour Draps de foye de Genes ,	à 19.	1828.	6.	10
Pour Marchandifes enuoyées à Conftantinople en participation de Bolofon,	à 20.	1377.	9.	3
Pour Camelots de Leuant ,	à 21.	4450.	2.	
Pour Satins de Florence,	à 21.	673.	14.	6
Pour Sarges, & Reuerches de Florence,	à 22.	330.	14.	3
Pour Tabis de Venife,	à 22.	1413.	17.	4
Pour Satins, & Damas de Lucques,	à 23.	205.	11.	8
Pour Doppions de Milan ,	à 23.	1600.	16.	11
Pour foyes ouurées,	à 25.	8795.	14.	
Pour Marchandifes és mains de Taranger , & Roulier ,	à 26.	97.	8.	8
Pour Draps de laine de Dauphiné, & Languedoc,	à 29.	796.	5.	2
Pour Draps de laine de France, & Poictou ,	à 30.	1683.	15.	9
Pour Marchandifes diuerfes ,	à 36.	6209.	14.	4
Pour le Negoce de Piedmont ,	à 10.	13751.	13.	2
		l. 192536.		8

M

CARNET des payemens d'Aoust,& Toussaincts doit,

			l.		
Pour Philippé,& Luc Seue,	f.17.	à 24.	l.	9696.	15.
Pour Vespasian Boloson ,	f.17.	à 24.	l.	6411.	14.	2
Pour Claude Catillon, compte de voyages,	f.14.	à 31.	l.	6855.	1.
Pour Pierre Sauset , compte de voyages,	f. 3.par Caisse,	à 33.	l.	53187.	18.
Pour Lumaga,& Mascranny,	f.15.	à 33.	l.	50000.
Pour Vespasian Boloson ,	f.17.	à 24.	l.	269.	10.	8
Pour marchandises venduës comptant,	f.14.	à 28.	l.	11776.	19.	10
Pour Iean,& François du Soleil ,	f.16.	à 37.	l.	7997.
Pour Hierosme Lantillon ,	f.18.	à 28.	l.	1624.
Pour Iean de la Foreits ,	f.19.	à 28.	l.	6465.	17.	6
Pour Estienne Chally ,	f.19.	à 29.	l.	3132.	16.	3
Pour Fleury Gros,	f.19.	à 30.	l.	6363.
Pour François Verthema,	f.19.	à 36.	l.	1617.	3.	9
Pour Verdier Picquet,& Decoquiel ,	f. 7.	à 21.	l.	4735.	5.
Pour Iean,& François du Soleil ,	f.16.	à 38.	l.	3300.
Pour Octauio,& Marc-Antoine Lumaga ,	f.19.	à 9.	l.	11483.	6.
Pour Cesar,& Iulien Granon,	f.11.	à 6.	l.	24519.	14.
Pour Estienne Glotton ,	f.17.	à 16.	l.	2055.	12.	1
Pour Robert Gehenaud ,	f.18. par Picquet,& Strasse,	à 16.	l.	8621.	19.	9
Pour Iean des Lauiers,	f.17.	à 17.	l.	10019.	1.	6
Pour Herue ,& Sauarry ,	f.17.	à 18.	l.	5441.		6
Pour Iean Iacques Manis,	f. 6.	à 31.	l.	19154.	10.
Pour Charles Hauard ,	f.15. par Lumaga,& Mascranny ,	à 31.	l.	14540.
Pour Iean & François du Soleil ,	f.16.	à 38.	l.	5476.	12.	6
Pour effects de Milan,	f.18. par Picquet,& Strasse,	à 38.	l.	15300.
Pour effects dicts	f.11. par Galiley,& Basolly,	à 38.	l.	9917.	4.	3
Pour effects dicts	f.11. par Bonuify,	à 38.	l.	7881.	7.
Pour effects dicts	f. 9. par Cesar Osio ,	à 38.	l.	15000.
Pour effects dicts par Picquet,& Strasse ,	f.18.	à 38.	l.	17394.	19.
Pour Pierre Alamel, compte de Piedmont ,	f. 3.	à 9.	l.	5813.	17.
Pour Gabriel Alamel,	f. 2.	à 43.	l.	12946.	19.	7
Pour Iean Seue Sr de S. André,	f. 5.	à 45.	l.	10630.	7.	6
Pour Lumaga,& Mascranny,	f.15.	à 43.	l.	3070.	11.	6
Pour Claude Catillon ,	f.17.	à 43.	l.	168.	12.	9
			l.	384078.	7.	1

	à	l.	s.	d.
A VOIR pour soude des payemens de Pasques, en ce,	à 38.	68081.	19.	2
Pour Negoce de Milan, — f.16.	à 14.	43055.	1.	
Pour Philippe, & Luc Seue, — f.17.	à 14.	12773.	9.	7
Pour Vespasian Boloson, — f.17.	à 25.	14406.		
Pour Guillaume Vianey, — f. 3. par Caisse,	à 25.	900.		
Pour Seue, — f.17.	à 14.	134.	15.	4
Pour Louys Burlet, — f. 3. par Caisse,	à 25.	322.	16.	
Pour Guillaume Vianey, — f. 3. par Caisse,	à 25.	625.		
Pour Antoine Gayot, — f. 3. par Caisse,	à 25.	861.	10.	
Pour Molandier, — f. 3. par Caisse,	à 25.	261.	10.	
Pour Antoine Gayot, — f. 3. par Caisse,	à 25.	714.		
Pour Fabio Daspichio, — f.14.	à 25.	973.	13.	
Pour Iean Feuly, — f. 3. par Caisse,	à 25.	507.		
Pour Antoine Gayot, — f. 3. par Caisse,	à 25.	540.		
Pour Iean Baptiste Beregany, — f.12.	à 27.	153.	6.	8
Pour Claude Catillon compte de voyages, — f.14.	à 31.	111.	9.	3
Pour Picquet, & Strasse, — f.18.	à 40.	45665.	10.	11
Pour Iacques Depures, — f. 4.	à 40.	34249.	3.	2
Pour Leonard Berthaud, — f. 4.	à 40.	22832.	15.	6
Pour Iean, & François du Soleil, — f.16.	à 37.	175.	10.	
Pour Pierre Richard de Nysmes, — f. 3.	à 28.	431.	8.	9
Pour Iean, & Pierre Dulac, d'Vsez, — f. 3.	à 28.	137.		
Pour Antoine Roux de Saumieres, — f. 3.	à 28.	286.	2.	6
Pour les Deputez des creanciers de Laurens Iaquin, — f. 3. par René Bais par Caisse,	à 9.			
Pour Iean Baptiste Beregany, — f.12.	à 27.	10199.	14.	
Pour Iean Baptiste Decoquiel d'Anuers, — f.12.	à 37.	23163.	18.	
Pour Negoce de Milan, compte de comptant, — f.10.	à 40.	12403.	2.	7
Effects de Milan, — f.18. par Picquet, & Strasse,	à 38.	2033.	17.	9
Effects dicts — f.18. par lesdicts,	à 38.	7500.		
Effects dicts — f.15. par Lumaga & Mascranny,	à 38.	3025.	4.	
Caisse, — f.10.	à 45.	19500.	11.	8
Despences generales, — f. 8.	à 39.	44709.	15.	9
Repartimens, — f.15. par I.L. & D. Salicoffre,	à 28.	868.	15.	
Repartimens, — f. 11. par Galiley, & Barelly,	à 28.	3171.	17.	
Repartimens, — f.15. par Lumaga, & Mascranny,	à 28.	3699.	10.	6
		384078.	7.	1

GABRIEL ALAMEL compte courant doit, que le portons crediteur au liure B, f. 3. pour
foude du prefent, ————————————————————————— à 44. | l. | 12946. | 19. | 7

———————— 1626. ————————

IEAN SEVE Sr de S. André compte courant doit, que le portons crediteur au liure B, f. 3.
pour foude, ————————————————————————— à 44. | l. | 20630. | 7. | 6

———————— 1626. ————————

LVMAGA, ET MASCRANNY, de Lyon compte courant, doiuent que les portons
crediteurs au liure B, f. 3. pour foude de ce compte, ———————— à 44. | l. | 3070. | 11. | 6

———————— 1626. ————————

CLAVDE CATILLON, demeurant à noftre feruice doit, que le portons crediteur au
liure B, f. 3. pour foude, ———————————————————— à 44. | l. | 268. | 11. | 9

———————— 1626. ————————

CAISSE D'ARGENT comptant és mains de Iean Pontier, doit au Carnet de 1625. f. 10.
& en ce, ————————————————————————— à 42. | l. | 19500. | 11. | 8

———————— 1626. ————————

MARCHANDISES en general reftans à vendre dans la Boutique & Magafins de ce negoce, fuiuant l'inuentaire qu'en a efté faict ce iourd'huy 3. Auril 1626. feauoir,

Soyes d'Italie, creditrices en ce,	à 7.	l.	9284.	10.	
Veloux de Milan, crediteurs en ce,	à 8.	l.	759.	18.	4
Bas de foye,	à 10.	l.	1534.		
Toiles d'or & argent,	à 13.	l.	1790.	5.	
Doppions ouurez à Lyon,	à 25.	l.	3000.		
Draps de laine de Dauphiné,	à 29.	l.	150.	10.	
Marchandifes de Flandres,	à 36.	l.	12795.	3.	4
		l.	29314.	6.	8

———————— 1626. ————————

PIERRE ALAMEL, compte propre doit, que le portons crediteur au liure B, f. 3. ——— à 44. | l. | 4583. | 17. | 9

	à	l.		
A V O I R en Pasques 1626. pour soude de son compte courant, tenu au Carnet de 1625. f.2.	à 42.	12946.	19.	7
1626. A V O I R en Pasques 1626. par cedulle, au Carnet de 1625. f.5. & en ce,	à 42.	20630.	7.	6
1626. A V O I R en Aoust 1626. par cedulle, au Carnet de 1625. f.15. & en ce,	à 42.	3070.	11.	6
1626. A V O I R pour reste de ses gages, fins au 3. Ianuier 1626. au Carnet de 1625. f.17.	à 42.	268.	12.	2
1626. A V O I R que la portons debitrice au liure B, f.6. pour soude,	à 44.	19500.	11.	8
1626. A V O I R que les portons debitrices au liure B, f.6. pour soude,	à 44.	29314.	6.	8
1626. A V O I R l. 4583.17.9. que luy faisons bon pour le ⅟ de l. 18335.10.11. que monte le profit qu'il a pleu à Dieu ennoyer au negoce de Piedmont,	à 10.	4583.	17.	9

M 3

NOSTRE GRAND LIVRE cotté B , doit les parties cy-apres , pour les debiteurs, suiuans extraicts de ce liure A, & rapportez audict liure B , sçauoir

Cesar , & Iulien Granon , — f° 4. — à 6. l. 4746.			
Estienne Glotton, — f. 4. — à 16. l. 15363.	1.	6
Robert Gehenaud, — f. 4. — à 16. l. 8113.	13.	4
Herue , & Sauarry, — f. 4. — à 18. l. 770.	13.	1
Marchandises enuoyées à Constantinople, — f. 4. — à 20. l. 258.	13.	4
Vespasian Boloson, — f. 3. — à 21. l. 56756.	12.	6
Verdier , Picquet, & Decoquiel, — f. 4. — à 22. l. 43178.	2.	6
Antoine , & Hugues Blauf, — f. 4. — à 22. l. 11178.	15.	
Taranget , & Rousier , compte des debiteurs qu'ils nous assignent , — f. 4. — à 27. l. 1925.	9.	2
Berthon , & Gaspard , — f. 6. — à 27. l. 54768.		
Hierosme Lantisson , — f. 5. — à 28. l. 68995.	10.	
Iean de la Forests , — f. 5. — à 28. l. 5180.	11.	6
Estienne Chally, — f. 5. — à 29. l. 25137.	5.	
Fleury Gros , — f. 5. — à 30. l. 18301.	7.	6
Charles Hauard, — f. 5. — à 31. l. 11887.	10.	
François Verthema , — f. 5. — à 36. l. 2960.		
Enemond Duplomb , — f. 5. — à 39. l. 17386.	12.	4
Raymond Orlic, — f. 5. — à 39. l. 13062.	8.	4
Caisse d'argent comptant , — f. 6. — à 43. l. 19500.	11.	8
Marchandises en general, — f. 6. — à 43. l. 29314.	6.	8
— l. 408785.	4.	5

A V O I R les parties cy-apres, pour les crediteurs fuiuants, extraicts de ce liure, & rapportez audict liure B, fçauoir

Gabriel Alamel, compte de fonds,	fº 2.	à 2.	l. 100000.		
Iean Fontaine, compte dict	f. 1.	à 2.	l. 70000.		
Iean Pontier,	f. 1.	à 2.	l. 30000.		
Vefpafian Bolofon,	f. 3.	à 21.	l. 1155.		
Cicery, & Cernefio,	f. 3.	à 27.	l. 3416.		
Profits & pertes,	f. 3.	à 41.	l. 161713.	15.	4
Gabriel Alamel, compte courant,	f. 3.	à 43.	l. 11946.	19.	7
Iean Seue,	f. 3.	à 43.	l. 20630.	7.	6
Lumaga, & Mafcranny,	f. 3.	à 43.	l. 3070.	11.	6
Claude Catillon,	f. 3.	à 43.	l. 268.	12.	9
Pierre Alamel,	f. 3.	à 43.	l. 4583.	17.	9
			l. 408785.	4.	5

GRAND LIVRE DE RAISON COTTE' B,

Commencé au nom de Dieu le 3. Auril 1626. Auquel
font contenus les progrez de nos Negoces,que Dieu
par fa grace vueille fauorifer,& donner tel fuccez
que n'encourions telles pertes,qui nous puiffent garder de le feruir de penfée &
d'œuure en ce monde, pour
auoir la gloire en l'autre,
Ainfi foit-il.
1626.

O R A   E T   L A B O R A

Apprenons à rendre le droict à vn chacun,& ayons toufiours Dieu deuant les yeux.

NOSTRE GRAND LIVRE cotté A, doit l.408785.4.5. tournois, qu'il nous assigne à payer aux cy-apres nos creanciers.

Et premierement,

			l.		
A Gabriel Alamel , compte de fonds ,	f° 1.	à 2.	l. 100000.		
A Iean Fontaine, compte dict	f. 1.	à 2.	l. 70000.		
A Iean Pontier, compte dict	f. 1.	à 2.	l. 30000.		
A Vespasian Boloson,	f. 21.	à 3.	l. 1155.		
A Cicery, & Cernesio ,	f. 27.	à 3.	l. 3416.		
A Profits & pertes,	f. 41.	à 3.	l. 162713.	15.	4
A Gabriel Alamel, compte courant,	f. 43.	à 3.	l. 11946.	19.	7
A Iean Seue,	f. 43.	à 3.	l. 20630.	7.	6
A Lumaga , & Mascranny ,	f. 43.	à 3.	l. 3070.	11.	6
A Claude Catillon,	f. 43.	à 3.	l. 268.	12.	9
A Pierre Alamel,	f. 43.	à 3.	l. 4583.	17.	9
			l. 408785.	4.	5

Iesus Maria ✠ 1626. I

AVOIR l.408785.4.5. tournois, pour tant qu'il nous assigne à recevoir de nos debiteurs cy-apres,

Et premierement,

		l.		
De Cesar, & Iulien Granon,	f. 6.	à 4. l. 4746.		
d'Estienne Glotton,	f. 16.	à 4. l. 25363.	2.	6
De Robert Gehenaud,	f. 16.	à 4. l. 8113.	13.	4
De Herue, & Sauarry,	f. 18.	à 4. l. 770.	13.	1
De Marchandises enuoyées à Constantinople,	f. 20.	à 4. l. 258.	13.	4
De Vespasian Boloson,	f. 21.	à 3. l. 56756.	12.	6
De Verdier, Picquet, & Decoquiel,	f. 22.	à 4. l. 43178.	2.	6
De Antoine, & Hugues Blauf,	f. 22.	à 4. l. 11178.	15.	
De Taranget, & Rousier, compte des debiteurs qu'ils nous assignent,	f. 27.	à 4. l. 1925.	9.	2
De Berthon, & Gaspard,	f. 27.	à 6. l. 54768.		
De Hierosme Lantillon,	f. 28.	à 5. l. 68995.	10.	
De Iean de la Forests,	f. 28.	à 5. l. 5180.	11.	6
De Estienne Chally,	f. 29.	à 5. l. 25137.	5.	
De Fleury Gros,	f. 30.	à 5. l. 18301.	7.	6
De Charles Hauard,	f. 31.	à 5. l. 11887.	10.	
De François Verthema,	f. 36.	à 5. l. 2960.		
De Enemond Duplomb,	f. 39.	à 5. l. 17386.	12.	4
De Raymond Orlic,	f. 39.	à 5. l. 13062.	8.	4
De la Caisse,	f. 43.	à 6. l. 19500.	11.	8
Des Marchandises en general,	f. 43.	à 6. l. 29314.	6.	8
		l. 408785.	4.	5

GABRIEL ALAMEL, compte de fonds, doit l.14657.3.4. pour sa part & portion des marchandises treuuées en nature dans la Boutique & Magasins de ce negoce, suiuant l'inuentaire qu'en a esté fait ce iourd'huy 3.Auril 1626.en ce, — à 6. l. 14657. 3. 4

    Luy assignons à receuoir à ses risques les parties cy-apres. —

		l.	s.	d.
De Vespasian Boloson, crediteur en ce, —	à 5.	l. 56756.	12.	6
De Verdier, Picquet, & Decoquiel, crediteur en ce, —	à 4.	l. 43178.	2.	6
De Hierosme Lantillon, crediteur en ce, —	à 5.	l. 68995.	10.	—
De Raymond Orlic de Bourdeaux, crediteur en ce, —	à 6.	l. 13062.	8.	4
A luy comptant, pour sa part & portion de l'argent comptant treuué en Caisse, —	à 6.	l. 9879.	9.	10
		l. 206529.	6.	6

—1626.—

IEAN FONTAINE, compte de fonds doit l.10259.18.- pour sa part & portion des marchandises restantes à vendre en ce negoce, suiuant l'inuentaire qu'en a esté fait ce iourd'huy 3. Auril 1626.en ce, — à 6. l. 10259. 18. —

Luy assignons à receuoir à ses risques les parties cy-apres, pour sa part & portion des debiteurs restans en ce negoce, sçauoir,

		l.	s.	d.
d'Estienne Glotton, crediteur en ce, —	à 4.	l. 15363.	2.	6
d'Antoine, & Hugues Blauf, crediteur en ce, —	à 4.	l. 11178.	15.	—
d'Estienne Chally, —	à 5.	l. 25137.	5.	—
De Fleury Gros, —	à 5.	l. 18301.	7.	6
De Iean de la Forests, —	à 5.	l. 5180.	11.	6
De Berthon, & Gaspard, —	à 6.	l. 54768.	—	
A luy comptant pour sa part & portion de l'argent comptant treuué en Caisse, —	à 6.	l. 7391.	4.	4
		l. 147580.	3.	10

—1626.—

IEAN PONTIER, compte de fonds doit l.4397.5.4. pour sa part & portion des marchandises restantes à vendre en ce negoce, suiuant l'inuentaire qu'en a esté fait ce iourd'huy 3.Auril 1626. en ce, — à 6. l. 4397. 5. 4

Luy assignons à receuoir à ses risques les parties cy-apres, pour sa part & portion des debiteurs, restans en ce negoce, sçauoir,

		l.	s.	d.
De Cesar, & Iulien Granon, crediteur en ce, —	à 4.	l. 4746.		
d'Herue, & Sauarry, —	à 4.	l. 770.	13.	1
Des marchandises restantes à vendre à Constantinople en participation de Boloson, —	à 4.	l. 258.	13.	4
De Taranget, & Rousier, compte des debiteurs qu'ils assignent, —	à 4.	l. 1925.	9.	2
De Charles Hauard de Paris, —	à 5.	l. 11887.	10.	—
De François Verthema de Lyon, —	à 5.	l. 2960.		
De Enemond Duplomb de Lyon, —	à 5.	l. 17386.	12.	4
De Robert Gehenaud, —	à 5.	l. 8113.	13.	4
A luy comptant pour sa part & portion de l'argent comptant treuué en Caisse, —	à 6.	l. 2229.	17.	6
		l. 54675.	14.	1

A VOIR pour fonds & capital par luy fourny en ce Negoce,fous la participation de ♉ 10.pour liure,aux profits ou pertes qu'il plaira à Dieu y mander,au liure A, f.2.& en ce , — à 1. l. 100000.

Et l.81356.17.8. pour fa ¼ de l.162713.15.4. que montent tous les profits qu'il a pleu à Dieu enuoyer en ce Negoce, — à 3. l. 81356. 17. 8

Et les parties cy-apres que luy affignons à payer pour fa part & portion des crediteurs de noftre Compagnie , fçauoir

A Vefpafian Bolofon de Lyon , debiteur en ce , — à 3. l. 1155.
A Cicery , & Cernefio de Venife , — à 3. l. 3416.
A luy-mefme, pour foude de fon compte courant, — à 3. l. 12946. 19. 7
A Lumaga , & Mafcranny de Lyon , — à 3. l. 3070. 11. 6
A Pierre Alamel, — à 3. l. 4583. 17. 9

— l. 206529. 6. 6

—————— 1626. ——————

A VOIR pour fonds & capital qu'il a fourny en ce Negoce, pour participer aux profits ou pertes qu'il plaira à Dieu y enuoyer à raifon de ♉ 7.pour liure, au liure A, f.2.& en ce, — à 1. l. 70000.

Et l.56949.16.4. pour les ⅐ à luy appartenant de l.162713.15.4.que montent tous les profits qu'il a pleu à Dieu enuoyer en ce Negoce, — à 3. l. 56949. 16. 4

Luy affignons à payer à Iean Seue Seue St de S.André , pour fa part & portion des crediteurs reftans à payer en ce Negoce , — à 3. l. 20630. 7. 6

— l. 147580. 3. 10

—————— 1626. ——————

A VOIR pour fonds & capital,par luy fourny en ce Negoce, fous la participation de ♉ 3. pour liure de profit ou perte , au liure A, f.2.cy — à 1. l. 30000.

Et l.24407.1.4. pour les 1/7 à luy appartenants de l.162713.15.4. que montent tous les profits qu'il a pleu à Dieu enuoyer en ce Negoce, — à 3. l. 24407. 1. 4

Luy affignons à payer à Claude Catillon,pour fa part des crediteurs reftans, — à 3. l. 268. 12. 9

— l. 54675. 14. 1

N

VESPASIAN BOLOSON de Lyon, doit au liure A, f.21.				
En Pafques 1628. —	à 1.	l.	56756.	12.	6
Luy affignons à receuoir de noftre Gabriel Alamel, crediteur en ce, —	à 2.	l.	1155.	.	
		l.	57911.	11.	6

———————— 1626. ————————

CLAVDE CICERY, ET FRANCOIS CERNESIO de Venife, doiuent que leur auons ordonné receuoir de noftre Gabriel Alamel, en ce , —	à 2.	l.	3416.	.	

———————— 1626. ————————

PROFITS ET PERTES, doiuent				
Pour la ⅟₇ de l.161713.15.4.cy-contre appartenant à Gabriel Alamel, en ce, —	à 2.	l.	81356.	17.	8
Pour les ⁷⁄₁₄ de ladiĉte partie appartenant à Iean Fontaine, —	à 2.	l.	56949.	16.	4
Pour les ⁴⁄₁₄ appartenant à Iean Pontier, —	à 2.	l.	24407.	1.	4
		l.	161713.	15.	4

———————— 1626. ————————

GABRIEL ALAMEL, compte courant doit porté crediteur à fon compte de fonds, en ce	à 2.	l.	11946.	19.	7

———————— 1626. ————————

IEAN SEVE Sr de S. André compte courant, doit que luy affignons à receuoir de noftre Iean Fontaine, en ce, —	à 2.	l.	20630.	7.	6

———————— 1626. ————————

LVMAGA, ET MASCRANNY de Lyon, doiuent à compte courant, que leur ordonnons receuoir de noftre Gabriel Alamel, crediteur en ce, —	à 2.	l.	5070.	11.	6

———————— 1626. ————————

CLAVDE CATILLON, demeurant à noftre feruice doit, que luy auons ordonné receuoir de noftre Iean Pontier, crediteur en ce , —	à 2.	l.	268.	11.	9

———————— 1626. ————————

PIERRE ALAMEL, demeurant à noftre feruice, doit que luy auons ordonné receuoir de noftre Gabriel Alamel, en ce, —	à 2.	l.	4583.	17.	9

AVOIR au liure A, f.21. pour debiteurs qu'il nous assigne, sçauoir

Antoine, & Hugues Blauf, en Touss. 1627.——l.378.				
Estienne Glotton,———— en Roys 1628.——l.385.	à 1.	l. 1155.		
Enemond Duplomb,———— Pasques 1628.——l.392.				
Luy auons ordonné payer à nostre Gabriel Alamel, debiteur en ce,——	à 2.	l. 56756.	12.	6
		l. 57911.	12.	6

————1626.————

AVOIR que leur assignons à receuoir des debiteurs, & termes cy-bas,

Enemond Duplomb,———— Aoust 1628.——l.1176.			
Antoine, & Hugues Blauf,——— Roys 1627.——l. 832. } Au liure A, f.27.——	à 1.	l. 3416.	
Raymond Orlic,——— Roys 1627.——l.1408.			

————1626.————

AVOIR pour tous les profits qu'il a pleu à Dieu enuoyer en ce Negoce, fins à ce iourd'huy 3. Auril 1626. au liure A, f.41. & en ce,—— — — — à 1. l. 162713. 15. 4

————1626.————

AVOIR en Pasques 1626. au liure A, f.43. & en ce,—— — — à 1. l. 12946. 19. 7

————1626.————

AVOIR en Pasques 1626. au liure A, f.43. & en ce, — — — à 1. l. 20630. 7. 6

————1626.————

AVOIR en Aoust 1626. Au liure A, f.43. & en ce, — — — à 1. l. 3070. 11. 6

————1626.————

AVOIR pour reste de ses gages fins au 3. Ianuier 1626. au liure A, f.43. & en ce, — à 1. l. 268. 12. 9

————1626.————

AVOIR que luy faisons bon pour son quart du profit fait en Piedmont, au liure A, f.43. & en ce à 1. l. 4583. 17. 9

N 2

CESAR, ET IVLIEN GRANON de Tours, doiuent au liure A, f.6.

En Touss. 1626.——— l. 1146.——— }		à 1. l.	4746.	
En Roys 1617.——— l. 3600.				

———1626.———

ROBERT GEHENAVD de Paris, doit

En Roys 1627.———l.3333. 1.10. } Au liure A, f.16.& en ce,———		à 1. l.	8113.	13.	4
Pasques 1627.———l.4780.11. 6.					

———1626.———

ESTIENNE GLOTTON de Thoulouse, doit au liure A f.16.

Pasques 1627.———l.14208. 2.6. } ———		à 1. l.	15363.	2.	6
Roys 1628.——— l. 1155.					

———1626.———

NICOLAS HERVE, ET GVILLAVME SAVARRY de Paris, doiuent

En Toussaincts 1626. au liure A, f.18. & en ce,———		à 1. l.	770.	13.	1

———1626.———

MARCHANDISES en compagnie de Boloson, pour 1/2, & nous pour les 1/2 restantes à vendre à Constantinople, és mains de Iean Scaich, doiuent

Nº 1300. aunes 32.6.8. Satin canellé 5.couleurs à l.8.— Au liure A, f.20.———		à 1. l.	158.	13.	4

———1626.———

VERDIER, PICQVET, ET DECOQVIEL, doiuent

En Roys 1627. ——— l.20618.2.6. } Au liure A, f.22. ———		à 1. l.	43178.	2.	6
En Roys 1628. ——— l.22550.——					

———1626.———

ANTOINE, ET HVGVES BLAVF de Lyon, doiuent

En Roys 1627.———l.2694.15.— }		à 1. l.	11178.	15.	
Touss. 1627.———l.1134.—— } Au liure A, f.22.& en ce, ———					
Pasques 1628.———l.7350.——					

———1626.———

FRANCOIS TARANGET, ET FRANCOIS ROVSIER de Paris, compte des débiteurs qu'ils nous assignent, doiuent

Pour Iean dès Lauiers, pour Pasques 1626.———l.604.6.8. }		à 1. l.	1925.	9.	2
Lindo, & Heron, — pour Pasques 1626.———l.816.2.6. } Au liure A, f.17. cy ———					
Nicolas de Lestre, — pour Aoust 1626.———l.495.					

AVOIR que leur ordonnons de payer à noftre Iean Pontier, debiteur en ce,	à 2.	l. 4746.		
—1626.—				
AVOIR que luy auons ordonné payer à noftre Iean Pontier,	à 2.	l. 8113.	13.	4
—1626.—				
AVOIR que luy auons ordonné payer à noftre Iean Fontaine,	à 2.	l. 15363.	1.	6
—1626.—				
AVOIR que leur ordonnons payer à noftre Iean Pontier, en ce,	à 2.	l. 770.	13.	1
—1626.—				
AVOIR qu'auons remis à Iean Pontier, en ce,	à 2.	l. 258.	13.	4
—1626.—				
AVOIR que leur auons ordonné payer à noftre Gabriel Alamel,	à 2.	l. 43178.	2.	6
—1626.—				
AVOIR que leur affignons à payer à noftre Iean Fontaine,	à 2.	l. 11178.	15.	
—1626.—				
AVOIR que leur affignons à payer à noftre Iean Pontier, en ce,	à 2.	l. 1925.	9.	2

HIEROSME LANTILLON de Lyon, doit au liure A, f.28.
en Pafques 1627.———l.24125.——} — — — — — — à 1. l. 68995. 10. —
Pafques 1628.———l.44870.10.—}

———1626.———
IEAN DE LA FORESTS de Lyon, doit
En Roys 1627.———l. 785.17.6.} Au liure A, f.28. ——— — — — à 1. l. 5180. 11. 6
Pafques 1627.———l.4394.14.—}

———1616.———
ESTIENNE CHALLY de Lyon, doit
En Roys 1627.———l.13849.——} Au liure A, f.29. ——— — — à 1. l. 25137. 5. —
Pafques 1628.———l.11288. 5.—}

———1626.———
FLEVRY GROS de Lyon, doit
En Roys 1627.———l.17863.17.6.} Au liure A, f.30. ——— — — — à 1. l. 18301. 7. 6
Pafques 1627.———l. 437.10.—}

———1616.———
CHARLES HAVARD de Paris, doit
En Toufl.1626.———l.7237.10.—} Au liure A, f.31. ——— — — à 1. l. 11887. 10. —
Roys 1627.———l.4650.—}

———1626.———
FRANCOIS VERTHEMA de Lyon, doit
En Toufl.1626.———l. 650.——} Au liure A, f.36. — — — à 1. l. 2960. —
Roys 1627.———l.2310.—}

———1626.———
ENEMOND DVPLOMB de Lyon, doit
En Roys 1627.———l. 811.17.6.}
Pafques 1627.———l.9593.14.2.}
Aouft 1627.———l.1164.— 8.} Au liure A, f.39. ——— — — à 1. l. 17586. 12. 4
Pafques 1628.———l.3465.—}
Aouft 1628.———l.2352.— -}

———1626.———
RAYMOND ORLIC de Bourdeaux, doit,
En Roys 1627.———l.1058.—}
Pafques 1627.———l.2020.13.4.}
Aouft 1627.———l.3523.15.—} Au liure A, f.39.——— à 1. l. 13062. 8. 4
Pafques 1628.———l.5460.—}

A V O I R que luy ordonnons payer à noſtre Gabriel Alamel, en ce,	à 2.	l.	68995.	10.

-----1626.-----

A V O I R que luy ordonnons payer à noſtre Iean Fontaine, en ce,	à 2.	l.	5180.	11.	6

-----1626.-----

A V O I R que luy ordonnons payer à noſtre Iean Fontaine, en ce,	à 2.	l.	25137.	5.

-----1626.-----

A V O I R que luy ordonnons payer à noſtre Iean Fontaine, en ce,	à 2.	l.	18301.	7.	6

-----1626.-----

A V O I R que luy ordonnons payer à noſtre Iean Pontier, en ce,	à 2.	l.	11887.	10.

-----1626.-----

A V O I R que luy ordonnons payer à noſtre Iean Pontier, en ce,	à 2.	l.	2960.

-----1626.-----

A V O I R que luy ordonnons payer à noſtre Iean Pontier, en ce,	à 2.	l.	17386.	12.	4

-----1626.-----

A V O I R que luy ordonnons payer à noſtre Gabriel Alamel, en ce,	à 2.	l.	13062.	8.	4

N 4

CAISSE D'ARGENT comptant és mains de Iean Pontier doit au liure A, f.43.& en ce,	à 1. l. 19500.	11.	8

———1626.———

MARCHANDISES en general de noſtre compte doiuent l.29314.6.8. pour le monter de toutes les marchandiſes treuuées en nature dans la Boutique,& Magaſins de ce negoce, ſuyuant l'inuentaire qu'en a eſté fait ce iourd'huy 3.Auril 1626.au liure A,f.43.& en ce,	à 1. l. 29314.	6.	8

———1626.———

DENIS BERTHON, ET OLIVIER GASPARD de Lyon, doiuent En Paſques 1628. au liure A, f.17.& en ce,	à 1. l. 54768.	

AVOIR.

		à 2.	l.	s.	d.
l.9879. 9.10.En debit à Gabriel Alamel, pour sa part & portion,		à 2.	l. 9879.	9.	10
l.7391. 4. 4.En debit à Iean Fontaine, pour sa part & portion,		à 2.	l. 7391.	4.	4
l.2229.17. 6.En debit à Iean Pontier, pour sa part & portion,		à 2.	l. 2229.	17.	6
			l. 19500.	11.	8

------1626.------

AVOIR.

		à 2.	l.	s.	d.
l.14657. 3.4. En debit à Gabriel Alamel, pour sa part & portion,		à 2.	l. 14657.	3.	4
l.10259.18.— En debit à Iean Fontaine, pour sa part & portion,		à 2.	l. 10259.	18.	
l. 4397. 5.4. En debit à Iean Pontier, pour sa part & portion, en ce,		à 2.	l. 4397.	5.	4
			l. 29314.	6.	8

------1626.------

AVOIR que leur ordonnons payer à nostre Iean Fontaine, en ce, — à 2. l. 54768.

CARNET DES PAYEMENS

DES ROYS,
PASQVES,
AOVST, ET
TOVSSAINCTS.
1625.

LE GRAND LIVRE, A, doit les parties cy-apres pour les crediteurs fuiuants extraicts
d'icelny, & rapportez en ce Carnet, fçauoir,

Negoce de Milan, pour Iean Hugonin de Lyon, par Caiffe, f. 6.	à 3. l.	1160.		
Pierre Alamel, par Caiffe, ──── f. 9.	à 3. l.	7500.		
Negoce de Milan, pour Gabriel Chabre, par Caiffe, f. 6.	à 3. l.	750.		
Negoce de Milan, par Michel Cotte, par Caiffe, ── f. 6.	à 3. l.	2340.		
Negoce dict pour Marchandifes au comptant, par Caiffe, f. 6.	à 3. l.	3923.	8.	—
Picquet, & Straffe, ──── f. 9.	à 3. l.	7500.		
Euftache Rouiere, ──── f. 9.	à 4. l.	3087.	19.	3
Octauio, & Marc-Antoine Lumaga de Noue, ──── f.10.	à 4. l.	8918.	10.	3
Louys Boillet, par Caiffe, ──── f. 9.	à 3. l.	2143.	19.	7
Antoine, & Ifaac Poncet de Lyon, par Caiffe, ── f.10.	à 3. l.	1716.	19.	2
Franchotty, & Burlamaquy, ──── f.14.	à 5. l.	6436.	10.	
Gilles Hannecard d'Anuers, ──── f.14.	à 5. l.	14103.	9.	
Octauio, & Marc-Antoine Lumaga de Genes, ── f.19.	à 4. l.	11291.	17.	
Robin, & Ferrary de Roüan, ──── f.17.	à 5. l.	13493.	1.	9
Lumaga, & Mafcranny de Lyon, ──── f.18.	à 5. l.	1814.	19.	
Octauio, & Marc-Antoine Lumaga, de Noue, ── f.18.	à 4. l.	3030.		9
Iean Iacques Manis de Lyon, ──── f.10.	à 6. l.	1798.	15.	
Alexandre Tafca de Venife, ──── f.21.	à 6. l.	10574.	18.	—
Auguftin Sexty de Lucques, ──── f.23.	à 6. l.	3091.	11.	6
Denis Berthon, & Oliuier Gafpard, ──── f.17.	à 6. l.	40000.		
Laurens Fiorauanty de Bologne, ──── f.18.	à 6. l.	1900.	1.	8
Claude Catillon, compte de voyages, ──── f.19.	à 7. l.	4088.	13.	—
Bleds diuers acheptez comptant, ──── f.32.	à 3. l.	99660.		
Verdier, Picquet, & Decoquiel, ──── f.32.	à 7. l.	6107.	10.	—
Picquet, & Straffe, ──── f.40.	à 2. l.	2114.	13.	4
Iacques Deputes, ──── f.40.	à 4. l.	1586.		
Leonard Berthaud, ──── f.40.	à 4. l.	1057.	6.	8
Pierre Saufet, par Caiffe, ──── f.33.	à 3. l.	50000.		
André Montbel, par Caiffe, ──── f.36.	à 3. l.	11025.	—	—
Benoift Robert de Marfeille, ──── f. 3.	à 12. l.	78086.	15.	2
		l. 410211.	19.	1

AVOIR les parties cy-apres pour les debiteurs fuiuants, extraicts d'iceluy, & rapportez en ce
Bilan, fçauoir,

		à	l.			
Gabriel Alamel, pour foude de fon fonds,	f. 1.	à 2.	l. 44100.			
Iean Fontaine compte de fonds,	f. 1.	à 2.	l. 70000.			
Iean Portier, compte dict,	f. 1.	à 2.	l. 16610.			
Geoffroy des Champs,	f. 3.	à 2.	l. 7182.	10.		
Claude Catillon, compte de voyages,	f.28.	à 7.	l. 2104.	7.	3
Clemence Goyer, & Compagnie, par Caiffe,	f.21.	à 3.	l. 840.			
Vefpafian Bolofon,	f.20.	à 6.	l. 1024.	2.	6
Picquet, & Straffe,	f.40.	à 2.	l. 52486.	7.	
Iacques Depures,	f.40.	à 4.	l. 39364.	15.	3
Leonard Berthaud,	f.40.	à 4.	l. 26243.	3.	6
Cefar, & Iulien Granon de Tours,	f. 6.	à 11.	l. 22037.	10.	
Porté debiteur en payemens de Pafques, pour foude,	f.38.	à 15.	l. 128119.	3.	7
			l. 410211.	19.	1

o

GABRIEL ALAMEL, doit pour foude de fon fonds capital, au liure A, f.1.& en ce —		à 1.	l.	44100.		
8.Septembre 1625.pour Picquet,& Straffe,pour Chabre,pour Fleury Gros,crediteur en ce, —		à 19.	l.	5090.	8.	—
4. Octobre 1625.à luy comptant par Caiffe ,		à 3.	l.	4909.	12.	—
7. Decembre 1625.pour Picquet,& Straffe,pour Manis,crediteur en ce —		à 6.	l.	17465.	14.	2
— Dudict pour Lumaga,& Mafcranny,pour Philippe,& Luc Seue,pour Granon,crediteur —		à 11.	l.	12534.	5.	10
Porté crediteur au liure A, f.43.pour foude, —		à 20.	l.	12946.	19.	7
			l.	97046.	19.	7
IEAN FONTAINE, doit pour compte de fon fonds & capital, au liure A, f.1. cy —		à 1.	l.	70000.		
IEAN PONTIER, doit à compte de fonds , au liure A, f.1.& en ce —		à 1.	l.	16610.	—	
Change de l.2610.- que luy prolongeons,iufqu'en Pafques prochain à 2.¼ pour ⅞, —		à 8.	l.	652.	10.	
			l.	17262.	10.	
GEOFFROY DESCHAMPS de Lyon,doit au liure A , f.3. & en ce, —		à 1.	l.	7282.	10.	—
PICQVETS, ET STRASSE de Lyon,doiuent au liure A, f.40.& en ce, —		à 1.	l.	51486.	7.	—
Par lettre de Paris,de Nicolas Herue,& Sauarry,crediteurs en ce, —		à 7.	l.	4360.	12.	
v 2000.par lettre de Venife de Retano,& Vanaxelle,valeur d'Alexandre Tafca, —		à 6.	l.	6000.	—	
6.Mars pour Gabriel Alamel,crediteur en ce, —		à 2.	l.	10000.		
6.Dudict pour Lafare Cofte,pour Guenify,& Maffey,pour Iean Fontaine , crediteur en ce —		à 2.	l.	15200.		
10.Dudict pour Guenify,& Maffey,pour Goyet,Decoleur,& Debeauffe,pour Doulcet , & Yon, —		à 12.	l.	11512.	10.	
Dudict pour Garnier,pour Ferrus,pour Doffaris,crediteur en ce —		à 12.	l.	5000.		
11.Dudict pour Salicoffre,pour Heruard,pour Laurens Payer,pour Iean Fontaine,crediteur en ce, —		à 2.	l.	4800.	—	
12.Dudict pour Bolofon,crediteur en ce, —		à 6.	l.	1298.	14.	9
28.Dudict à eux comptant par Caiffe, —		à 3.	l.	1303.	15.	10
			l.	111961.	19.	7

A V O I R du 6.Mars 1625.l.30000.— Receu de luy comptant par Caiſſe,————————	à 3.	l. 30000.		
6.Mars pour Picquet,& Straſſe,debiteurs en ce,————	à 2.	l. 10000.		
11.Dudict pour Ioué,pour Galiley,& Barelly,par Lumaga,& Maſcranny,debiteurs en ce,——	à 2.	l. 25000.		
13.Dudict pour Boloſon,pour Ceſar Oſio,pour Bonuiſy,pour Verdier,Picquet,& Decoquiel,debiteurs	à 7.	l. 7729.	19.	6
20.Dudict receu de luy comptant,par Caiſſe,————	à 3.	l. 1370.		6
Change de l.30000.—à 2.pour ½, iuſqu'en Paſques prochain	à 8.	l. 600.		
9.Iuin 1625.pour Ioué,pour Berthaud , debiteur en ce ————	à 4.	l. 9968.	6.	
11.Dudict pour Bonuiſy,pour Neret,pour Cardon debiteur,en ce ————	à 11.	l. 10031.	14.	
Change de l.50600. —à 2.pour ½, iuſqu'en Aouſt prochain ,	à 8.	l. 1012.		
Change de l.41612. —à 2.pour ½,iuſqu'en Touſſaincts prochain,——	à 8.	l. 831.	4.	9
Change de l.12444.4.9.à 2.pour ½, iuſqu'en Roys 1626. en ce——	à 8.	l. 248.	17.	8
Change de l.12693.2.5.à 2.pour ½ iuſqu'en Paſques 1626.en ce,——	à 8.	l. 253.	17.	2
		l. 97046.	19.	7

A V O I R du 6. Mars l.50000.—receu de luy comptant par Caiſſe,————	à 3.	l. 50000.		
6.Mars pour Gueniſy,& Maſſey,pour Laſare Coſte,pour Picquet,& Straſſe,debiteurs en ce,	à 2.	l. 15200.		
11.Dudict pour Laurens Payer,pour Heruard,pour Salicoffre,pour Picquet,& Straſſe,————	à 2.	l. 4800.		
		l. 70000.		

A V O I R du 6.Mars l.6000.— Receu de luy comptant par Caiſſe,————	à 3.	l. 6000.		
7. Mars pour Blauf,pour Nauergnon,pour Vanelle,pour Berthon,& Gaſpard,en ce ,——	à 6.	l. 8000.		
5.Iuillet 1625. receu de luy comptant pour ſoude,————	à 3.	l. 3262.	10.	
		l. 17262.	10.	

A V O I R du 10.Mars,pour Caboud,pour Millottet,pour Maſuyer , & Violette , pour Theüenet, pour Guetton,debiteurs en ce, ————	à 8.	l. 7282.	10.	

A V O I R du 3.Mars l.50000. — qu'ils ont fourny pour leur part de l.150000. pour employer en bleds ſur leſquels ils participent pour ½,	à 3.	l. 50000.		
Leur faiſons bon pour les deputez des creanciers de Laurens Iaquin,au liure A, f.9.& en ce , —	à 1.	l. 7500.		
▽ 4691.15.10. d'or ſol , par lettre d'Anuers de Gilles Hanneçard, debiteur en ce ,	à 5.	l. 14075.	7.	6
Par lettre de Robin,& Ferrary de Roüan,debiteur en ce——	à 5.	l. 3493.	1.	9
Au liure A, f.40.& en ce,	à 1.	l. 2114.	13.	4
▽ 3552. 8.3.d'or ſol,par lettre des noſtres de Milan,en ce——	à 10.	l. 10657.	4.	9
▽ 1010.— 3.d'or ſol,par lettre d'Octauio,& Marc-Antoine Lumaga de Noué,debiteurs ——	à 4.	l. 3030.		9
▽ 1030.10.6.d'or ſol,par lettre de Hieroſme Turcon de Plaiſance,debiteur en ce ——	à 9.	l. 3091.	11.	6
Par lettre de Marſeille de Benoiſt Robert,debiteur en ce,——	à 11.	l. 15000.		
▽ 1000.— d'or ſol,que à ducats 127.½,nous ont fait lettre pour Veniſe ſur Bernardin Benſio, payable au 3.Auril à Alexandre Taſca,debiteur en ce, ——	à 6.	l. 3000.		
		l. 111961.	19.	7

CAISSE D'ARGENT COMPTANT, au gouuernement de Iean Pontier, doit

	à	l.			
3.Mars,receu de Picquet,& Straffe,crediteurs en ce,	à 2.	l.	50000.		
3.Dudict de Iacques Depures,crediteur en ce,	à 14.	l.	37500.		
4.Dudict de Leonard Berthaud,crediteur en ce,	à 4.	l.	25000.		
6.Dudict de Gabriel Alamel, crediteur en ce,	à 1.	l.	30000.		
—Dudict de Iean Fontaine, crediteur en ce,	à 2.	l.	50000.		
—Dudict de Iean Pontier,crediteur en ce,	à 2.	l.	6000.		
10.Dudict de Goyet,de Coleur, & Debeauffe,	à 1.	l.	840.		
12.Dudict de Iacques Depures,	à 4.	l.	1864.	15.	3
—Dudict de Leonard Berthaud,	à 4.	l.	1243.	5.	6
—Dudict de Iean Seue Sr de S.André,	à 5.	l.	50000.		
20.Dudict de marchandifes venduës comptant,	à 14.	l.	409.		
—Dudict de Gabriel Alamel,	à 2.	l.	1370.		6
25.Dudict de marchandifes venduës comptant,	à 14.	l.	148.		
27.Dudict de marchandifes venduës comptant,	à 14.	l.	102.	12.	9
28.Dudict de Claude Laure,	à 9.	l.	911.	8.	6
29.Dudict de Philippe, & Luc Seue,	à 9.	l.	2292.	17.	10
30.Dudict de Horace Cardon,	à 11.	l.	9997.	1.	9
3.Auril de Doulcet,& Yon,	à 12.	l.	2413.	19.	4
—Dudict de vente faicte au comptant,	à 14.	l.	394.		
—Dudict de Barthelemy Ferrus,	à 13.	l.	5851.	8.	9
6.Dudict de vente au comptant,	à 14.	l.	150.		
—Dudict de Euftache Rouiere,	à 4.	l.	912.		9
18.Dudict de vente faicte au comptant,	à 14.	l.	580.	10.	5
30.Dudict de Claude Catillon,	à 7.	l.	15.	14.	3
10.May de vente faicte au comptant,	à 14.	l.	214.	10.	
15.Iuin de Claude Catillon,	à 14.	l.	13.	7.	6
20.Dudict de Bolofon,	à 6.	l.	1967.	12.	5
27.Dudict de Iean,& François du Soleil,	à 16.	l.	3247.	7.	6
3.Iuillet de Euftache Rouiere,	à 4.	l.	3071.	16.	9
—Dudict de Iean Glotton,pour Eftienne Glotton,	à 17.	l.	3234.	3.	4
—Dudict de Lorrin,pour Taranget,& Roufier,	à 16.	l.	218.	15.	2
—Dudict de Iean Pontier,	à 2.	l.	3262.	10.	
4.Dudict de Bonuify,	à 11.	l.	2228.	13.	3
27.Dudict de André Montbel,compte de voyages,	à 13.	l.	12.	13.	
—Dudict pour marchandifes venduës comptant,de compte de Beregany,	à 14.	l.	153.	6.	8
6.Aouft de Claude Catillon,	à 7.	l.	20.	18.	6
3.Septembre de Doulcet,& Yon,pour marchandifes à eux venduës comptant,	à 14.	l.	7680.		
6.Dudict de Iean Iuge,pour marchandifes venduës comptant,	à 14.	l.	1620.		
8.Dudict de la vente au comptant,	à 14.	l.	525.		
20.Dudict de Iean, & François du Soleil,	à 16.	l.	3300.		
3.Octobre de Pierre Sautet,pour foude de fon voyage de Mer,au liure A,f.33.	à 18.	l.	55187.	18.	
4.Dudict de Verdier,Picquet,& Decoquiel,	à 7.	l.	232.	5.	10
—Dudict de Ioachin Salicoffre,	à 15.	l.	1607.	2.	9
8.Dudict de Claude Catillon,	à 14.	l.	5154.		
—Dudict de Hierofme Lantillon,	à 18.	l.	1325.	14.	3
—Dudict d'Eftienne Chally,	à 19.	l.	2557.	8.	
10.Dudict de François Verthema,	à 19.	l.	1293.	15.	
25.Decembre de Cefar Ofio,	à 9.	l.	3000.		
—Dudict de Philippe,& Luc Seue,pour Cefar,& Iulien Granon,	à 11.	l.	8469.	13.	9
28.Dudict de Iean Glotton,pour Eftienne Glotton ,	à 17.	l.	488.	12.	4
—Dudict de Picquet,& Straffe,	à 18.	l.	1090.	19.	
—Dudict de Euftache Rouiere,	à 4.	l.	1500.		
1626. 3.Feurier de Cefar Ofio,	à 9.	l.	15000.		
4.Dudict de Galiley,& Barelly,	à 11.	l.	9917.	4.	3
—Dudict de Bonuify,	à 11.	l.	7881.	7.	
4.Auril 1626.de Picquet,& Straffe,	à 18.	l.	23161.	1.	3
10.May de Pierre Alamel,pour foude du Negoce de Piedmont,au liure A, f.9. cy	à 20.	l.	5813.	17.	
		l.	448248.	6.	1

Description	à	l.		s.	d.
A V O I R à Marchandifes de Cicery,& Cernefio,pour voitures,& Doüannes,	à 11.	l.	414.	6.	8
3.Mars à marchandifes de Beregany, pour voitures,& doüannes,	à 12.	l.	450.	11.	
6.Dudict comptant à Iean Hugonin,par negoce de Milan,au liure A, f.6.	à 1.	l.	1260.		
—Dudict à Pierre Alamel, au liure A, f.9.	à 1.	l.	7300.		
8.Dudict à Gabriel Chabre, par Negoce de Milan ,	à 1.	l.	750.		
—Dudict à Michel Cotte,par Negoce de Milan,	à 1.	l.	2340.		
—Dudict à diuers,pour marchandifes acheptées comptant,pour ledict negoce ,	à 1.	l.	3923.	8.	
9.Dudict à Louys Boillet,pour Pierre Alamel,	à 1.	l.	2143.	19.	7
—Dudict à Iean Lanet,pour faire tenir à Marfeille à Benoift Robert ,	à 12.	l.	20000.		
18.Dudict à diuers pour bled froment achepté comptant au liure A, f.32.	à 1.	l.	99660.		
—Dudict à Pierre Saufet,compte de voyages au liure A, f. 33.	à 1.	l.	50000.		
—Dudict à André Montbel,compte de voyages,au liure A, f.36.	à 1.	l.	11025.		
—Dudict à Picquet,& Straffe,	à 2.	l.	1303.	15.	10
—Dudict à Claude Catillon,compte de voyages,	à 7.	l.	1000.		
—Dudict à Iean Mandine,pour Benoift Robert ,	à 12.	l.	3200.		
—Dudict à Girard Viguier, pour ledict Catillon,	à 7.	l.	500.		
—Dudict à Antoine,& Ifaac Poncet,pour les leurs de Velance , au liure A, f.10. & en ce,	à 1.	l.	1726.	19.	2
29.Dudict à Pons S.Pierre,pour les noftres de Milan,	à 10.	l.	14700.		
30.Dudict à Pinedon , pour Tabouret,& Deculan,	à 9.	l.	3000.		
—Dudict à Patron Pelot , pour Benoift Robert,	à 12.	l.	27886.	15.	2
—Dudict à Iean Baptifte Decoquiel, pour enuoyer à fon pere en Anuers ,	à 11.	l.	11406.		
—Dudict à Iean Iacques Manis,	à 6.	l.	100.	15.	3
1.Auril à Pierre Gafchet voiturier,pour voiture de 5.bales filage de Raconis ,	à 10.	l.	89.		
3.Dudict pour voiture de 2.bales foye Meffine,	à 10.	l.	31.	5.	
—Dudict pour voiture d'vne bale filage de Raconis,	à 10.	l.	19.	12.	6
5.Auril à Iean Baptifte Decoquiel,pour enuoyer à fon Pere en Anuers,	à 12.	l.	3675.		
8.Dudict à Nicolas Bocquet, pour Claude Catillon,	à 7.	l.	500.		
10.Dudict pour voyture de 10.bales foye Meffine,	à 10.	l.	98.	16.	
—Dudict par voiture de 3.bales filage de Raconis ,	à 10.	l.	60.		
3.Iuin à André Montbel,compte de voyages,au liure A, f.37.	à 15.	l.	7300.		
12.Dudict à Lumaga,& Mafcranny,par Claude Catillon,compte de voyages	à 7.	l.	1000.		
—Dudict à Claude Catillon,compte de voyages,	à 7.	l.	500.		
—Dudict à Claude Rambaud,pour André Montbel,compte de voyages au liure A,f.37.	à 15.	l.	5868.	8.	
20.Dudict à Marin Doffaris,	à 12.	l.	1293.	13.	5
25.Dudict à Horace Cardon,	à 11.	l.	8910.	11.	1
—Dudict à Philippe , & Luc Seue ,	à 9.	l.	100.		
3.Iuillet à Galiley,& Barelly ,	à 11.	l.	1195.	17.	
20.Dudict à Claude Catillon,compte de voyages,	à 7.	l.	7350.		
10.Septembre à Guillaume Vianey,pour foyes par luy ouurées,au liure A, f.25.	à 18.	l.	900.		
—Dudict à Louys Burlet,pour foyes par luy ouurées,audict liure A, f.25.	à 18.	l.	322.	16.	
13.Dudict à Iean Fournier embaleur,pour frais d'embalage,	à 10.	l.	37.	10.	
—Dudict à Vianey,pour foyes par luy ouurées,au liure A, f.25.	à 18.	l.	625.		
15.Dudict à Antoine Gayot, pour foyes par luy ouurées au liure A, f.25.	à 18.	l.	862.	10.	
—Dudict à Molandier,pour foyes par luy ouurées,au liure A, f.25.	à 18.	l.	161.	10.	
—Dudict à Picquet,& Straffe,	à 18.	l.	10000.		
—Dudict aux Receueurs de la doüanne,	à 10.	l.	4152.	3.	4
20.Dudict à Antoine Gayot,pour foyes par luy ouurées au liure A, f.25.	à 18.	l.	714.		
15.Dudict à Iean Feuly,pour Doppions par luy ouurez,au liure A, f.25.	à 18.	l.	507.		
—Dudict à Antoine Gayot,pour Doppions,par luy ouurez au liure A,f.25.	à 18.	l.	540.		
3.Octobre à Iacques Depures, debiteur en ce ,	à 4.	l.	2897.	6.	
—Dudict à Leonard Berthaud,	à 4.	l.	15011.	5.	6
4.Dudict à Gabriel Alamel,	à 1.	l.	4969.	12.	
—Dudict à Bolofon,	à 17.	l.	3536.	11.	11
—Dudict à Iean Dulac,	à 19.	l.	2987.	16.	
—Dudict à Iean Bertrand,pour Pierre Richard de Nyfmes,au liure A, f.28.	à 18.	l.	431.	8.	9
5.Dudict à Iean,& Pierre Dulac d'Vfez,debiteurs au liure A, f.18.	à 18.	l.	237.		
—Dudict à Antoine Roux de Saumieres,debiteur en ce,	à 18.	l.	286.	2.	6
—Dudict à René Bais,pour les creanciers de Laurens Iaquin, au liure A, f.9.	à 18.	l.	7500.		
3.Decembre à Picquet,& Straffe,pour Virer ,	à 18.	l.	10000.		
20.Dudict à André,& Philippe Guetton,	à 8.	l.	1725.	1.	6
25.Dudict à Doulcet,& Yon,	à 12.	l.	1829.	14.	9
3.Ianuier 1616.à Pons S.Pierre, pour diuerfes voitures de marchandifes ,	à 10.	l.	477.	2.	
—Dudict à Schem, pour diuerfes voitures de marchandifes,	à 10.	l.	516.	9.	
—Dudict pour le loüage de la maifon où nous refidons,	à 10.	l.	1000.		
—Dudict pour plufieurs frais,& defpens faicts en l'an 1625.	à 10.	l.	5712.	10.	
—Dudict à Claude Boyer,pour fes Gages d'vne année ,	à 10.	l.	1000.		
—Dudict pour teinture & aprefts de marchandifes,	à 10.	l.	847.	9.	
—Dudict aux receueurs de la doüanne,pour diuerfes marchandifes acquitées,	à 10.	l.	1711.		
—Dudict à diuers couratiers,pour couratage de diuerfes marchandifes,	à 10.	l.	1711.		
— En debit à autre compte, pour foude du prefent ,	à 20.	l.	27240.	14.	2
		l.	1.448248.	6.	1

OCTAVIO, ET MARC-ANTOINE LVMAGA de Genes, doiuent
▽ 5809.11.– d'or de marc, qu'ils ont tiré de nostre ordre aux leurs de Noué à ₰ 67.– pour ▽, font
l.19462.– valant ▽ 5714.2.5.d'or de ₰ 68.piece,que à ₰ 115.de mónoye courante sont l.32913.14.– à 4.| l. |22291.| .17.
En Pasques 1625.pour le net procedit de la vente de 1500.Eymines bled par eux ven-
du comptant,rabatu les frais & prouision,au liure A, f.32.cy ————— l.22400.– à 15.| l. |15424.| 16.

l.55313.14.– l. |36716. | 13.

IACQVES DE PVRES de Lyon doit, au liure A, f.4c.& en ce, ————— à 1.| l. |139364. | 15. | 3
15. Mars pour Enemond Duplomb , pour Beraud,& Desargues,pour Bonuify, pour Cardon , à 11.| l. | 1586. | —.
8. Iuin pour Bolofon,crediteur en ce, à 6.| l. | 14952. | 9.
8. Septembre pour Bonuify,pour Franchotty,& Burlamaquy , pour Iean de la Forefts, crediteur à 19.| l. | 5277. | 17. | 2
3. Octobre à luy comptant par Caiffe, ————— à 3.| l. | 28971. | 6.

l. | 90152. | 7. | 5

LEONARD BERTHAVD de Lyon,doit au liuré A,f.40.& en ce, à 1.| l. | 26243. | 3. | 6
15. Mars pour Hierofme Payelle,pour René Bays, pour Philippe,& Luc Seue, à 9.| l. | 1057. | 6. | 8
9. Iuin pour Ioué,pour Gabriel Alamel,crediteur en ce, à 2.| l. | 9968. | 6.
8. Septembre,pour Boillet,pour Iean,& François du Soleil,crediteur en ce, à 16.| l. | 7821. | 10.
3. Octobre à luy comptant par Caiffe. ————— à 3.| l. | 15011. | 5. | 6

l. | 60101. | 11. | 8

EVSTACHE ROVIERE de Lyon,doit par lettre de François Sauarry,valeur de Nicolas
Herue,& Guillaume Sauarry , en ce , ————— à 7.| l. | 7000.
En Pasques 1625.pour la lettre cy-contre de ▽ 813.– d'or de marc proteftée,montant auec la pro-
uifion & proteft ▽ 816.12.retournez en ▽ 1023.18.3.d'or fol,à 79.¼ pour cent,par Hierofme Turcon,
crediteur en ce, ————— à 13.| l. | 3071. | 16. | 9
En Touffainéts 1625. ▽ 500.– d'or fol,que à ₰ 120.pour ▽,luy auons fait lettre pour Milan,paya-
ble au 28.Decembre 1625.à Iacques Saba,par les noftres,en ce, ————— à 10.| l. | 1500.

l. | 11571. | 16. | 9

OCTAVIO, ET MARC-ANTOINE LVMAGA de Noué, doiuent
▽ 2972.16.9.d'or fol,que à 81. pour ÷,nous ont tiré par leur lettre à payer à Lumaga, & Mafcranny,
en ce , ————— ▽ 2408. à 5.| l. | 8918. | 10. | 3
▽ 1010.0.3. d'or fol , que à 80.÷ pour ÷ , nous ont tiré à payer à Picquet, & Straffe,
crediteurs en ce, ————— ▽ 813. 1. 3. à 2.| l. | 3030. | 9
▽ 7108.8.8.d'or fol,que à 82. pour ÷,nous ont tiré à payer à Lumaga , & Mafcranny,
crediteurs en ce, ————— ▽ 5828.18. 4. à 5.| l. | 21325. | 6.
En Pasques 1625.▽ 4075.8.11.d'or de marc,que à ₰ 65.pour ▽,leur ont efté remis par
les leurs de Genes , en ce , ————— ▽ 4075. 8.11. à 4.| l. | 15424. | 16.

▽ 13125. 8. 6. l. | 48698. | 13.

A V O I R au liure A, f. 19. & en ce,	l.32913.14.—	à 1.	l. 21291.	17.	—
En Pasques 1625. pour ▽ 4075.8.11. d'or de marc, qu'ils ont remis de nostre ordre aux leurs de Noué, en Foire de Pasques à ₵ 65. pour ▽, sont l.13245.4.2. (monnoye d'or de ₵ 68. pour ▽,) valant ▽ 3895.13. Destampe à l.5.15. piece, sont	l.22400.—	à 4.	l. 15424.	16.	—
	l.55313.14.—	—	l. 36716.	13.	—

A V O I R du 3. Mars l.37500. — Qu'il a fourny pour le quart de l.150000. pour employer en bleds sur lesquels il participe pour $\frac{1}{4}$ par Caisse,	à 3.	l. 37500.	—	—
12. Mars receu de luy comptant pour soude,	à 3.	l. 1864.	15.	3
Au liure A, f.40.	à 1.	l. 1586.	—	—
En Pasques 1625. Au liure A, f.40.	à 15.	l. 14952.	9.	—
En Aoust 1625. au liure A, f.40.	à 18.	l. 34249.	3.	2
	—	l. 90152.	7.	5

A V O I R du 4. Mars l.25000. — qu'il a fourny pour sa part de l. 150000. pour employer en bleds sur lesquels il participe pour $\frac{1}{6}$ par Caisse,	à 3.	l. 25000.	—	—
12. Dudict receu de luy comptant pour soude,	à 3.	l. 1243.	3.	6
Au liure A, f.40. & en ce,	à 1.	l. 1057.	6.	8
En Pasques 1625. au liure A, f.40. & en ce,	à 15.	l. 9968.	6.	—
En Aoust 1625. audict liure A, f.40.	à 18.	l. 22832.	15.	6
	—	l. 60101.	11.	8

A V O I R par lettre de Pierre Alamel, valeur de Gentil, au liure A, f.9. & en ce,	à 1.	l. 3087.	19.	3
▽ 1000.— d'or sol, que à 123. pour $\frac{o}{o}$, valent ▽ 813. d'or de marc, qu'il nous a fait lettre pour Plaisance sur Iean Baptiste Paulin, payable en Foire de S.Marc à Hierosme Turcon, debiteur	à 13.	l. 3000.	—	—
6. Auril receu de luy comptant par Caisse,	à 3.	l. 912.	—	9
3. Iuillet receu de luy comptant pour soude,	à 3.	l. 5071.	16.	9
28. Decembre receu de luy comptant,	à 3.	l. 1500.	—	—
	—	l. 11571.	16.	9

A V O I R pour ▽ 2400.-- d'or de marc, que à ₵ 26. pour ▽, leur ont esté tirez de nostre ordre de Valence, en Foire des Roys 1625. par Antoine, & Isac Poncet, debiteurs au liure A, f. 10. & en ce,	▽ 2400.—				
Prouision à $\frac{1}{3}$ pour $\frac{o}{o}$,	▽ 8.—	à 1.	l. 8918.	10.	3
▽ 810.7.3. d'or de marc, que à Carlins 32. pour ▽, leur ont esté tirez de Messine, pour nostre compte par Diecemy, & Benascey, au liure A, f.18.	▽ 810. 7.3.				
Pour leur prouision à $\frac{1}{3}$ pour $\frac{o}{o}$	▽ 2.14.—	à 1.	l. 3030.	—	9
▽ 5809.11. d'or de marc, que les leurs de Genes, leur ont tiré pour nostre compte en Foire des Roys, en ce	▽ 5809.11.—				
Prouision à $\frac{1}{3}$ pour $\frac{o}{o}$	▽ 19. 7.4.	à 4.	l. 21291.	17.	—
Perte sur ladicte traicte,	▽	à 8.	l. 33.	9.	—
En Pasques 1625. ▽ 5141.12. d'or sol, que à 79. pour $\frac{o}{o}$, nous ont remis sur Lumaga, & Mascranny, debiteurs en ce,	▽ 4061.17.3.				
Pour leur prouision à $\frac{1}{3}$ pour $\frac{o}{o}$	▽ 13.11.8.	à 15.	l. 15424.	16.	—
	▽ 13125. 8.6.	—	l. 48698.	13.	—

IEAN SEVE Sr de S.André,doit du 6.Decembre,pour Philippe,& Luc Seue,pour Lumaga,
& Mafcranny,crediteur en ce, ——————————————— à 15. l. 16763. 10. 4
9. Dudict pour Philippe,& Luc Seue,pour Carcquy,crediteur en ce, ——— à 7. l. 14390. 15. 11
10. Dudict pour Philippe,& Luc Seue,pour Manf,pour Picquet,& Straffe,pour Iean Glotton , pour
Eftienne Glotton crediteur en ce, —————————————— à 17. l. 1343. 18. 11
Porté crediteur au liure A, f.43.pour foude de ce compte, ————— à 20. l. 10630. 7. 6
———— l. 53128. 12. 8

FRANCHOTTY, ET BVRLAMAQVY de Lyon,doiuent v 286.4.9.par lettre de
Venife d'Odefcalco,& Cernefio,valeur d'Alexandre Tafca,crediteurs en ce, ——— à 6. l. 858. 14. 5
6. Mars pour Vidaud Laifné,pour Philippe,& Luc Seue,crediteurs en ce , ——— à 9. l. 12000.
13. Dudict par Garbufat,pour Noël Coftar,pour Marin Doffaris, crediteur en ce , —— à 12. l. 2974. 5. 1
14. Dudict pour Nicolas Bocquet,pour Perrin,pour Charles Baile,pour Doulcet,& Yon,credit.en ce, à 12. l. 5073. 10. 8
Pafques 1625.v 1000. -par lettre d'Amiens,de Paul Buftance,valeur de Iean Baptifte Decoquiel, à 12. l. 3000.
———— l. 21906. 10.

GILLES HANNECARD d'Anuers,doit v 4691.15.10.que à 116.gros pour v,il nous a
tiré par fa lettre payable à Picquet,& Straffe,en ce , ——————— l.2267.14.— à 2. l. 14075. 7. 6
Pour benefice fur ladicte traicte, —————————————— l.—— à 8. l. 28. 1. 6
En Pafques 1625. au liure A, f.26.payable au 27.Auril 1626.l'efcompte à 8.pour ¼—l. 212. 3.6. à 15. l. 1273. 1.

l.2479.17.6. ————— l. 15376. 10.

ROBIN, ET FERRARY de Roüan,doiuent qu'ils ont tiré de noftre ordre à Paris, fur
Tabouret,& Deculan,crediteurs en ce, ——————————— à 9. l. 10000.
Nous ont tiré par leur lettre payable à Picquet,& Straffe crediteurs en ce , ———— à 2. l. 3493. 1. 9
———— l. 13493. 1. 9

LVMAGA ET MASCRANNY de Lyon , doiuent du 7.Mars, pour Guenify,& Maffey,pour Garnier,pour Ioué,pour Horace Cardon,crediteur en ce, ————— à 11. l. 30000.
11. Mars pour Galiley,& Barelly,pour Ioué,pour Gabriel Afamel,crediteur.en ce, ——— à 2. l. 25000.
12. Dudict pour Vidaud Laifné,pour Becarie,pour Salmatory,& Pradel,pour Ioué,pour Seue, —— à 9. l. 4000.
14. Dudict pour Verdier,Picquet,& Decoquiel,pour Bolofon,pour Horace Cardon ; crediteur à 11. l. 3657. 3. 6
———— l. 62657. 3. 6

AVOIR du 3.Mars 1625.receu de luy comptant à 1.$\frac{1}{4}$ pour %,iusqu'en prochains,		à 3.	l. 50000.	—	—
Change de ladicte partie à 1.$\frac{3}{4}$ pour %, iusqu'en Pasques prochain en ce,		à 8.	l. 875.	—	—
Change desdictes l.50875.—cy-dessus à 1.$\frac{1}{2}$ pour %,iusqu'en Aoust 1625.par cedulle,		à 8.	l. 763.	12.	6
Change desdictes l.51638.2.6.cy-dessus à 1.$\frac{2}{3}$ pour %,iusqu'en Toussaincts prochain par cedulle,		à 8.	l. 860.	12.	8
Change de —— l.20000.—à 1.$\frac{1}{2}$ pour %, iusqu'en Roys 1626.par cedulle		à 8.	l. 300.	—	—
Change de —— l.20300.—à 1.$\frac{1}{2}$ pour %,iusqu'en Pasques 1626.par cedulle,		à 8.	l. 329.	17.	6
		—	l. 53128.	12.	8

AVOIR ▽ 2145.10.—d'or sol par lettre de Londres d'Abraham Bech,au liure A,f.14.& en ce,		à 1.	l. 6436.	10.	—
Par lettre de Nicolas Herue,& Sanarry de Paris,à eux transportée par Thomas Ricquetty,en ce,		à 7.	l. 6470.	—	—
▽ 2000.— que à ₰ 122.-- nous ont fait lettre pour Milan, sur Homodeo,payable au 4.Auril 1625. aux nostres en ce,		à 10.	l. 6000.	—	—
Du 12.Iuin,pour Garnier,pour Bonuisy,pour Cardon,debiteur en ce		à 11.	l. 3000.	—	—
		—	l. 21906.	10.	—

AVOIR l.2260.3.4.de gros,que à 4.pour % d'auance, luy ont esté tirez de nostre ordre d'Amsterdam par Iean Oort,au liure A, f.14.& en ce	l.2260. 3.4.	à 1.	l. 14103.	9.	—
Prouision à $\frac{1}{3}$ pour %	l. 7.10.8.				
En Pasques 1625.pour plusieurs frais,& despens par luy faicts à la reception & venre de 3.bales soyes ouurées,au liure A, f.26.& en ce	l. 40.14.—	à 15.	l. 244.	4.	—
Pour l'escompte de l.212.3.6.monnoye de gros cy-contre à 8.pour %,	l. 15.14.3.				
▽ 325.0.10.que à gros 115.pour ▽, nous a remis,par sa lettre,sur Picquet, & Strasse, debiteurs en ce,	l. 155.15.3.	à 14.	l. 975.	2.	6
Pour soude en debit à profits & pertes,	l.—	à 8.	l. 53.	14.	6
	l.2479.17.6.	—	l. 15376.	10.	—

AVOIR au liure A, f.17.& en ce,	à 1.	l. 13493.	1.	9

AVOIR ▽ 604.19.8.d'or sol,par lettre de Plaisance de Hierosme Turcon,pour compte de Laurens Fiorauanty de Bologne,au liure A, f.18.& en ce,	à 1.	l. 1814.	19.	—
▽ 2972.16.9.d'or sol,par lettre de Noué,d'Octauio, & Marc-Antoine Lumaga,	à 4.	l. 8918.	10.	3
▽ 1283. 5.9.d'or sol,par lettre des nostres de Milan,en ce	à 10.	l. 3849.	17.	3
▽ 7108. 8.8.d'or sol,par lettre d'Octauio,& Marc-Antoine Lumaga de Noué,	à 4.	l. 21325.	6.	—
l. 6000.——par lettre de Paris,de Laurens Vanelly à nous tirée par Herue,& Sauarry,	à 7.	l. 6000.	—	—
▽ 2856. 3.8. que à ₰ 121.$\frac{1}{4}$ nous ont fait lettre pour Milan sur Roger Stampe, payable au 28. Mars aux nostres, en ce	à 10.	l. 8568.	11.	—
▽ 2660.17.3.d'or de marc,que à 115.pour %,nous ont fait lettre pour Noué,sur Octauio,& Marc-Antoine Lumaga,payable en Foire de Pasques prochaine à Alexandre Tasca, où à son ordre, en ce	à 6.	l. 9180.	—	—
▽ 840.6.8. d'or d'Estampe, que à 84.$\frac{1}{3}$ pour % nous ont fait lettre pour Rome sur Iean Baptiste Gasquetty,& Louys Altonity,payable au 15.Auril prochain,à Thomas,& Fortune Bancilly, debiteur en ce,	à 13.	l. 3000.	—	—
	—	l. 62657.	3.	6

DENIS BERTHON, ET OLIVIER GASPARD de Lyon, doiuent du 7.
Mars pour Vanelle,pour Nauergnon,pour Blauf, pour Iean Pontier,crediteur en ce, — à 2. l. 8000.
10.Mars pour Tyffy,pour Hierofme de Cotton,pour Antoine Duchamp, pour Noël Coftar,pour Marin Doffaris,crediteur en ce, — à 12. l. 21000.
11.Dudiĉt pour Antoine,& Hugues Blauf,pour Iean Iuge,pour Ferrux,pour Horace Cardon, — à 11. l. 11000.
——— l. 40000.

IEAN IACQVES MANIS de Lyon,doit du 12.Mars pour Bonuify,pour Cefar Ofio,
crediteur en ce, — à 9. l. 1697. 19. 9
30.Mars à luy comptant par Caiffe , — à 3. l. 100. 15. 3
En Touffainĉts 1625. l'efcompte à 7.¼ — l. 8480. —} Au liure A, f.31. & en ce, — à 20. l. 19254. 10.
L'efcompte — à 12.¼ — l.10774.10.—}
——— l. 21053. 5.

ALEXANDRE TASCA de Venife , doit ▽ 1000. — que à ducats 127.½ pour ½ luy
auons remis pour le 3. Auril fur Bernadin Bencio , par lettre de Picquet , & Straffe , crediteurs
en ce, — ducats 1273. 8.— à 2. l. 3000.
▽ 2000.— que à d.126.pour ½,nous a tiré à payer à Bonuify,crediteur en ce, — d.2520.— à 11. l. 6000.
▽ 346.10.6.que à d.126.pour ½,nous a tiré par fa lettre payable à Seue, crediteur — d. 436.15.— à 9. l. 1059. 11. 6
4229.23.
Benefice fur les traiĉtes & remifes cy-deffus,en credit à profits — d. — à 8. l. 535. 6. 6
▽ 2660.17.3.d'or de marc,que à 115.pour ½, luy auons remis pour fon compte à Noué, en Foire de
Pafques prochaine fur Lumaga,par lettre de Lumaga,& Mafcranny , — à 5. l. 9180.
Pour noftre prouifion à ½ pour ½ de ladiĉte remife , — à 8. l. 30.
▽ 1140.10.7.qu'il nous a tiré par fa lettre payable à André,& Philippe Guetton, — à 8. l. 3421. 11. 9
Pour noftre prouifion de ladiĉte traiĉte à ½ pour ½ , — à 8. l. 11. 8. 6
23217.18.3.
En Pafques 1625.▽ 5686.15.10.d'or de fol , que à 124.pour ½ luy auons remis pour le 15.Iuillet prochain,fur Paulo Deltorgio,par lettre de Picquet,& Straffe, — à 14. l. 17060. 7. 6
Profits fur ladiĉte remife d'autant que lefdiĉts d.7051.15.cy-contre ont efté calculez à ⍟ 50.tour-
nois l'vn , — à 8. l. 397. 7. 7
——— l. 40675. 13. 4

AVGVSTIN SEXTY de Lucques, doit ▽ 831.19.1. d'or de marc , que à 131. pour ½ il
a tiré de noftre ordre à Plaifance , en Foire de la Purification , fur Hierofme Turcon , crediteur
en ce, — ▽ 1089.17.5.— à 9. l. 3091. 11. 6

LAVRENS FIORAVANTY de Bologne , doit ▽ 532. 5. — d'or de marc , que à 119.
pour ½,luy auons remis de fon ordre à Plaifance, en Foire de S. Marc prochaine,fur Hierofme Turcon,crediteur en ce, — à 9. l. 1900. 2. 8

VESPASIAN BOLOSON de Lyon , doit pour le ½ de l'achapt , & defpens des marchandifes enuoyées à Conftantinople,au liure A, f.20. cy — à 1. l. 1024. 2. 6
Par lettre de Paris de Nicolas Herue,& Sauarry,crediteurs en ce — à 7. l. 5000.
En Pafques 1625.l.25000.—qu'il a promis fournir pour fon ½ de l'achapt des Doppions en Compagnie de Seue, & nous en ce, — à 16. l. 25000.
Pour ½ de tous les frais faiĉts fur l'achapt,& vente des Doppions en participation,en ce — à 15. l. 804. 1. 8
——— l. 31818. 4. 2

AVOIR au liure A, f.27.& en ce,		à 1.	l.	40000.	

AVOIR au liure A, f.20. pour marchandifes en Compagnie de Bolofon,		à 1.	l.	1798.	15.
En Touffainɛts 1625.pour l'efcompte de l.8480.- cy-contre à 107.¼ pour ²⁄₁, en ce, l. 591.12.6.		à 8.	l.	1788.	15. 10
Pour l'efcompte de l.10774.10.- cy-contre à 112.½ pour ⁰⁄₀ — l.1197. 3.4.					
7.Decembre 1625.pour Picquet,& Straffe,pour Gabriel Alamel,debiteur en ce,		à 2.	l.	17465.	14. 2
			l.	21053.	5.

AVOIR au liure A, f.21.& en ce,	d.4229.23.	à 1.	l.	10574.	18.
▽ 800.— qu'il nous a remis par lettre d'Vliffe Gatefchy,fur Galiley,& Barelly, debiteurs		à 11.	l.	2400.	
▽ 186.4.9.nous a remis par lettre d'Odefcalcho,& Cernefio, fur Franchotty,& Burlamaquy ,		à 5.	l.	858.	14. 3
▽ 2000.— qu'il nous a remis par lettre de Retano,& Vanaxello,fur Picquet, & Straffe ,		à 2.	l.	6000.	
▽ 1128.2.que à d.125.½ pour ⁰⁄₀ luy auons tiré par noftre lettre a payer à Cicery, & Dada de Venife,		à 10.	l.	3384.	6. —
pour compte des noftres de Milan,en ce,					
	13217.18.3.				
En Pafques 1625.Au liure A, f.21.& en ce,	d. 7051.15.—	à 15.	l.	17457.	15. 1
			l.	40675.	13. 4

AVOIR au liure A,f.23.pour le prix,& frais d'vne Caiffe fatins de Lucques montant ▽ 1089.17.5.		à 1.	l.	3091.	11. 6

AVOIR au liure A, f.18.& en ce,		à 1.	l.	1900.	2. 8

AVOIR ▽ 1575.2.7. d'or fol par lettre des noftres de Milan , en ce ,		à 10.	l.	4725.	7. 9
11.Mars 1625.pour Picquet,& Straffe,debiteurs en ce,		à 1.	l.	1298.	14. 9
En Pafques 1625.luy faifons bon pour ¹⁄₇ de 265.piaftres que monte la remife faiɛte par Scaïch en		à 15.	l.	206.	2. 2
Alep à compte des marchandifes en Compagnie auec luy,au liure A , f.10.					
Pour ¹⁄₇ de la vente au comptant rabatu le ¹⁄₇ des frais des Camelots en Compagnie auec luy, au-		à 15.	l.	222.	8. 3
dict liure A,f.21. & en ce ,					
Qu'il a fourny pour port,dace,doüanne , & contratage de 7.bales Doppion de Milan, en Compa-		à 15.	l.	595.	10. 1
gnie auec luy,au liure A, f.23.& en ce ,					
8.Iuin pour Iacques Depures,debiteur en ce ,		à 4.	l.	14952.	9. —
Dudict pour Bonaify,pour Picquet,& Straffe,debiteurs en ce ,		à 14.	l.	7859.	19. 9
20.Dudiɛt reçeu de luy comptant par Caiffe ,		à 3.	l.	1967.	12. 5
			l.	31828.	4. 2

		à	l.		
VERDIER, PICQVET, ET DECOQVIEL de Lyon, doiuent du 7. Mars pour Salicoffre, pour Ioué, pour Marin Doſſaris, crediteur en ce,		à 11.	l.	16000.	
13.Mars pour Bonuiſy, pour Ceſar Oſio, pour Boloſon, pour Gabriel Alamel, crediteur en ce,		à 2.	l.	7729.	19. 6
Paſques 1625.pour v 4949.7.1.que à gros 118.pour v, valent l.12433.8.7.leur auons fait lettre pour Anuers, payable à Vſance à Iean Baptiſte Decoquiel, par Oort d'Amſterdam, crediteur au liure A, f.14.& en ce,		à 15.	l.	14848.	1. 4
Pour marchandiſes au liure A, f.22. deuës en Paſques 1627.		à 15.	l.	18278.	
Aouſt 1625. Au liure A, f. 22. deub en Roys 1628.		à 18.	l.	4735.	5.
			l.	61591.	5. 10
CLAVDE CATILLON, compte de voyages doit du 28.Mars à luy comptant pour aller à l'achapt en Dauphiné,& Languedoc,par Caiſſe,		à 3.	l.	1000.	
Luy auons remis par noſtre lettre ſur Geraud Viguier de Limoux, pour valeur comptée icy à ſon homme par Caiſſe ,		à 3.	l.	500.	
Et l.500.- payez ſuiuant ſa lettre de change à Nicolas Bocquet,d'ordre de Gaſca, & Deldon , par Caiſſe,		à 3.	l.	500.	
Nous aſſigne par cedulles,ou lettres de change qu'il a faictes en noſtre nom à payer en diuers termes à diuerſes perſonnes,au liure A, f.28.cy		à 1.	l.	2104.	7. 3
4104.7.3.					
12.Iuin 1625.l.500.-à luy comptant pour faire achapt de marchandiſes au voyage de France, & Poictou , que luy faiſons faire ,		à 3.	l.	500.	
Et l.1000.par lettre de Lumaga , & Maſcranny à luy donnée pour recevoir à Paris des leurs,en ce,		à 3.	l.	1000.	
Et l.200.- qu'il a receu à Roüan de Iacques Boule,dont il a fait lettre ſur nous payable à Philippe & Luc Seue,crediteurs en ce,		à 9.	l.	200.	
Nous aſſigne à payer par ces cedulles ou lettres de change en diuers termes à diuerſes perſonnes creditrices,au liure A, f.28.& en ce ,		à 15.	l.	6590.	6. 6
8290.6.6.					
20.Iuillet 1625.à luy comptant en 1000. doublons d'Eſpagne effectifs à l.7.7. piece, pour aller faire achapt de marchandiſes en Foire de la Magdelaine à Beaucaire ,		à 3.	l.	7350.	
Qu'il nous aſſigne à payer en Aouſt 1625.à Iean,& Pierre Dulac,crediteurs en ce ,		à 19.	l.	2987.	16.
10337.16.—					
			l.	22732.	9. 9
NICOLAS HERVE, ET GVILLAVME SAVARRY de Paris , doiuent qu'ils nous ont tiré en ſes payemens,					
l. 6470. Nous ont tiré par leur lettre payable à Thomas Ricquety, & par tranſport à Franchotty, & Burlamaquy,crediteurs en ce,		à 5.	l.	6470.	
l.3000.— par autre lettre payable à Iean Ferret,& par procure à Verdier,Picquet,& Decoquiel,		à 7.	l.	3000.	
l.6000.— par autre lettre de Laurens Vanelly,payable à Lumaga , & Maſcranny ,		à 5.	l.	6000.	
l.4500.— par autre de Delubert,& Poquelin,payable à Guetton,crediteur en ce,		à 8.	l.	4500.	
l.8000.— par autre lettre de Camus,payable à Antoine Carcauy, crediteur en ce ,		à 7.	l.	8000.	
27970.—					
Pour noſtre prouiſion à ½ pour ¼ deſdictes l.17970. - cy-deſſus, qu'ils nous ont tiré en ſes payemens,& remis les parties cy-contre deſquelles auons procuré acceptation,& payement,		à 8.	l.	139.	17.
Leur auons remis en ſoulde de compte au 12.Auril 1625.ſur Tabouret,& Deculan,		à 9.	l.	350.	15.
			l.	18460.	12.
ANTOINE CARCAVY de Lyon , doit du 11.Mars pour Bonuiſy,pour Iean Iuge,pour Doulcet,& Yon,crediteurs en ce,		à 12.	l.	14000.	
En Paſques 1625.par lettre de Paris de Iean des Lauiers,crediteur en ce,		à 17.	l.	4094.	19. 2
En Touſſ. 1625.par lettre de Paris dudict Iean des Lauiers,crediteur en ce,		à 17.	l.	9329.	7. 6
Autre lettre de Herue,& Sauarry,crediteur en ce ,		à 17.	l.	5061.	8. 5
			l.	32485.	15. 1

		l.	s.	d.
A V O I R par lettre de Gérard Pillet d'Arles,au liure A`, f.32. ———	à 1.	l. 6107.	10.	
∇ 874.3.- d'or fol,par lettre des noftres de Milan,en ce,	à 10.	l. 2622.	9.	6
Par lettre de Herue,& Sauarry,payable à Iean Ferret,& à eux par procure,	à 7.	l. 3000.		
Par lettre de Marfeille de Benoift Robert,debiteur en ce, ———	à 12.	l. 12000.		
Pafques 1625.pour l'efcompte de l.18278.- cy-contre à 20.pour ½,en ce ———	à 8.	l. 3046.	6.	8
7.Iuin pour Horace Cardon , debiteur en ce , ———	à 12.	l. 30079.	15.	1
Aouft 1625.pour l'efcompte de l.4735.5.cy-contre à 125.pour ½,en ce ,	à 8.	l. 947.	1.	
10.Septembre pour Philippe,& Luc Seue,debiteurs en ce, ———	à 17.	l. 3555.	17.	9
4.Octobre receu d'eux comptant par Caiffe , ———	à 3.	l. 232.	5.	10
		l. 61591.	5.	10

		l.	s.	d.
A V O I R l.4088.13.- à quoy montent l'achapt, & defpens de diuerfes marchandifes par luy fait en Dauphiné,& Languedoc dont l.1984.5.ont efté payez comptant , & l.2104.7.3. à payer en diuers termes , au liure A, f.29.	à 1.	l. 4088.	13.	
30.Auril 1625.receu de luy comptant à fon retour dudict voyage par Caiffe, ———	à 3.	l. 15.	14.	3
4.Iuillet l.8258.19.3.à quoy montent autre achapt,& defpens de diuerfes marchandifes par luy fait en France,& Poictou dont l.1668.12.9.ont efté payez comptant , & l.6590. 6. 6. à payer en diuers termes,au liure A,f.30.cy	à 15.	l. 8258.	19.	3
Refte reliquataire pour foude dudict achapt,porté debiteur à compte propre en ce , ———	à 17.	l. 31.	7.	3
Et l.10316.17.6.pour diuerfes marchandifes par luy acheptées en Foire de la Magdelaine à Beaucaire montant auec les frais au liure A,f.11.& en ce,	à 15.	l. 10316.	17.	6
6.Aouft 1625.receu de luy comptant,pour foude de fondict voyage, ———	à 3.	l. 20.	18.	6
		l. 22732.	9.	9

		l.	s.	d.
A V O I R qu'il nous ont remis en fes payemens,				
Par lettre de Iean Camus,fur Galiley,& Batelly,debiteurs en ce , ———	à 11.	l. 5600.		
Autre lettre de François Sauarry,fur Euftache Rouiere,debiteur en ce, ———	à 4.	l. 7000.		
Nous ont remis par leur lettre fur Picquet,& Straffe,debiteurs en ce, ———	à 2.	l. 4360.	12.	
Par autre lettre fur Philippe,& Luc Seue,debiteurs en ce, ———	à 9.	l. 6500.		
Autre lettre fur Vefpafian Bolofon,debiteur en ce, ———	à 6.	l. 5000.		
		l. 28460.	12.	

		l.	s.	d.
A V O I R par lettre de Paris de François Camus,à nous tirée par Herue, & Sauarry, ———	à 7.	l. 8000.		
Par lettre de Tabouret , & Deculan , payable à André Pinchenoty , & par luy tranfportée à Antoine Rufca,qui en a paffé procuration audict Carcauy,en ce , ———	à 9.	l. 6000.		
11.Iuin 1625.pour Horace Cardon,debiteur en ce, ———	à 11.	l. 4094.	19.	2
9.Decembre 1625.pour Philippe,& Luc Seue,pour Iean Seue,debiteur en ce, ———	à 5.	l. 14390.	15.	11
		l. 32485.	15.	1

P

PROFITS, ET PERTES, doiuent pour Gabriel Alamel, crediteur en ce,	à	l.		s.	d.
PROFITS, ET PERTES, doiuent pour Gabriel Alamel, crediteur en ce,	à 2.	l.	60c.		
Pour Octauio, & Marc-Antoine Lumaga de Noué, crediteur en ce,	à 4.	l.	33.	19.	
Pour Iean Seue Sr de S.André, crediteur en ce,	à 5.	l.	875.		
Pour Hierosme Turcon de Plaisance,	à 9.	l.	28.	5.	4
Pour Cesar, & Iulien Granon, crediteurs en ce,	à 11.	l.	4047.	14.	
Pour Horace Cardon, crediteur en ce,	à 11.	l.	900.		
Pour Marin Dossaris, crediteur en ce	à 12.	l.	875.		
Pour Doulcet, & Yon,	à 12.	l.	666.	13.	4
Pour Gabriel Alamel,	à 2.	l.	1012.		
Pour Iean Seue Sr de S.André,	à 5.	l.	763.	12.	6
Pour Doulcet, & Yon,	à 12.	l.	610.		
Pour Gilles Hannecard,	à 5.	l.	53.	14.	6
Pour Verdier, Picquet, & Decoquiel,	à 7.	l.	3046.	6.	8
Pour Bernardin Cappony,	à 13.	l.	68.	10.	8
Pour Taranger, & Rousier,	à 16.	l.	934.	11.	11
Pour Estienne Glotton,	à 17.	l.	323.	8.	4
Pour Iean des Lauiers,	à 17.	l.	379.	13.	5
Pour Herue, & Sauarry,	à 17.	l.	321.	9.	6
Pour Fabio Daspichio,	à 14.	l.	46.	6.	9
Pour Verdier, Picquet, & Decoquiel,	à 7.	l.	947.	1.	
Pour Philippe, & Luc Seue,	à 17.	l.	2803.	9.	4
Pout Vespasian Boloson,	à 17.	l.	1338.	13.	7
Pour Hierosme Lantillon,	à 18.	l.	298.	5.	9
Pour Iean de la Forests,	à 19.	l.	1187.	10.	4
Pour Estienne Chally,	à 19.	l.	575.	8.	3
Pour Fleury Gros,	à 19.	l.	1272.	11.	
Pour François Verthema,	à 19.	l.	323.	8.	9
Pour Gabriel Alamel,	à 2.	l.	832.	4.	9
Pour Iean Seue Sr de S.André,	à 5.	l.	860.	12.	8
Pour Doulcet, & Yon, crediteurs en ce,	à 12.	l.	687.	19.	10
Pour Iean Iacques Manis, crediteur en ce,	à 6.	l.	1788.	15.	10
Pour Cesar, & Iulien Granon,	à 11.	l.	3515.	14.	5
Pour Decoquiel d'Anuers,	à 12.	l.	445.	19.	6
Pour Lumaga, & Mascranny, pour compte de Charles Hauard,	à 15.	l.	1014.	8.	2
Pour Estienne Glotton,	à 17.	l.	203.		10
Pour Iean des Lauiers,	à 17.	l.	699.	14.	
Pour Picquet, & Strasse, pour compte de Robert Gehenaud,	à 18.	l.	537.	1.	4
Pour Gabriel Alamel,	à 2.	l.	248.	17.	8
Pour Iean Seue Sr de S.André,	à 5.	l.	300.		
Pour Gabriel Alamel,	à 2.	l.	253.	17.	2
Pour Iean Seue Sr de S.André,	à 5.	l.	329.	17.	6
Pour soude des despences generales de l'année 1625.	à 10.	l.	17264.	16.	10
Pour Lumaga, & Mascranny,	à 15.	l.	45.	7.	6
Pour Herue, & Sauarry,	à 17.	l.	379.	12.	1
		l.	53739.	15.	

ANDRE', ET PHILIPPE GVETTON, doiuent du 18. Mars pour Theuenet, pour Masuyer, & Violette, pour Millotet, pour Caboud, pour Geoffroy Deschamps, crediteur en ce,	à 2.	l.	7282.	10.	
11.Dudict pour Galiley, & Barelly, pour Tachereau, Boileau, & Seruonnet, pour Dossaris,	à 12.	l.	5025.	14.	11
12308.4.11					
En Pasques 1625. ▽ 6795.- d'or sol par lettre de Seuille de François Cattan, valeur de Pierre Sauset, au liure A, f.33. & en ce,	à 15.	l.	20385.		
Par lettre de Delubert, & Poquelin, valeur de Taranget, & Rousier, en ce,	à 16.	l.	3000.		
Leur auons remis par nostre lettre au 20. du prochain à ⅟ pour ⁰⁄ de leur benefice sur Taranget, & Rousier, crediteurs en ce,	à 16.	l.	1000.		
En Toussaincts 1625. du 7.Decembre pour Galiley, & Barelly, pour Franchotty, & Burlamaquy, pour du Soleil,	à 16.	l.	5476.	12.	6
20.Decembre à eux comptant par Caisse, creditrice en ce,	à 5.	l.	1723.	1.	6
		l.	45891.	18.	11

AVOIR pour Gilles Hannecard,debiteur en ce, — — — — —	à 5.	l. 28.	1. 6
Pour Hierofme Turcon, debiteur en ce, ——	à 9.	l. 24.	— 9
Pour Iean Pontier,———	à 2.	l. 652.	10. —
Pour Alexandre Tafca,———	à 6.	l. 535.	6. 6
Pour ledict Tafca,———	à 6.	l. 30.	— —
Pour Herue,& Sauarry,———	à 7.	l. 139.	17. —
Pour Iean Baptifte Decoquiel d'Anuers,———	à 12.	l. 1274.	— 9
Pour Alexandre Tafca,———	à 6.	l. 11.	8. 6
Pour Michel Sonneman de Francfort,———	à 13.	l. 176.	8. 9
Pour Alexandre Tafca,———	à 6.	l. 397.	7. 7
Pour Cicery , & Cernefio , ———	à 11.	l. 135.	5. 6
Pour Beregany, debiteur en ce,———	à 12.	l. 262.	2. 5
Pour Hierofme Turcon,debiteur en ce,———	à 13.	l. 399.	9. 9
Pour Cicery,& Cernefio,debiteur en ce,———	à 11.	l. 174.	10. 10
Pour Bernardin Benfio de Venife,debiteur en ce , —	à 13.	l. 17.	15. —
Pour Beregany,debiteur en ce,———	à 12.	l. 19.	15. 6
Pour Taranget , & Roufier,debiteurs en ce,———	à 16.	l. 1.	19. 2
Pour Philippe,& Luc Seue,debiteurs en ce———	à 17.	l. 2459.	1. 6
Pour Beregany, debiteur en ce,———	à 12.	l. 10.	5. 11
Pour Vefpafian Bolofon,debiteur en ce, ———	à 17.	l. 2759.	3. 6
Pour Fabio d'Afpichio,debiteur en ce, ———	à 14.	l. 19.	2. —
Pour Picquet,& Straffe,debiteurs en ce , ———	à 18.	l. 25.	— —
Pour Beregany,debiteur en ce,———	à 12.	l. 7.	8. 9
Pour Picquet,& Straffe,debiteurs en ce , ———	à 18.	l. 50.	— —
Pour Beregany, debiteur en ce,———	à 12.	l. 711.	12. 1
Pour Lumaga de Noué,debiteurs en ce, ———	à 19.	l. 708.	6. —
Pour foude du prefent compte que portons en debit au liure A, f.39. & en ce———	à 20.	l. 41709.	15. 9
		l. 53739.	15. —

AVOIR par lettre de Paris de Delubert,& Poquelin,à nous tirée par Herue & Sanarry , ———	à 7.	l. 4500.	— —
▽ 1140.10.7.d'or fol,par lettre de Venife d'Alexandre Tafca,debiteur en ce,———	à 5.	l. 3421.	11. 9
Nous ont fait lettre pour Paris fur Robert Gehenaud,payable au 15.Auril 1625.à Tabouret , & Deculan,debiteurs en ce, ———	à 9.	l. 1350.	15. —
▽ 1011.19.4.d'or fol,que à 94.¼ pour ⁰⁄₀ , valent ▽ 955.5.10. d'or que nous ont fait lettre pour Florence,pour le 12.Auril fur Iean François Diny,payable à Bernardin Cappony,debiteur en ce———	à 13.	l. 3035.	18. 2
9.Iuin pour Picquet,& Straffe,pour Seue,pour Doffaris,debiteur en ce, —— —	à 12.	l. 24385.	— —
En Touffaincts 1625.▽ 2399.18.– que à d.122.¼ pour ⁰⁄₀ nous ont fait lettre pour Venife,fur les heritiers Bernardin Benfio,payable à Beregany ou à fon ordre,en ce, — ———	à 12.	l. 7199.	14. —
		l. 43892.	18. 11

P. 2

FRANCOIS TABOVRET, ET FRANCOIS DECVLAN de Paris,
doiuent qu'ils nous ont tiré par leur lettre fur André Pinchenotty, & par luy tranfportée à Antoine
Rufca, qui en a paffé procuration à Antoine Carcauy, pour la receuoir en ce, ——— à 7. l. 6000.
30.Mars pour eux comptant à Pinedon en vertu de leur lettre de change, ——— à 3. l. 3000.
Leur auons remis au 15.du prochain fur Robert Gehenaud, par lettre de Guerton, en ce ——— à 8. l. 1350. 15.

l. 10350. 15.

CLAVDE LAVRE, doit ▽ 303.16.2.par lettre de Cefar,& Fabritio Laure, valeur des no-
ftres de Milan, en ce, ——— à 10. l. 911. 8. 6
En Touffainêts 1625. ▽ 3000.- par lettre defdicts Cefar , & Fabritio Laure , valeur des noftres de
Milan , ——— à 10. l. 9000.

l. 9911. 8. 6

CESAR OSIO de Lyon, doit ▽ 565.19.11.par lettre de Barthelemy , & François Arbona,
valeur des noftres de Milan, en ce, ——— à 10. l. 1697. 19. 9
En Touff.1625.▽ 1000.- par lettre defdicts Arbona, valeur des noftres de Milan, en ce, ——— à 10. l. 3000.
En Roys 1626.▽ 5000.- d'or fol, que à ◑ 120.pour ▽, luy auons fait lettre pour Milan , fur Pietro
Paulo Bafcape, payable au 15.Auril 1626.à François Arbona, crediteur au liure A,f.38.& en ce, ——— à 10. l. 15000.

l. 19697. 19. 9

DOMINIQVE, HVGVES, ET OCTAVIO MAY, doiuent
▽ 2254.8.2. par lettre de Hierofme Turcon, crediteur en ce, ——— à 9. l. 6763. 4. 6

HIEROSME TVRCON de Plaifance, doit ▽ 2254.8.2. pour vne lettre de change qu'il
nous auoit remis fur Dominique,Octauio,& Hugues May, laquelle a efté proteftée,& à luy renuoyée
auec le proteft en ce, ——— à 9. l. 6763. 4. 6
Pour noftre prouifion à ⅛ pour ⅛ l.22.10.9.& pour l'expedition du proteft ◑ 30. tout ——— à 8. l. 24. 9
▽ 1030.10.6.d'or fol,que à 81.pour ⅛ nous a tiré à payer à Picquet,& Straffe, ——— ▽ 834.14. 7. à 2. l. 3091. 11. 6
▽ 1035.13.4.d'or de marc , que à 120.pour ⅛ luy auons remis en Foire de S. Marc
prochaine fur OctauioSerquo,& Bernardin Cinqueuie, par lettre de Galiley,& Barelly,▽ 1035.13. 4. à 11. l. 3718. 8.

▽ 1870. 7.11. ——— l. 13607. 4. 9

PHILIPPE, ET LVC SEVE de Lyon, doiuent par lettre de Nicolas Herue , &
Guillaume Sauarry de Paris, crediteurs en ce ——— à 7. l. 6500.
Par lettre de Cefar,& Iulien Granon de Tours, crediteurs en ce, ——— à 11. l. 17989. 16.
En Pafques 1625. l.25000. - qu'ils doiuent fournir pour leur part de l'achapt des Doppions en
Compagnie auec eux en ce, ——— à 16. l. 25000.
Pour ⅛ de tous les frais faicts fur l'achapt,& vente des Doppions en Compagnie auec eux , au li-
ure A, f.23.& en ce, ——— à 15. l. 804. 1. 8
25.Juin à eux comptant par Caiffe, creditrice en ce , ——— à 3. l. 200.

l. 50493. 17. 8

AVOIR qu'ils ont payé à Iean Bertrand, par lettre de Robin, & Ferrary de Roüan, debiteurs—	à 5.	l. 10000.	—	—
Leur auons tiré par nostre lettre, pour le 12. d'Auril à payer à Herue, & Sauarry, pour valeur receuë desdicts en ce, —	à 7.	l. 350.	15.	—
	—	l. 10350.	15.	—

AVOIR du 28. Mars receu de luy comptant par Caisse, —	à 3.	l. 911.	8.	6
10. Decembre pour Ioué, pour Galiley, & Barelly, pour Bonuisy, pour Doulcet, & Yon, debiteurs en ce,	à 12.	l. 9000.	—	—
	—	l. 9911.	8.	6

AVOIR du 12. Mars pour Bonuisy, pour Iean-Iacques Manis, debiteur en ce—	à 6.	l. 1697.	19.	9
25. Decembre receu de luy comptant par Caisse, debitrice en ce, —	à 3.	l. 3000.	—	—
3. Feurier 1626. receu de luy comptant, par Caisse debitrice, en ce, —	à 3.	l. 15000.	—	—
	—	l. 19697.	19.	9

AVOIR ▽ 2254. 8. 2. par la lettre de change cy-contre, qu'ils n'ont voulu payer, laquelle a esté renuoyée auec le protest audict Turcon, debiteur en ce, —	à 9.	l. 6763.	4.	6

AVOIR qu'il nous a remis par sa lettre sur Dominique, Hugues, & Octauio May, debiteurs, —	à 9.	l. 6763.	4.	6
▽ 6. 13. 7. d'or de marc, pour l. 24. 0. 9. cy-contre que à 110. pour % luy auons tiré par nostre lettre en Foire de S. Marc à payer aux nostres de Milan, ou a leur ordre en ce, —	à 10.	l. 24.	0.	9
▽ 831. 19. 2. d'or de marc, que à 131. pour %, leur ont esté tirez pour nostre compte de Lucques, par Augustin Sexty, debiteur en ce, — ▽ 831. 19. 2. Pour sa prouisioon à ⅓ pour % — ▽ 2. 15. 5. 834. 14. 7.	à 6.	l. 3091.	11.	6
▽ 532. 5. - d'or de marc, que à 119. pour %, luy auons tiré par nostre lettre en Foire de S. Marc prochaine, payable à Fiorauanty de Bologne, ou à qui par luy sera ordonné en ce, — ▽ 532. 5. — Pour sa prouision à ⅓ pour % — ▽ 1. 15. —	à 6.	l. 1900.	2.	8
▽ 500. - d'or de marc, que à 120. pour %, luy auons tiré pour ledict temps à payer aux nostres de Milan, ou a qui par eux sera ordonné — ▽ 500. — — Pour sa prouision à ⅓ pour %, — ▽ 1. 13. 4. 1035. 13. 4.	à 10.	l. 1800.	—	—
Perte de remise, — ▽ —	à 8.	l. 28.	5.	4
▽ 1870. 7. 11.	—	l. 13607.	4.	9

AVOIR ▽ 346. 10. 6. par lettre de Venise d'Alexandre Tasca, debiteur en ce, —	à 6.	l. 1039.	11.	6
▽ 1366. 13. 4. que à d. 124. pour % valent d. 1694. 3. 6. qu'ils nous ont fait lettre pour Naples, pour le dernier Auril prochain, sur Octauio Lomiliny, payable à François, & Barthelemy Scarlatiny, debiteurs en ce, —	à 13.	l. 4100.	—	—
6. Mars pour Vidaud Laisné, pour Franchotty, & Burlamaquy, debiteurs en ce, —	à 5.	l. 12000.	—	—
12. Dudict pour Ioué, pour Salmatory, & Pradel, pour Becarie, pour Vidaud Laisné, pour Lumaga, & Mascranny, debiteurs en ce, —	à 5.	l. 4000.	—	—
15. Dudict pour René Bais, pour Hierosme payelle, pour Berthaud, debiteur en ce, —	à 4.	l. 1057.	6.	8
29. Dudict receu deux comptant, pour soude, — 24489. 16. —	à 3.	l. 2292.	17.	10
Pasques 1625. qu'ils ont payé pour port, dace, doüanne, & courratage de 9. bales Doppion en Compagnie auec eux, au liure A, f. 23. & en ce, —	à 15.	l. 607.	15.	1
8. Iuin pour Guenisy, & Massey, pour Dessaris, debiteur en ce, —	à 12.	l. 25196.	6.	7
Par lettre de Claude Caullon, debiteur en ce, —	à 7.	l. 200.	—	—
	—	l. 50493.	17.	8

NEGOCE DE MILAN, doit qu'il nous a tiré dudict Milan en ces payement,

♈ 874.3.— qu'il nous a tiré à ♅ 119.6.pour ♈,en Verdier,Picquet,& Decoquiel,—l. 5223. 1. 6.	à 7.	l.	2621.	9.	6
♈ 1283.5.9.à ♅ 119.pour ♈,nous a tiré à payer à Lumaga,& Maſcranny,————— l. 7635.11.—	à 5.	l.	3849.	17.	3
♈ 1575.2.7.à ♅ 119.pour ♈,nous a tiré en Boloſon, crediteur en ce,———— l. 9371.—	à 6.	l.	4725.	7.	9
♈ 3552.8.3.à ♅ 119.⅟ pour ♈,nous a tiré en Picquet , & Straſſe,————— l. 21225.13.—	à 2.	l.	10637.	4.	9
♈ 2533.—d'or de marc à 114.pour ⅟ leur auons remis à Noué en Foire de Paſques prochaïne ſur Emilio Omodeo , par lettre de Galiley , & Barelly , changez pour Milan à ♅ 146.pour ♈ ,———————— l. 16974. 2. 9.	à 11.	l.	8031.	6.	9
♈ 1000.—que à ♅ 110.pour ♈,nous a tiré en Bonuiſy,crediteur en ce,———— l. 6000.—	à 11.	l.	3000.		
Pour 2000. doublons d'Eſpagne à l.7.7. l'vn , & à l.15. — imperiaux enuoyez en 4. groups n° 1.à 4.conſignez à Pons S.Pierre le 29.Mars 1625.en ce ————— l. 30000.—	à 3.	l.	14700.		
♈ 2000.—que à ♅ 122.pour ♈,y auons remis ſur Homodeo , payable au 3.Auril prochain,par lettre de Franchotty,& Burlamaquy,crediteurs en ce,——— l. 12200.—	à 5.	l.	6000.		
♈ 2856.3.8. à ♅ 121.⅟ pour ♈ y auons remis au 28.Mars 1625. ſur Rouger Stampe, par lettre de Lumaga,& Maſcranny,crediteurs en ce,—— l. 17399. 3. 9.	à 5.	l.	8568.	11.	
♈ 500.—d'or de marc,que à 120.pour ⅟ , luy auons remis à Plaiſance, en Foire de S. Marc prochaine ſur Hieroſme Turcon,retournez pour Milan à ♅ 150.pour ♈,ſont l. 3750.—	à 9.	l.	1800.		
♈ 6.13.7. d'or de marc,que à 150.pour ♈ ont eſté remis de Plaiſance en Foire dicte par ledict Turcon,crediteur en ce ,———— l. 50. 1.10.	à 9.	l.	24.		9
♈ 1128.2.— d'or de ſol,que à d.125.⅟ pour ⅟,ſont d.1417.⅟ luy auons remis par noſtre lettre à Veniſe,pour le 15.Auril ſur Alexandre Taſca , payable à Cicery,& Dada, pour les retourner à Milan à ♅ 148.pour ♈,ſont ——— l. 6925. 2. 7.	à 6.	l.	3384.	6.	
Pasques 1625.♈ 1000.- d'or de marc,que à ♅ 149.pour ♈ , luy ont eſté remis de noſtre ordre de Plaiſance,pour le 15.Iuin par Hieroſme Turcon,crediteur,——— l. 14900.—	à 13.	l.	7500.		
♈ 5000.d'or ſol,que à ♅ 120.pour ♈,nous ont tiré par leur lettre payable à Picquet, & Straſſe,crediteurs en ce ,———— l. 30000.—	à 14.	l.	15000.		
♈ 4000.—d'or ſol à ♅ 120.pour ♈,nous a tiré à payer à Lumaga,& Maſcranny ,—— l. 24000.—	à 17.	l.	12000.		
Aouſt 1625.♈ 3552.8.3.que à 119.⅟ pour ♈,nous a tiré en Boloſon à ——— l. 21225.13.	à 17.	l.	10637.	4.	9
Pour noſtre tiers de l.63889. 18. que luy ſont demeurez de reſte en l'achapt des Doppions en ce,——————— l. 21296.12. 8.	à 16.	l.	10648.	6.	4
		l.248177. 2. 1.		l.123168.	14.	10

DESPENCES GENERALES, doiuent du 2.Auril pour voiture de 5. bales ſilage de

Raconis par Caiſſe ,	à 3.	l.	89.	10.	—
3.Auril pour voiture de 2.bales ſoye Meſſine par Caiſſe,————	à 3.	l.	31.	5.	—
—Dudict pour voiture d'vne bale ſilage,———	à 3.	l.	19.	12.	6
10.Dudict pour voiture de 10.bales ſoye Meſſine, ——	à 3.	l.	98.	16.	—
— Dudict pour voiture de 3.bales ſilages ,	à 3.	l.	60.		—
13.Septembre pour diuers frais d'embalage payé à Iean Fournier embaleur,——	à 3.	l.	37.	10.	
15.Dudict aux receueurs de la doüanne,pour diuerſes marchandiſes retirées de ladicte doüanne deſ- puis le 3.Mars 1625.fins à ce iourd'huy,	à 3.	l.	4152.	3.	4
3.Ianuier 1626. payé à Pons S.Pierre , pour pluſieurs voitures de marchandiſes par compte arreſté, fins à ce iourd'huy, en ce ,	à 3.	l.	477.	2.	—
3.Dudict à Schem pour autres voitures,& ce par compte arreſté auec luy ce iourd'huy,——	à 3.	l.	516.	9.	—
—Dudict pour le loüage de la Maiſon où nous faiſons reſidence,——	à 3.	l.	1000.		—
—Dudict pour pluſieurs frais,& deſpens faicts en vn an ainſi qu'appert au menu au liure de me- nuë deſpence,en ce,	à 3.	l.	5711.	10.	—
Pour gages d'vn de Claude Boyer,pour auoir tenu l'eſcripture de ceſte negociation,——	à 3.	l.	1000.		—
Pour pluſieurs teintures, & appreſts de marchandiſes,——	à 3.	l.	847.	9.	—
Faiſons bon à Claude Catillon,demeurant à noſtre ſeruice,pour ſes gages d'vn an , ——	à 17.	l.	300.		—
Payé aux receueurs de la doüanne, pour diuerſes marchandiſes retirées de ladicte doüanne, fins à ce iourd'huy,	à 3.	l.	1712.		—
Payé à diuers,pour courratage de diuerſes marchandiſes,en ce,——	à 3.	l.	1210.	10.	—
		——— l.	17264.	16.	10

1616.

AVOIR qu'ils nous ont remis par lettre de Cefar , & Fabritio Lauro,
en ♈ 303.16. 2.à ♉ 121.pour ♈, fur Claude Lauro, debiteur en ce,————— l. 1838.-9. à 9. l. 911. 8. 6
♈ 565.19.11.à ♉ 110.¼ pour lettre de François Arbona,fur Ofio,————— l. 3403.1.— à 9. l. 1697. 19. 9
♈ 25000.—— que à ♉ 110.pour ♈, y auons donné ordre d'employer en Doppions en
debit à autre compte particulier,en ce,———————————————— l. 150000.—— à 16. l. 75000.

En Touffaincts 1625.
892.Doublons d'Efpagne à l.15.l'vn,& à l.7.7.tournois ⎱ qu'ils ont enuoyé à Genes
1000. Doublons d'Italie à l. 14. 10. & à l.7.1.tournois ⎰ à Lumaga,————— l. 27880.—— à 19. l. 13656. 4.
♈ 2000.d'or fol,que à ♉ 110. pour ♈,nous ont remis par leur lettre fur Picquet, &
Straffe,debiteurs en ce ,———————————————————————— l. 12000.—— à 18. l. 6000.————
♈ 3000.—à ♉ 121.par lettre de Cefar,& Fabritio Laure,fur Claude Laure,—— —l. 18150.— à 9. l. 9000.
♈ 1000.—à ♉ 110.¼ par lettre de François Arbona, fur Cefar Ofio ,————— l. 6025.— à 9. l. 3000.
♈ 500.—à ♉ 110.— leur auons tiré par noftre lettre à payer au 18. Decembre à Iacques Saba,valeur de Euftache Rouiere,en ce ,————————————— l. 5000.— à 4. l. 1500.————
Portons debiteur ledict Negoce à compte general,au liure A, f.40.cy——— —— l. 25881.-4. à 10. l. 12403. 2. 7

l. 148177.2.1. ——— l. 123168. 14. 10

AVOIR en debit à profits & pertes,en ce——— —— —— ——— —— à 8. l. 17264. 16. 10

GALILEY, ET BARELLY de Lyon, doiuent l. 5600. par lettre de Iean Camus | | | |
de Paris, valeur de Nicolas Herue, & Sauarry, en ce, ———————————— | à 7. | l. | 5600. | |
▽ 800. par lettre de Venise d'Vlysse Gateschy, valeur d'Alexandre Tasca, ——— | à 6. | l. | 2400. | |
10. Mars pour Blandin, pour Neyret, pour Goyet, Decoleur, & Debeausse, pour Horace Cardon, | à 11. | l. | 3759. | 14. | 9
5. Iuillet 1625. à eux comptant par Caisse, ————————————————— | à 3. | l. | 1195. | 17. |
En Roys 1616. ▽ 3305. 14. 9. d'or sol, par lettre des nostres de Milan, au liure A, f. 38. cy —— | à 20. | l. | 9917. | 4. | 3
3. Auril 1626. à eux comptant par Caisse, ——————————————— | à 20. | l. | 3171. | 17. |

| | | l. | 26044. | 13. |

CESAR, ET IVLIEN GRANON de Tours, doiuent en Pasques 1627. Au liure A, | | | | |
f. 6. & en ce, ————————————————————————— | à 1. | l. | 22037. | 10. |
En Toussaincts 1625. l'escompte à 7.⅓ pour ⅔ de l. 1719. 14. ⎰ Au liure A, f. 6. cy ——— | à 20. | l. | 24519. | 14. |
Et l. 22800. l'escompte à 17.⅓ pour ⅓ ———— 1. 22800. ——— ⎱ | | | | |

| | | l. | 46557. | 4. |

HORACE CARDON de Lyon, doit du 7. Iuin 1625. pour Verdier Picquet, & Decoquiel, | à 7. | l. | 30079. | 15. | 1
11. Dudict pour Neret, pour Bonuify, pour Alamel, crediteur en ce, ———————— | à 2. | l. | 10031. | 14. | 1
Dudict pour Carceauy, crediteur en ce, ———————————————— | à 7. | l. | 4094. | 19. | 2
11. Dudict pour Bonuify, pour Garnier, pour Franchotry, & Burlamaquy, crediteurs en ce, — | à 5. | l. | 3000. | |
25. Dudict pour Salmatory, & Pradel, pour Chabre, & Compagnie, pour Studer, & Salapery, pour | | | | |
Ioachim, Laurens, & Dauid Salicoffre, crediteurs en ce, —————————— | à 15. | l. | 4783. | | 8
Dudict à luy comptant par Caisse, crediteur en ce, ——————————— | à 3. | l. | 8910. | 11. | 1

| | | l. | 60900. | |

IEAN ANTOINE, ET BENEDICTO BONVISY de Lyon, doiuent du | | | | |
7. Mars 1625. pour Doulcet, & Yon, crediteurs en ce, ———————————— | à 11. | l. | 9000. | |
En Pasques 1625. ▽ 742. 17. 9. d'or sol par lettre de Florence de Bernardin Cappony, crediteur — | à 13. | l. | 2228. | 13. | 3
En Roys—— 1626. ▽ 2627. 2. 4. d'or sol par lettre de Milan, de Hierosme Riua, au liure A, f. 38. —— | à 20. | l. | 7881. | 7. |

| | | l. | 19110. | | 3

CLAVDE CICERY, ET FRANCOIS CERNESIO de Venise doiuent du | | | | |
3. Mars pour voyture de Venise à Lyon, dace de Suse, & doüanne dudict Lyon, d'vne bale Camelots, à | 3. | l. | 85. | 6. | 8
Port de Venise à Lyon, & dace de Suse, & doüanne de Lyon, d'vne Caisse tabis, ——— | à 3. | l. | 331. | |
Pour nostre prouision de l. 5336. que monte la vente faicte de ses marchandises à 2. pour ⅓ | | | | |
l. 106. 14. 4. Courtrage à ⅓ pour ⅓ l. 17. 15. 8. tour ———————————— | à 8. | l. | 124. | 10. |
Change desdictes parties à 2. pour ⅓ iusqu'en Pasques prochain, —————————— | à 8. | l. | 10. | 15. | 6
Pasques 1625. pour l'escompte de l. 1920. cy-contre à 10. pour ⅓ ——————— | à 8. | l. | 174. | 10. | 10
▽ 398. 12. 4. que à d. 124. pour ⅓ valent d. 498. 6. Leur auons remis, pour le 3. Iuillet sur les heritiers | | | | |
Bernardin Berfio, par lettre de Galiley, & Barelly, crediteurs en ce, —————— | à 11. | l. | 1195. | 17. |

| | | l. | 1910. | |

AVOIR pour ▽ 2333.- d'or de marc, que à 114.$\frac{3}{4}$ pour $\frac{o}{o}$ nous ont fait lettre pour Noué sur Emilio Homodeo, payable en Foire de Pasques prochaine aux nostres de Milan,	à 10.	l.	8031.	6.	9
▽ 1035.13.4. d'or de marc, que à 120. pour $\frac{o}{o}$, nous ont fait lettre pour Plaisance sur Octauio Secquo, & Bernardin Cinqueuie, payable en Foire de S.Marc à Hierosme Turcon,	à 9.	l.	3728.	8.	—
En Pasques 1625. ▽ 398.12.4. que à d.124. pour $\frac{o}{o}$ nous ont fait lettre pour Venise sur les heritiers Bernardin Bensio, payable au 3. Iuillet prochain à Cicery, & Cernesio, debiteurs en ce,	à 11.	l.	1195.	17.	—
4. Feurier 1626. receu d'eux comptant par Caisse, debitrice en ce,	à 3.	l.	9917.	4.	3
En Roys 1626. leur faisons bon en vertu des cedulles & lettres de change à eux transportées par les cy-apres, André Pirouard de Limoux, — l. 281. 1.— Louys de Coudray de Dieppe, — l. 337.18.— Pierre Arnoux de Roüan, — l. 500.— — Pierre le Franc, — l. 217.15.— Christophle Brodigue, — l. 621.— — Richard Herbert, — l. 1214. 3.— } Au liure A, f.28. & en ce,	à 20.	l.	3171.	17.	—
	—	l.	26044.	13.	—

AVOIR pour l'escompte de l.22037.10.— cy-contre à 22.$\frac{1}{2}$ pour $\frac{o}{o}$ en debit à profits & pertes en ce,	à 8.	l.	4047.	14.	—
Nous ont remis par leur lettre sur Philippe, & Luc Seue, debiteurs en ce,	à 9.	l.	17989.	16.	—
En Toussaincts 1625. pour l'escompte de l.1719.14. cy-contre à 107.$\frac{1}{2}$ pour $\frac{o}{o}$, — l. 119.19. 7. Pour l'escompte de l.22800.- cy-contre à 117.$\frac{1}{2}$ pour $\frac{o}{o}$ — l.3395.14.10.	à 8.	l.	3515.	14.	5
7. Decembre pour Philippe, & Luc Seue, pour Lumaga, & Mascranny, pour Gabriel Alamel,	à 2.	l.	12534.	5.	10
25. Dudict receu par eux comptant de Philippe, & Luc Seue, par Caisse,	à 3.	l.	8469.	13.	9
	—	l.	46557.	4.	—

AVOIR du 7. Mars pour Ioué, pour Garner, pour Guenisy, & Malley, pour Lumaga, & Mascranny, debiteurs en ce,	à 5.	l.	30000.	—	—
10. Mars pour Goyet, Decoleur, & Debeausse, pour Neyret, pour Blandin, pour Galiley, & Barelly,	à 11.	l.	3759.	14.	9
11. Dudict pour Ferrus, pour Iean Iuge, pour Antoine, & Hugues Blauf, pour Berthon, & Gaspard, debiteurs en ce,	à 6.	l.	11000.	—	—
14. Dudict pour Boloson, pour Verdier, Picquet, & Decoquiel, pour Lumaga, & Mascranny,	à 5.	l.	3657.	3.	6
15. Dudict pour Bonuisy, pour Beraud, & Desargues, pour Enemond Duplomb, pour Iacques Depures, debiteur en ce,	à 4.	l.	1586.	—	—
30. Mars receu de luy comptant par Caisse,	à 3.	l.	9997.	1.	9
60000.— Change desdictes l.60000.- à 1.$\frac{1}{2}$ pour $\frac{o}{o}$ iusqu'en Pasques prochain en ce,	à 8.	l.	900.	—	—
	—	l.	60900.	—	—

AVOIR ▽ 1000.- d'or sol, par lettre des nostres de Milan, debiteurs en ce,	à 10.	l.	3000.	—	—
▽ 2000.- d'or sol par lettre de Venise d'Alexandre Tasca, debiteur en ce,	à 6.	l.	6000.	—	—
4. Iuillet receu d'eux comptant par Caisse, debitrice en ce,	à 3.	l.	2228.	13.	3
4. Feurier 1626. Comptant desdicts par Caisse,	à 3.	l.	7881.	7.	—
	—	l.	19110.	—	3

AVOIR en Pasques 1625. Au liure A, f.27. deu en Pasques 1626.	à 15.	l.	1920.	—	—

BENOIST ROBERT de Marfeille doit du 9. Mars à luy enuoyé , & configné à Iean La-
net,pour luy faire tenir par Caiffe, ——————————————————————————— à 3. l. 20000.
Qu'il nous a tiré par fa lettre payable à Verdier,Picquet,& Decoquiel , —————— à 7. l. 22000.
Nous a tiré par autre lettre payable à Picquet,& Straffe,crediteurs en ce, ———— à 2. l. 15000.
28.Mars payé fuiuant fa lettre de change à Iean Mandine,par Caiffe,——————— à 3. l. 3200.
30.Dudict à luy enuoyé par Patron Pelot, voyturier par eau, ——————————— à 3. l. 17886. 15. 2

————————————————— l. 78086. 15. 2

MARIN DOSSARIS de Lyon,doit du 8.Iuin,pour Guenify,& Maffey,pour Philippe,&
Luc Seue , crediteurs en ce , ————————————————————————————— à 9. l. 25196. 6. 7
9.Dudict pour Seue,pour Picquet,& Straffe,pour Guetton,crediteurs en ce,———— à 8. l. 24385.
20.Dudict à luy comptant par Caiffe, ——————————————————————— à 3. l. 1293. 13. 5

————————————————— l. 50875.

IVLES DOVLCET, ET IEAN YON de Lyon , doiuent du 6.Decembre,pour
Bonuify,pour Picquet,& Straffe,crediteurs en ce,——————————————————— à 18. l. 31134. 18. 5
10.Dudict pour Bonuify,pour Galiley,& Barelly,pour Ioué,pour Claude Laure, crediteur en ce , — à 9. l. 9000.
25.Dudict à eux comptant par Caiffe,creditrice en ce , —————————————— à 3. l. 1829. 14. 9

————————————————— l. 41964. 13. 2

IEAN BAPTISTE DE COQVIEL d'Anuers , doit du 30.Mars compté à fon fils,
pour luy enuoyer,
1000.— doublons d'Efpagne à ♦ 25.—monnoye de gros,& à l.7.7.tournois, l'vn—l.1250.———⎫
1267.½ ℣,de fezeins à ♦ 11.l'efcu monnoye de gros,& à l.3.4.tournois,———— l. 697. 2.6.⎭ à 3. l. 11406.
Benefice de remife, ——————————————————————————————————— à 8. l. 1274. 9
5.Auril 1625.pour 500.— doublons d'Efpagne à luy enuoyez, & confignez à fon fils
à ♦ 25.-de gros l'vn,& à l.7.7.tournois, font en ce,——————————————l. 625.——— à 3. l. 3675.
℣ 1547.11.d'or de marc,que à 145. pour ℣,il a tiré de noftre ordre à Noué en Foire
des Sainéts,fur Octauio , & Marc-Antoine Lumaga , calculé pour Lyon à gros 110.
pour ℣,font en ce, ——————————————————————————l. 934.19.7. à 19. l. 5609. 17. 6
℣ 4931.10.1.d'or de marc, que à 146. il a tiré audict Noué en Foire dicte par lettre
de Nicolas Zelio,fur lefdicts Lumaga,calculé pour Lyon à 120. ——————l.3000.——— à 19. l. 18000.

l.6507. 2.1. ————————————— l. 39964. 18. 5

IEAN BAPTISTE BEREGANY de Vincenfe , doit du 3. Mars pour port de Vin-
cenfe à Lyon de 6.bales trame,floret,& bourre n° 1.à 6.l.331.19.doüanne dudict Lyon l.118.-port au
magafin ♦ 12. - tout par Caiffe , ————————————————————————— à 3. l. 450. 11.
Port au poids, & droict du poids de la vente defdictes 6. bales l.1.10. prouifion à 2. pour ½ de
l.10570.18.8.que monte la vente de fes marchandifes l.211.8.3.courratage à ⅓ pour ½ l.35.4.9. tout — à 8. l. 248. 3.
Change defdictes parties à 2.pour ½ iufqu'en Pafques prochain , en ce , ——————— à 8. l. 13. 19. 5
En Pafques 1625.pour l'efcompte de l.217.10. - cy-contre à 10. pour ½— —————— à 8. l. 19. 15. 6
Change de l.514.18.11. qu'il refte en ce compte à 2.pour ½ iufqu'en Aouft prochain,en ce—— à 8. l. 10. 5. 11
Change de l.371.18.2. reftans à 2.pour ½ iufqu'en Touffainéts prochain,en ce,————— à 8. l. 7. 8. 9
En Touffainéts 1625. pour l'efcompte de l.10199.14. - cy-contre à 107.½ pour ½,en ce —— à 8. l. 711. 12. 1
℣ 1399.18.- d'or fol,que à d.122.½ pour ½ luy auons remis de fon ordre à Venife, pour le 3. Ianuier 1626.fur,les heritiers Bernadin Benfio,par lettre d'André,& Philippe Guetton,crediteurs— à 8. l. 7199. 14.
℣ 636.7.- d'or fol,que Iacques,& Thomas Vancaftre de Venife , nous ont tiré , pour fon compte à
payer à Picquet,& Straffe,crediteurs en ce,——————————————————— à 18. l. 1909. 1.

————————————————— l. 10570. 10. 8

AVOIR au liure A, f.3.& en ce,		à 1.	l. 78086.	15.	2
AVOIR du 7.Mars pour Ioué,pour Salicoffre,pour Verdier,Picquet,& Decoquiel,		à 7.	l. 16000.	—	—
10.Dudict pour Ferrus,pour Garnier,pour Picquet,& Strasse,debiteurs en ce,		à 2.	l. 5000.	—	—
—Dudict pour Noël Costar, pour Antoine du Champ, pour Hierosme de Coron,pour Tiffy, pour Berthon,& Gaspard, debiteurs en ce,		à 6.	l. 21000.	—	—
11.Dudict pour Tachereau,Boileau,& Sernonnet,pour Galiley,& Barelly,pour Guetton,debiteurs,		à 8.	l. 5025.	14.	11
13.Dudict pour Noël Costar,pour Garbusac,pour Franchotty,& Burlamaquy, debiteurs en ce		à 5.	l. 2974.	5.	1
50000.—					
Change desdictes l.50000.- à 1.$\frac{3}{4}$ pour %,iusqu'en Pasques prochain par cedulle,		à 8.	l. 875.	—	—
		—	l. 50875.	—	—
AVOIR du 7. Mars pour Bonuisy,debiteu en ce,		à 11.	l. 9000.	—	—
10.Dudict pour Goyet,Decoleur,& Debeausse,pour Guenisy,& Malley,pour Picquet,& Strasse,		à 2.	l. 11512.	10.	—
11.Dudict pour Iean Iuge,pour Bonuisy,pour Antoine Careauy,debiteur en ce,		à 7.	l. 14000.	—	—
14.Dudict pour Charles Baile,pour Perrin,pour Nicolas Bocquet, pour Franchotty, & Burlamaquy,		à 5.	l. 3073.	10.	8
3.Auril receu d'eux comptant par Caisse,		à 3.	l. 2413.	19.	4
40000.—					
Change desdictes l.40000.— à 1.$\frac{2}{3}$ pour %,iusqu'en Pasques prochain par cedulle,		à 8.	l. 666.	13.	4
Change desdictes l.40666.13.4.à 1.$\frac{1}{2}$ pour %,iusqu'en Aoust 1625.par cedulle,		à 8.	l. 610.	—	—
Change desdictes l.41276.13.4.à 1.$\frac{2}{3}$ pour %,iusqu'en Toussaincts prochain, par cedulle,		à 8.	l. 687.	19.	10
		—	l. 41964.	13.	2
AVOIR en payement de Pasques 1625.pour sa prouision à $\frac{1}{3}$ pour % desdictes l. 1947.2.6. cy-contre,	l. 6. 9.10.				
▽ 1000.- d'or sol,que à gros 109.$\frac{1}{2}$ pour ▽,nous a remis par lettre de Paul Bustance,sur Franchotty,& Burlamaquy,debiteurs en ce,	l. 456. 5.—	à 5.	l. 3000.	—	—
▽ 1000.- d'or de marc,que à gros 128.$\frac{1}{3}$ il a remis de nostre ordre à Plaisance, en Foire de S.Marc par lettre de Barthelemy Barbariny, sur Hierosme Turcon, calculé pour Lyon,à 80.pour %, en ce,	l. 536. 9. 2.	à 13.	l. 3750.	—	—
▽ 763.12.3.d'or de Florence que à gros 116. pour ▽, il a remis de nostre ordre à Florence pour le 10. May prochain sur Fabio Daspichio à payer à Bernardin Cappony, calculé pour Lyon à 96.pour %,en ce,	l. 569. 1. 7.	à 13.	l. 2386.	5.	9
d.1417.11. que à gros 98.pour ducat il a remis de nostre ordre à Venise, pour le 10. May 1625.sur Iean Maria,& Thomas Ioncty,payable à Bernardin Bensio, calculé pour Lyon à d. 120. pour %	l. 578.16.11.	à 13.	l. 3543.	15.	—
l.622.18.4.monnoye de gros, que à 82. pour florin, il a remis de nostre ordre à Francfort en Foire de la Micaresme sur Michel Sonneman,debiteur	l. 622.18. 4. }	à 13.	l. 3675.	—	—
Pour sa prouision à $\frac{1}{3}$ pour %,	l. 2. 1. 8. }				
En Toussaincts 1625. qu'il a payé d'ordre de Montbel à diuers au liure A,f.37.	l. 3934.19. 7.	à 20.	l. 23163.	18.	—
Perte sur les traictes,	l.	à 8.	l. 445.	19.	6
	l. 6507. 2. 1.	—	l. 39964.	18.	3
AVOIR en Pasques 1625.au liure A, f.27. deu en Pasques 1626.		à 15.	l. 217.	10.	—
En Aoust 1625. Au liure A, f.27.pour vente au comptant de ses marchandises,		à 18.	l. 153.	6.	8
En Toussaincts 1625. Au liure A, f.27.deu en Aoust 1626.		à 20.	l. 10199.	14.	—
		—	l. 10570.	10.	8

HIEROSME TVRCON de Plaisance, doit ▽ 813.- d'or de marc, que à 123. pour ÷ luy auons remis en Foire de S. Marc prochain sur Iean Baptiste Paulin, par lettre d'Eustache Rouiere, crediteur en ce,	▽ 813.—	à 4.	l.	3000.	—	—
▽ 1000.- d'or de marc, que à gros 128.1/4 pour escu luy ont esté remis de nostre ordre d'Anuers par Iean Baptiste Decoquiel, crediteur en ce,	▽ 1000.—	à 12.	l.	3750.	—	—
▽ 841.14.10. d'or de marc, que à 99.1/2 pour ÷ luy ont esté remis de nostre ordre de Thomas, & Fortuné Baucilly de Rome, crediteurs en ce,	▽ 841.14.10.	à 13.	l.	3000.	—	—
▽ 847.9.1. d'or de marc, que à 118. pour ÷ luy ont esté remis de nostre ordre de Florence, pour Bernardin Cappony, crediteur en ce,	▽ 847. 9. 1.	à 13.	l.	3125.	—	—
▽ 1141.4.3. d'or de marc, que à 148. pour ÷ luy ont esté remis de nostre ordre de Naples par François, & Barthelemy Scarlatiny, crediteurs en ce,	▽ 1141. 4. 3.	à 13.	l.	4100.	—	—
Benefice de remise, en ce,	▽—	à 8.	l.	399.	9.	9
	▽ 4643. 8. 2.	—	l.	17374.	9.	9

THOMAS, ET FORTVNE' BAVCILLY de Rome, doiuent ▽ 1000.— pour ▽ 840.6.8. d'or d'Estampe, que à 84.1/3 pour ÷ leur auons remis pour le 15. Auril prochain sur Gasquetty, & Altonity, par lettre de Lunaga, & Mascranny,	▽ 840. 6. 8.	à 5.	l.	3000.	—	—

BERNARDIN CAPPONY de Florence, doit ▽ 955. 5. 10. d'or de Florence, que à 94.2/5 pour ÷ leur auons remis pour le 12. Iuillet prochain sur Iean François Diny, par lettre d'André, & Philippe Guerton, crediteurs en ce,	▽ 955. 5. 10.	à 8.	l.	3035.	18.	2
▽ 763.12.3. d'or que à gros 116. pour ▽, luy ont remis d'Anuers po[ur] nostre compte au 10. May sur Fabio d'Aspichio, par lettre de Decoquiel,	▽ 763. 12. 3.	à 12.	l.	2386.	5.	9
	▽ 1718. 18. 1.	—	l.	5422.	3.	11

FRANCOIS, ET BARTHELEMY SCARLATINY de Naples, doiuent d. 1694.3.6. que à 124. pour ÷ leur auons remis pour le 30. Iuillet sur Octauio Louuiliny, par lettre de Philippe, & Luc Seue, crediteurs en ce,	d. 1694.3.6.	à 9.	l.	4100.	—	—

BERNARDIN BENSIO de Venise, doit d. 1417. 11. que à gros 98. pour ducat luy ont esté remis pour nostre compte au 10. May prochain, sur Iean Maria, & Thomas Ioncty, par Iean Baptiste Decoquiel d'Anuers, crediteur en ce,	d. 1417. 11.—	à 12.	l.	3543.	15.	—
Benefice de remise,	d. —	à 8.	l.	17.	15.	—
		—	l.	3561.	10.	—

MICHEL SONNEMAN de Francfort, doit fl. 1975.6. cruchers, que à gros 82. pour florin de 65. cruchers, luy ont esté remis de nostre ordre d'Anuers par Iean Baptiste Decoquiel, sont florins de 60. cruchers,	fl. 1975.6.—	à 12.	l.	3675.	—	—
Benefice de remise, en ce,	fl. —	à 8.	l.	176.	8.	9
	florins 1975.6.—	—	l.	3851.	8.	9

AVOIR ▽ 1023.18.11. d'or sol, que à 79. 3/4 pour %, nous a renuoyé sur Eustache Rouiere, pour la lettre de change cy-contre tirée sur Pauliny, laquelle il n'a voleu accepter, & a laissé faire le protest, montant auec la prouision & protest en ce,	▽ 816.12.—	à 4.	l.	3071.	16.	9
▽ 2000.- d'or de marc, que à ₰ 149. pour ▽, il a remis de nostre ordre aux nostres de Milan, calculé pour Lyon à 80. pour %, sont en ce,	▽ 2000.— —	à 10.	l.	7590.	—	—
▽ 2267.11.- d'or sol, que à 80. pour % il nous a remis par sa lettre en ces payemens de Pasques sur Picquet, & Strasse debiteurs,	▽ 1814.— 10.	à 14.	l.	6802.	13.	—
Pour sa prouision à 1/3 pour % desdicts ▽ 3830.8.2. cy-contre,	▽ 12.15. 4.					
	▽ 4643. 8. 2.	—	l.	17374.	9.	9
AVOIR pour leur prouision à 1/3 pour % desdicts ▽ 840.6.8. cy-contre,	▽ 2.16.—					
▽ 841.14.10. d'or de marc, que à 99. 1/3 pour % ils ont remis de nostre ordre à Plaisance en Foire de S. Marc à Hierosme Turcon, debiteur en ce,	▽ 837.10.8.	à 13.	l.	3000.	—	—
	▽ 840. 6.8.					
AVOIR ▽ 847.9.1. d'or de marc, que à 118. pour % il a remis de nostre ordre à Plaisance en Foire de S. Marc à Hierosme Turcon, calculé pour Lyon à 96. pour % en ce,	▽ 1000.— —	à 13.	l.	3125.	—	—
▽ 742.17.9. d'or sol, que à 96. pour % nous a remis par sa lettre sur Bonuisy debiteurs en ce,	▽ 713. 3.6.	à 11.	l.	2228.	13.	3
Pour sa prouision à 1/3 pour %	▽ 5.14.7.					
Perte de remise,	▽ —	à 8.	l.	68.	10.	8
	▽ 1718.18.1.	—	l.	5422.	3.	11
AVOIR pour ▽ 1141.4.3. d'or de marc, que à d. 148. pour % ils ont remis de nostre ordre à Plaisance en Foire de S. Marc à Hierosme Turcon, debiteur en ce,	d. 1689. —	à 13.	l.	4100.	—	—
Pour leur prouision à 1/3 pour %	d. 5.3.6.					
	d. 1694.3.6.					
AVOIR ▽ 1187.3.8. d'or sol, que à d. 119. pour % nous a remis par sa lettre sur Picquet, & Strasse, debiteurs en ce,	d. 1412.18.-	à 14.	l.	3561.	10.	—
Pour sa prouision à 1/3 pour %	d. 4.17.-					
	d. 1417.11.-					
AVOIR pour sa prouision à 1/3 pour %	fl. 6.35.—					
▽ 1283.16.3. d'or sol, que à 92. pour ▽, luy auons tiré par nostre lettre payable en Foire de la mi-Caresme à Barthelemy Ferrus, pour valeur receuë icy de luy,	fl. 1968.31.—	—	l.	3851.	8.	9
	florins 1975. 6.—					

MARCHANDISES vendues comptant doiuent en credit à repartimens au liure A, f. 28.						
113. aun. 11.— —. Veloux fonds satin morelin cramoisy à l. 19. } 233. aun. 22. 6.8. 239. aun. 17.11.8. } Veloux noir fonds satin à diuers prix, 245. aun. 17.17.6.	l. 925. 1.8.					
315. aun. 48.17.6. 345. aun. 49.15.— } Gase noire damassée 4. fleurs,	l. 214.11.6.					
10. Paires bas de soye $\frac{3}{4}$ — l. 165.— 18. Paires dict $\frac{2}{3}$ — l. 234.— 10. Paires dict pour femme, l. 110.—	l. 509.— —	à 18.	l.	11776.	19.	10
aun. 25.— — Tapisserie de Bergame rouge, hauteur aun. 2. $\frac{1}{2}$ à l. 6.	l. 150.— —					
℔ 26.10. onces Doppion de Vincense à l. 5. 15.- En credit à Beregany,	l. 153. 6.8.					
℔ 480.— Cochenille Mestecque à l. 17.—	l. 7680.— —					
onc. 108.— Musc en Vessie à l. 15.- l'once,	l. 1620.— —					
℔ 8750.— Souchons à l. 6. - le %	l. 525.— —					

FABIO D'ASPICHIO de Florence, doit en payemens de Pasques 1625. ▽ 1544.12.2. d'or sol que à 99. pour %, luy auons remis pour le 15. Iuillet prochain sur Iean Sostegny, par lettre de Picquet, & Strasse, crediteurs en ce,	▽ 1529. 3.3.	à 14.	l.	4633.	16.	6
En payemens d'Aoust 1625. ▽ 318.3.8. d'or sol, que à 102. pour %, nous a tiré par sa lettre payable à Picquet, & Strasse, crediteurs en ce,	▽ 324.11.—	à 18.	l.	954.	11.	—
Benefice sur ladicte traicte,	▽— —	à 8.	l.	19.	2.	—
	▽ 1853.14.3.	—	l.	5607.	9.	6

ANTOINE, ET GEOFFROY PICQVET, & freres Strasse, & Compagnie doiuent en Pasques 1625.					
▽ 1187. 3.8. d'or sol par lettre de Venise de Bernardin Bensio, crediteur en ce,	à 13.	l.	3561.	10.	—
▽ 2267.11.— d'or sol, par lettre de Plaisance, de Hierosme Turcon, crediteur en ce,	à 13.	l.	6802.	13.	—
▽ 325.— 10. d'or sol par lettre d'Anuers de Gilles Hannecard, crediteur en ce,	à 5.	l.	975.	2.	6
7. Iuin pour Lumaga, & Mascranny, crediteurs en ce,	à 15.	l.	40931.	10.	9
8. Dudict pour Bonuisy, pour Boloson, crediteur en ce,	à 6.	l.	7859.	19.	9
	—	l.	60130.	16.	—

CLAVDE CATILLON, compte de voyage de Soursach, doit en Pasques 1625. au liure A, f. 31. pour reste de vente au comptant faicte audict Soursach,	fl. 619. 2.—	à 15.	l.	1031.	17.	6
Et les parties cy-apres, qu'il a receuës audict Soursach de nos debiteurs, Abraham vert, — fl. 158.10.— Salomon Yerssel, — fl. 330.— — Michel Frennel, — fl. 230. 8.— Sebastien Hogger, — fl. 392. 6.— } Au liure A, f. 31. Salomon Yerssel, escompté à 5. pour % — fl. 417.13.— Sebastien Hogger escompté à 5. pour % — fl. 473.11.2. Pour vente au comptant, — fl. 2108. 4.2.	fl. 4111. 8.—	à 18.	l.	6855.	2.	—
	florins 4730.10.—	—	l.	7886.	19.	6

N°	AVOIR pour les cy-apres,				
	113. aun.11.———.Veloux fonds fatin morelin cramoify à l.19. vendu comptant le 20.Mars 1625.—	à 3.	l.	209.		
	233. aun.12. 6.8.Veloux noir fonds fatin à l.12.- vendu comptant le 25.dudict, ———	à 3.	l.	148.		
	315. aun.48.17.6.Gafe noire Damaffée 4.fleurs à ◐ 42. comptant le 27. dudict, ——	à 3.	l.	102.	12.	9
	10.Paires bas de foye ½ à l. 16.10. ——— l.165.— ⎫					
	8.Paires dict ½ à ——— l. 13.——— l.104.— ⎬comptant le 3.Auril 1625.—	à 3.	l.	394.		
	233. aun.10.——Veloux noir fonds fatin à l. 12.10. l.125.— ⎭					
	aun.25.— Tapifferie de Bergame rouge,hauteur aun.1.¼ à l.6.- comptant le 6.dudict, —	à 3.	l.	150.		
	239. aun.17.11.8. Veloux noir fonds fatin à l. 13. ——— l.228.11.8. ⎫					
	10.Paires bas de foye ½ à l.13.——— l.130.— ⎬comptant le 18.dudict,—	à 3.	l.	580.	10.	5
	345. aun.49.15.—Gafe noire damaffée 4.fleurs à ◐ 45.— l.111.18.9. ⎭					
	10.Paires bas de foye pour femme l.11. ——— l.110.—					
	245. aun. 17.17.6.Veloux noir fonds fatin à l.12.-comptant le 10.May 1625.——	à 3.	l.	214.	10.	
	℔ 26.10.onces Doppion de Vincenfe à l.15.15.coptant le 27.Iuillet du compte de Beregany,	à 3.	l.	153.	6.	8
	℔ 480.—Cochenille Meftecque à l.17.-comptant à Doulcet,& Yon,le 3.Septembre 1625.—	à 3.	l.	7680.		
	onc. 108.—Mufe en Veffie à l.15.-l'once comptant à Iean Iuge,le 6.dudict, ——	à 3.	l.	1610.		
	℔ 8750.—Souchons à l.6.-le ½ comptant à diuers le 8.dudict,———	à 3.	l.	525.		
			l.	11776.	19.	10

AVOIR en payement de Pafques 1625.au liure A,f.25.cy — — ⊽ 1529. 3.3.	à 15.	l.	4587.	9.	9
Perte de remife , ——— ⊽—	à 8.	l.	46.	6.	9
En payemens d'Aouft 1625. Au liure A, f.25.& en ce,— ⊽ 324.11.-	à 18.	l.	973.	13.	
⊽ 1853.14.3.		l.	5607.	9.	6

AVOIR par lettre d'André Montbel,au liure A, f.37. —— ——	à 15.	l.	3500.		
Au liure A, f.40. & en ce , ———	à 15.	l.	19936.	12.	
⊽ 5686.15.10.d'or fol , que à d.124. pour ⅞ nous ont fait lettre pour Venife fur Paulo Deltorgio, payable au 15.Iuillet prochain à Alexandre Tafcà,debiteur en ce,	à 6.	l.	17060.	7.	6
⊽ 5000.—d'or fol,par lettre des noftres de Milan, debiteurs en ce,——	à 10.	l.	15000.		
⊽ 1544.12.1.d'or fol,que à 99.pour ⅞, nous ont fait lettre pour Florence,fur Iean Softegny, payable au 15.Iuillet prochain à Fabio Dafpichio, debiteur en ce ,	à 14.	l.	4633.	16.	6
		l.	60130.	16.	

AVOIR en Pafques 1625.⊽ 333.6.8.d'or fol,que à 110.cruchers pour ⊽,nous a remis par lettre de Chriftophle Cromps , fur Ioachim Salicoffre,————fl. 611. 1.2.	à 15.	l.	1000.		
15. Iuin receu de luy comptant à fon retour de la Foire de Pentecofte de Sourfach, en ce,———————fl. 8.—2.	à 3.	l.	15.	7.	6
En Foire de Saincte Frenne,pour efcompte de florins 891.9.2.cy-contre à 5.pour ⅜ deus par Hierffel,& Hogger,en ce,——fl. 42. 7.-					
⊽ 535.14.3.que à 112. cruchers pour ⊽ , luy auons tiré par noftre lettre à payer à 2. iours de veüe à Rodolphe Leon, valeur de Ioachim Lauens,& Dauid Salicoffre,en ce,—fl. 1000.—	à 15.	l.	1607.	2.	9
500.Doublons d'Efpagne à Bach 65.l'vn,& à l.7.6.tournois'vn ———⎱ à fon retour, —fl. 3069. 1.—	à 3.	l.	5154.		
376.Sequins à bach 36. & à l.4.- tournois l'vn ———⎰					
Perte de remife,ou change de diuerfes efpeces en Piftoles,& Sequins,——fl.	à 18.	l.	112.	9.	5
florins 4730.10.		l.	7886.	19.	6

LE GRAND LIVRE Cotté A , doit pour soude des payemens des Roys en ce , —— à 1. l. 128119. 3. 7
Lumaga , & Mascranny , —————————f.36.————————— à 15. l. 9260. ——
André Montbel, compte de voyages, ————f.37.par Caisse , ———— à 3. l. 7300. ——
Vespasian Boloson, ———————f.20.————————— à 6. l. 206. 2. 2
Alexandre Tasca de Venise , ———f.21.————————— à 6. l. 17457. 15. 1
Fabio Daspichio de Florence,————f.25.————————— à 14. l. 4587. 9. 9
Picquet , & Strasse,————————f.37.————————— à 14. l. 3500. ——
Vespasian Boloson,——————f.21.————————— à 6. l. 222. 8. 3
Philippe,& Luc Seue,———————f.23.————————— à 9. l. 607. 15. 1
Gilles Hannecard ,———————f.26.————————— à 5. l. 244. 4. ——
André Montbel,compte de voyages,————f.37.————— à 3. l. 5868. 8. ——
Vespasian Boloson, ——————f.23.————————— à 6. l. 595. 10. 1
Taranget,& Rousier,———————f.26.————————— à 16. l. 325. 10. ——
Claude Catillon,compte de voyages ,————f.30.————— à 7. l. 8258. 19. 3
Picquet , & Strasse, ———————f.40.————————— à 14. l. 19936. 12. ——
Iacques Depures,————————f.40.————————— à 4. l. 14952. 9. ——
Leonard Berthaud,———————f.40.————————— à 4. l. 9968. 6. ——
Claude Catillon,compte de voyages ,————f.11.————— à 7. l. 10316. 17. 6
Cicery,& Cernesio,———————f.27.————————— à 11. l. 1920. ——
Beregany,———————f.27.————————— à 11. l. 217. 10. ——

l. 243864. 19. 9

LVMAGA , ET MASCRANNY de Lyon, doiuent ▽ 6255.11.7. d'or sol , par lettre
d'Amsterdam de Iean Oort,sur les leurs de Paris,au liure A, f.14.cy ———— à 15. l. 18766. 14. 9
▽ 5141.12.- d'or sol,par lettre de Noué d'Octauio,& Marc-Antoine Lumaga,en ce , —— à 4. l. 15424. 16. ——
▽ 8000.—— d'or sol par lettre de Seuille d'Antoine Spinola , valeur de Pierre Sauset , au liure A,
f.33.& en ce,——— à 15. l. 24000.
Leur auons remis par nostre lettre au 10.du prochain au pair sur Taranget,& Rousier,—— à 16. l. 4000. ——
En Aoust 1625.par lettre des leurs de Paris, valeur de Pierre Sauset,au liure A , f.33.——— à 18. l. 50000.
En Toussainéts 1625. Nous sont bon pour Charles Hauard de Paris escompté à 7.⅓ pour ⅘ au liure A, f.31.& en ce, ——— à 20. l. 14540.
▽ 1079.6.2.d'or sol par lettre de Noué d'Octauio,& Marc-Antoine Lumaga , ———— à 19. l. 3237. 18. 6
Portez crediteurs au liure A, f.43.pour soude , ———— à 20. l. 3070. 11. 6
28.Iuin 1626. à eux comptant par Caisse , ———— à 20. l. 3699. 10. 6

l. 136739. 11. 3

IOACHIN LAVRENS, ET DAVID SALICOFFRE de Lyon, doiuent
▽ 333.6.8. par lettre de Christophle Cromps valeur de Claude Catillon,———— à 14 l. 1000. ——
Par lettre de Delubert,& Poquelin,valeur de Nicolas Herue,& Sauarry,crediteurs en ce , —— à 17 l. 3783. 8
En Aoust 1625.pour ▽ 535.14.3.que à 112.cruchers pour ▽, leur auons fait lettre, pour Sourfach,
payable à 2.iours de veüe à Rodolphe Leon, par Catillon,en ce , ———— à 14 l. 1607. 2. 9
6.Feurier 1626. A eux comptant par Caisse,creditrice en ce,———— à 20 l. 868. 15. ——

7258. 18. 5

AVOIR pour les cy-apres,

Description	Folio	à	l.	s.	d.
Verdier, Picquet, & Decoquiel,	f.14.	à 7.	14848.	1.	4
Lumaga,& Mascranny,	f.14.	à 15.	18766.	14.	9
Claude Catillon, compte de voyages,	f.51.	à 14.	1031.	17.	6
Philippe, & Luc Seue,	f.23.	à 16.	14351.	13.	8
Vespasian Boloson,	f.23.	à 16.	14351.	13.	8
Taranget,& Rousier,	f.27.	à 16.	9476.	17.	11
Claude Catillon, compte de voyages,	f.28.	à 7.	6590.	6.	6
Octauio,& Marc-Antoine Lumaga de Genes,	f.52.	à 4.	15424.	16.	
Lumaga, & Mascranny,	f.33.	à 15.	24000.		
André, & Philippe Guetton,	f.33.	à 8.	20385.		
André Montbel,compte de voyages,	f.36.	à 3.	12.	13.	
Iean,& François du Soleil,	f.37.	à 16.	3147.	7.	6
Gilles Hannecard,	f.16.	à 5.	1273.	1.	
Philippe, & Luc Seue,	f.23.	à 9.	804.	1.	8
Vespasian Boloson,	f.23.	à 6.	804.	1.	8
Estienne Glotton,	f.16.	à 17.	3557.	11.	8
Iean des Lauiers,	f.17.	à 17.	4474.	12.	7
Herue, & Sauarry,	f.18.	à 17.	4104.	10.	2
Verdier,Picquet,& Decoquiel,	f.22.	à 7.	1827.8.		
Porté debiteur en payement d'Aoust pour soude,	f.42.	à 18.	68081.	19.	2
			l. 243864.	19.	9

AVOIR par lettre de Michel Pic,de Midelbourg,à eux transportée par les leurs de Paris, pour compte d'André Montbel,au liure A, f.36.& en ce, — à 15. l. 9260.

V 4000.- d'or sol,par lettre des nostres de Milan,en ce, — à 10. l. 12000.

7.Iuin pour Picquet,& Strasse,debiteurs en ce, — à 14. l. 40931. 10. 9

7.Septembre pour Picquet,& Strasse,debiteurs en ce, — à 18. l. 36595. 1. 11

—Dudict pour Picquet,& Strasse,pour Boloson, debiteur en ce, — à 17. l. 13404. 18. 1

—En Toussaincts 1625.pour l'escompte de l.14540.- cy-contre à 107.⅓ pour %,en ce, — à 8. l. 1014. 8. 2

6.Decembre,pour Philippe,& Luc Seue,pour Iean Seue,debiteur en ce, — à 5. l. 16763. 10. 4

En Pasques 1626.V 1008.8.d'or sol par lettre de Milan de Emilio Homodeo,au liure A, f. 38.— à 20. l. 3025. 4.-

Change desdictes l.3025.4.à 1.½ pour %, iusqu'en Aoust prochain par cedulle, — à 8. l. 45. 7. 6

Leur faisons bon pour les cy-apres en vertu de nos cedulles ou lettres à eux transportées,

Charles Seuclin, — l. 630.—
Iean de Compans, — l. 417. 8.—
Ionas Nolet, — l. 939.18.— } Au liure A, f.28. — à 20. l. 3699. 10. 6
René Pepin, — l. 685. 3.6.
François Ferret, — l. 1027. 1.—

			l. 136739.	11.	3

AVOIR du 25.Iuin pour Studer,& Salapery,pour Chabre,& Compagnie, pour Salinatory, & Pradel,pour Cardon, debiteur en ce, — à 11. l. 4783. 8

4.Octobre 1625.receu d'eux comptant par Caisse, — à 3. l. 1607. 2. y

En Toussaincts 1625. leur faisons bon pour les cy-apres,

Pour Barthelemy Mas de Seissac, — l.264.18.—
Pour Pierre Antoine Guy de Limoux, — l.308. 9.— } Au liure A, f.28. & en ce, — à 20. l. 868. 15.—
Pour Iean Barrau de Castres, — l.295. 8.—

			l. 7258.	18.	5

TARANGET, ET ROVSIER, doiuent qu'ils ont receu pour noftre compte des debiteurs cy-apres,

Aymé le Roy, ———————l. 567.12. 6.	Roys 1626.			
Robert Gehenaud , ————l. 675.15. —				
Herue, & Sauarry , ———l. 801.11. 3.				
2044.18.9.				
Comptant dés le 10. Auril 1625.—l. 98.——Comptant,				
Guillaume Frefon , ————l. 208.——	Pafques 1626.	Au liure A, f.27.& en ce,	à 15. l. 9476.	17. 11
Iean Vllard,————————l. 320.—				
Pamphile de la Cour,———l. 193. 3. 9.				
Samfon,& Deuilars,———l. 414.12.11.				
1155.16.8.				
Malepard,& Gaudrion, ——l. 678. 2. 6.	Aouft 1626.			
Louys Dubois,————l. 2380.——				
Claude Boffey, ————l. 1860.——				
Nicolas Libert,——l. 1280.——				
6198.2.6.				

Change defdictes l.98.- cy-deffus,qu'ils ont receu dés le 10.Auril 1625. à 2.pour ÷, ———— à 8. l. 1. 19. 2

——— l. 9478. 17. 1

PHILIPPE, ET LVC SEVE, compte des Doppions en Compagnie auec eux doiuent pour ÷ à eux appartenant de l.43055.1.- que monte l'achapt de 34.bales Doppion , au liure A, f. 23. —————————————————l.28703. 7.4. à 15. l. 14351. 13. 8

▽ 2917.13.5.d'or de marc, que à ◊ 145. pour ▽ , ont efté remis de leur ordre à
Plaifance à Saminiary,en Foire de S.Charles,par les noftres de Milan,———l.21225.13.— à 16. l. 10648. 6. 4
Prouifion de ladicte remife à ÷ pont ÷, ———————l. 70.19.8.

l.50000.— ——— l. 25000.

VESPASIAN BOLOSON, compte des Doppions en Compagnie de Seue , & nous,
où il participe pour ÷ doit pour ÷ à luy appartenant de l'achapt de 34. bales Doppion , au liure A,
f. 23. & en ce , ————————————l.28703. 7.4. à 15. l. 14351. 13. 8

▽ 3552.8.3.d'or fol,que à ◊ 119.6.pour ▽,luy ont efté remis fur nous en payemens
d'Aouft 1625.par lettres des noftres de Milan,———————l.21225.13.— à 16. l. 10648. 6. 4
Prouifion de ladicte remife à ÷ pour ÷ , —————l. 70.19.8.

l.50000.——— ——— l. 25000.

IEAN, ET FRANCOIS DV SOLEIL de Lyon , doiuent au liure A,f.37.pour
fer doux & rompant à eux vendu pour comptant,——— ——— ——— à 15. l. 3247. 7. 6
En Aouft 1625.pour leur ÷ de l'achapt du fer doux & rompant en participation auec eux , au li-
ure A, f.37.& en ce, ————— ——— à 18. l. 7997.
Au liure A, f.38. qu'ils ont receu de nos debiteurs , ——— ——— à 18. l. 3300.
En Touffainéts 1625. qu'ils ont receu de nos debiteurs au liure A , f.38. & en ce, ——— à 20. l. 5476. 12. 6

——— l. 20021.

NEGOCE DE MILAN , compte à part doit ▽ 25000. - d'or fol , que à 120. valent
l.150000.— monnoye imperiale , que leur auons donné ordre d'employer en Doppions,en Compagnie de Seue pour ÷,Bolofon pour ÷,& nous pour l'autre ÷,en ce, ——— ——l.150000.—— à 10. l. 75000.

A V O I R pour l'escompte de l. 2044. 18. 9. cy - contre deus en Roys 1626.							
à 107.¼ pour ¾ —————————————————————— l.142.13.3.							
Pour l'escompte de l.1135. 16. 8. deus en Pasques 1626.à 110. pour ½ —————— l.103. 5.1.				à 8.	l. 934.	11. 11	
Pour l'escompte de l.6198.2.6. deus en Aoust 1626.à 112.½ pour ½ —————— l.688.13.7.							
Nous ont remis par lettre de Delubert,& Poquelin, sur André,& Philippe Guetton,				à 8.	l. 3000.		
Leur auons tiré par nostre lettre pour le 10.Iuillet au pair sur Lumaga,& Mascranny , valeur desdicts en ce , ————————————————————————————————				à 15.	l. 4000.		
Leur auons tiré par autre lettre au 20. du prochain à ¼ pour ½ de leur perte sur Guetton , valeur desdicts en ce , ———————————————————————————————				à 8.	l. 1000.		
Pour leur prouision de l.11402. 6. 8. que monte la vente par eux faicte de nos marchandises à 2. pour ½,sont l.228.- voitures, & autres menus frais par eux faicts l.97.10. - tout au liure A, f.26. & en ce , ———————————————————————————————————				à 15.	l. 325.	10.	
5.Iuillet receu pour eux comptant de Lorrin,en vertu de leur lettre de change, ———————				à 3.	l. 218.	15.	2
					l. 9478.	17.	1

A V O I R ʋ 8333. 6. 8. d'or sol , que à ⨍ :20. pour ʋ , font l.50000. - qu'est pour leur tiers de l.150000.imperiaux qu'ils ont fourny, pour faire tenir à Milan,pour employer en Doppions en compagnie de Bolofon,& nous,où ils entrent pour ¼ en ce , ———————————— l.50000.				à 9.	l. 25000.		

A V O I R ʋ 8333.6.8.d'or sol,que à ⨍ 120.pour ʋ,font l.50000.- imperiaux,qu'est pour son ½ de l.150000.-qu'il a fourny pour faire tenir à Milan,pour employer en Doppions,en ce, —————l.50000.				à 6.	l. 25000.		

A V O I R du 27.Iuin receu d'eux comptant pour soude , —————————————				à 3.	l. 3247.	7.	6
En Aoust 1625.pour leur prouision de la vente du fer,de côpte à ½ auec eux,au liure A,f.37.& en ce				à 18.	l. 175.		
8.Septembre pour Louys Boillet,pour Berthaud,debiteur en ce, ——————————				à 4.	l. 7821.	10.	
20.Dudict receu d'eux comptant par Caisse , ———————————————————				à 3.	l. 3300.		
7.Decembre pour Franchotty,& Burlamaquy,pour Galiley,& Barelly,pour Guetton,debiteur en ce,				à 8.	l. 5476.	12.	6
					l. 20021.		

A V O I R pour le prix,& frais de 34.bales Doppion achepté audict Milan , & enuoyé en diuerses fois, au liure A, f. 24. & en ce , —————————————————— l. 86110. 2.—				à 18.	l. 43055.	1.	
ʋ 2927.13.5.d'or de marc,que à ⨍ 145.pour ʋ,ils ont remis à Plaisance,en Foire de S.Charles à Saminiaty,d'ordre de Philippe, & Luc Seue,debiteurs en ce, ————— l. 21296.12.8.				à 16.	l. 10648.	6.	4
ʋ 3552.8.3. d'or sol , que à ⨍ 119.½ ils ont remis sur nous à Lyon, en payement d'Aoust,payable à Bolofon,en ce, —————————————————————— l. 21296.12.8.				à 16.	l. 10648.	6.	4
Pour nostre tiers de l.63889.18.- demeurez de reste audict achapt, porté debiteur negoce de Milan,compte du comptant pour soude du present, ——————— l. 21296.12.8.				à 10.	l. 10648.	6.	4
				l. 150000.——	l. 75000.		

ESTIENNE GLOTTON de Tholouse, doit au liure A, f.16. deub en Pasques 1626.	à 15.	l.	3557.	11.	8
Et en Toussaincts 1625. les parties cy-apres qu'il a payé par escompte,					
Aoust 1626. escompté à 107.½ pour % — l. 559.12.1. } Roys 1627. escompté à 12.½ — l. 1476. — } Au liure A, f.16. & en ce,	à 20.	l.	2035.	12.	1
		l.	5593.	3.	9
IEAN DES LAVIERS de Paris doit en Pasques 1625. les parties cy-apres escomptées,					
En Roys 1626. — l. 1281.6.3. } Pasques 1626. — l. 3192.6.4. } Au liure A, f.17. & en ce,	à 15.	l.	4474.	12.	7
En Toussaincts 1625. l'escompte à 107.½, au liure A, f.17. & en ce,	à 20.	l.	10029.	1.	6
		l.	14503.	14.	1
HERVE, ET SAVARRY de Paris, doiuent					
En Roys 1626. — l. 2443.5.2. } Pasques 1626. — l. 1661.5.— } Au liure A, f.18. & en ce,	à 15.	l.	4104.	10.	2
En Toussaincts 1625. l'escompte à 107.½ pour %, au liure A, f.18. & en ce,	à 20.	l.	5441.	—	6
		l.	9545.	10.	8
CLAVDE CATILLON, demeurant à nostre seruice doit du 4. Iuillet 1625. l.31.7.3. que de tant il est demeuré redeuable pour soude du voyage par luy fait en France, & Poictou, en ce,	à 7.	l.	31.	7.	3
Porté crediteur au liure A, f.43. pour soude,	à 20.	l.	268.	12.	9
		l.	300.	—	—
PHILIPPE, ET LVC SEVE, doiuent en payemens d'Aoust 1625.					
Pour l'escompte de l.7997.17.11. cy-contre à 122.½ pour % — l.1469. 0. 4. } Pour l'escompte de l.4775.11. 8. cy-contre à 125. pour % — l. 955. 2. 4. } Pour l'escompte de l. 134.15. 4. cy-cõtre deus par Rouier à 35. pour % par sõ accord, l. 34.18.10. }	à 8.	l.	2459.	1.	6
Touss. 1627. l.6465. 7.6. } Roys 1628. l.8079.15.— } qu'est pour les ⅔ qu'ils nous font bon, au liure A, f.24. & en ce,	à 18.	l.	9696.	15.	—
Du 10. Septembre 1625. pour Verdier, Picquet, & Decoquiel, crediteurs en ce,	à 7.	l.	3555.	17.	9
		l.	15711.	14.	3
VESPASIAN BOLOSON, doit en payemens d'Aoust 1625.					
Pour escompte de l.7474. 5.5. cy-contre à 22.½ pour % — l.1372.16. 7. } Pour escompte de l.6931.14.7. cy-contre à 25. pour % — l.1386. 6.11. }	à 8.	l.	2759.	3.	6
Pour les ⅔ de l.1611.6.3. deus en Touss. 1627. l.1074. 4.2. } Pour les ⅔ de l.8036.5.— deus en Roys 1628. l.5357.10.— } au liure A, f.24. & en ce,	à 18.	l.	6431.	14.	2
Pour les ⅔ de l. 404.6.— deus en Roys 1628. par Rouier, accordé pour Roys 1629. suiuant son contract d'accord, l'escompte en Aoust 1625. à 35. pour %, au liure A, f.24. & en ce,	à 18.	l.	269.	10.	8
7. Septembre 1624. pour Picquet, & Strasse, pour Lumaga, & Mascranny, crediteurs en ce,	à 15.	l.	13404.	18.	1
4. Octobre à luy comptant par Caisse,	à 3.	l.	3536.	11.	11
		l.	26401.	18.	4

AVOIR pour l'escompte de l.3557.11.8.-cy-contre à 10. pour ÷ ————— à 8. l. 323. 8. 4
3.Iuillet receu pour luy comptant de Iean Glotton, par Caiſſe , ————— à 3. l. 3234. 3. 4
En Touſſaincts 1625. pour l'escompte de l.559.12.1. cy-contre à 7.¼ ————— l. 39.0.10.⎫ à 8. l. 203. — 10
Pour l'escompte de l.1476.-cy-contre à 12.½ pour ÷ ————— l.164.- ⎭
10.Decembre pour Iean Glotton,pour Picquet , & Straſſe, pour Manis, pour Philippe, & Luc Seüe,
pour Iean Seüe,debiteur en ce, ————— à 5. l. 1343. 18. 11
10.Dudict receu pour luy comptant de Iean Glotton,par Caiſſe , ————— à 3. l. 488. 12. 4

———— l. 5593. 3. 9

AVOIR pour l'escompte de l.1181. 6. 3. à 107.¼ pour ÷ ————— l. 89.9.3.⎫ à 8. l. 379. 13. 5
Pour l'escompte de l.3191. 6.4. à 10. pour ÷ ————— l.290.4.2.⎭
Nous a remis par ſa lettre ſur Antoine Carcauy, debiteur en ce , ————— à 7. l. 4094. 19. 2
En Touſſaincts 1625.pour l'escompte de l.10029.1.6.cy-contre à 107.¼ pour ÷ ————— à 8. l. 699. 14. —
Nous a remis par ſa lettre ſur Antoine Carcauy,debiteur en ce ————— à 7. l. 9329. 7. 6

———— l. 14503. 14. 1

AVOIR pour l'escompte de l.1243.5.2. à 107.¼pour ÷ ————— l.170.9.1.⎫ à 8. l. 321. 9. 6
Pour l'escompte de l.1661.5. - cy-contre à 110. pour ÷ ————— l.151.-5.⎭
Nous ont remis par lettre de Deſubert,& Poquelin ſur Ioachin Salicoffre,debiteurs ————— à 15. l. 3783. — 8
En Touſſaincts 1625.pour l'escompte de l.5441.-6.cy contre en 107.¼ pour ÷ en ce, ————— à 8. l. 379. 11. 1
Nous a remis par ſa lettre ſur Antoine Carcauy, debiteur en ce , ————— à 7. l. 5061. 8. 5

———— l. 9545. 10. 8

AVOIR que luy faiſons bon pour ſes gages d'vn an fins à ce iourd'huy 3.Ianuier 1626.en ce,— à 10. l. 300. —

AVOIR en Touſſaincts 1627. l.7997.17.11.⎫ Au liure A, f.24. & en ce, ————— à 18. l. 12773. 9. 7
En Roys ———— 1628. l.4775.11. 8.⎭
Pour le ⅓ de ce qui s'eſt retiré de la faillite de Rouier,audict liure A,f.24.cy ————— à 18. l. 134. 15. 4
Pour l'escompte de l.6465. 7.6.cy-contre à 22.½ l.1187.10.4.⎫ Sont pour les ⅔ en ce , ————— à 8. l. 2803. 9. 4
Pour l'escompte de l.8079.15.-cy-contre à 25.- l.1615.19.-⎭

———— l. 15711. 14. 3

AVOIR en Touſſaincts 1627.l.7474. 5.5.⎫ Au liure A, f.25.& en ce, ————— à 18. l. 14406. —
En Roys ———— 1628.l.6931.14.7.⎭
Pour l'escompte de l.1074. 4.2.cy-contre à 22.½ pour ⅖ l. 197. 6.—⎫ à 8. l. 1338. 13. 7
Pour l'escompte de l.5357.10.-cy-contre à 25.- pour ÷ l.1071.10.-⎬
Pour l'escompte de l. 269.10.8.cy-contre à 25.—pour ÷ l. 69.17.7.⎭

∨ 3552.8.3.d'or ſol par lettre des noſtres de Milan,en ce,————— à 10. l. 10657. 4. 9

———— l. 16401. 18. 4

R

LE GRAND LIVRE cotté A, doit pour soude des payemens de Pasques,	à 15.	l.	68081.	19.	2
Negoce de Milan, f.24.	à 16.	l.	43055.	1.	—
Philippe, & Luc Seue, f.24.	à 17.	l.	12773.	9.	7
Vespasian Bolo∫on, f.25.	à 17.	l.	14406.	—	—
Guillaume Vianey, f.25. par Caisse,	à 3.	l.	900.	—	—
Philippe, & Luc Seue, f.24.	à 17.	l.	134.	15.	4
Louys Burlet, f.25. par Caisse,	à 3.	l.	322.	16.	—
Guillaume Vianey, f.25. par Caisse,	à 3.	l.	625.	—	—
Antoine Gayot, f.25. par Caisse,	à 3.	l.	862.	10.	—
Molandier, f.25. par Caisse,	à 3.	l.	262.	10.	—
Antoine Gayot, f.25. par Caisse,	à 3.	l.	714.	—	—
Fabio d'Aspichio, f.25.	à 14.	l.	973.	13.	—
Iean Feuly, f.25. par Caisse,	à 3.	l.	567.	—	—
Antoine Gayot, f.25. par Caisse,	à 3.	l.	540.	—	—
Iean Baptiste Beregany, f.27.	à 12.	l.	153.	6.	8
Claude Catillon, compte de voyages, f.31.	à 14.	l.	112.	9.	3
Picquet, & Strasse, f.40.	à 18.	l.	45665.	10.	11
Iacques Depures, f.40.	à 4.	l.	34249.	3.	2
Leonard Berthaud, f.40.	à 4.	l.	22832.	15.	6
Iean, & François du Soleil, f.37.	à 16.	l.	175.	10.	—
Pierre Richard de Nismes, f.28. par Iean Bertrand, par Caisse,	à 3.	l.	431.	8.	9
Iean, & Pierre Dulac d'Vsez, f.28.	à 3.	l.	237.	—	—
Antoine Roux de Sauuieres, f.28.	à 3.	l.	286.	2.	6
Les deputes des creanciers de Laurens Iaquin, f. 9. par René Bais, par Caisse,	à 3.	l.	7500.	—	—
	—	l.	255802.	—	10

PICQVET, ET STRASSE de Lyon, doiuent du 3. Septembre l.10000.— à eux comptant pour virer en ces payemens à $\frac{1}{4}$ pour $\frac{0}{0}$ de leur perte par Caisse,	à 3.	l.	10000.	—	—
Age de ladicte partie à $\frac{1}{4}$ pour $\frac{0}{0}$	à 8.	l.	25.	—	—
7. Septembre pour Lumaga, & Mascranny, crediteurs en ce	à 15.	l.	36595.	1.	11
En Toussaincts 1625. Nous font bon, pour Robert Gehenaud, au liure A, f.16. l.1418. 9.9. l'escompte à 102.$\frac{1}{3}$ pour $\frac{0}{0}$ } l.7203.10.— l'escompte à 107.$\frac{1}{2}$ pour $\frac{0}{0}$ }	à 20.	l.	8621.	19.	9
▽ 2000.— par lettre des nostres de Milan, en ce,	à 10.	l.	6000.	—	—
Du 3. Decembre 1625. à eux comptant pour virer à $\frac{1}{4}$ pour $\frac{0}{0}$ de leur perte,	à 3.	l.	20000.	—	—
Age desdictes l.20000. à $\frac{1}{4}$ pour $\frac{0}{0}$	à 8.	l.	50.	—	—
En Roys 1626. ▽ 5100.- que à 120. pour ▽, valent l.30600.- Nous font bon pour les leurs de Milan, pour diuerses marchandises à eux venduës, & liurées audict Milan, au liure A, f.38. & en ce,	à 20.	l.	15300.	—	—
▽ 5798.6.4. d'or sol, que à ₰ 119. pour ▽ leur auons fait lettre pour Milan sur Iacques Saba, payable aux leurs au 3. Auril 1626. au liure A, f.38. cy	à 20.	l.	17394.	19.	—
	—	l.	113987.	—	8

HIEROSME LANTILLON de Lyon, doit en payemens d'Aoust 1625. au liure A, f.28. deub en Toussaincts 1627. en ce,	à 18.	l.	1624.	—	—

AVOIR pour Philippe,& Luc Seue,	f.24.	à 17.	l.	9696.	15.
Veſpaſian Boloſon,	f.24.	à 17.	l.	6431.	14. 2
Claude Catillon,compte de voyages ,	f.31.	à 14.	l.	6855.	2.
Pierre Sauſet,compte de voyages ,	f.33.	à 3.	l.	53187.	18.
Lumaga,& Maſcranny,	f.33.	à 15.	l.	50000.	
Veſpaſian Boloſon,	f.24.	à 17.	l.	169.	10. 8
Marchandiſes venduës comptant ,	f.28.	à 14.	l.	11776.	19. 10
Iean,& François du Soleil,	f.37.	à 16.	l.	7997.	
Hieroſme Lantillon,	f.28.	à 18.	l.	1624.	
Iean Delaforeſts ,	f.28.	à 19.	l.	6465.	7. 6
Eſtienne Chally,	f.29.	à 19.	l.	3132.	16. 3
Fleury Gros,	f.30.	à 19.	l.	6363.	
François Verthema,	f.36.	à 19.	l.	1617.	3. 9
Verdier , Picquet ,& Decoquiel,	f.22.	à 7.	l.	4735.	5.
Iean,& François Duſoleil,	f.38.	à 16.	l.	3300.	
Porté debiteur en payemens de Touſſainĉts ,	f.42.	à 20.	l.	82349.	8. 8
				l. 255802.	10

AVOIR en Aouſt 1625.Au liure A, f.40. & en ce ,		à 18.	l.	45665.	10. 11
▽ 318.3.8.par lettre de Florence de Fabio d'Aſpichio,debiteur en ce,		à 14.	l.	954.	11.
En Touſſainĉts 1625.pour l'eſcompte de l.1418.9.9.à 102.÷ pour ÷ — l. 34.10.	à 8.	l.	537.	1. 4
Pour l'eſcompte de l.7203.10.- cy-contre à 107.÷ — l.502.11.4.					
▽ 636.7.d'or ſol,par lettre de Veniſe de Vancaitre,valeur de Beregany,en ce,	à 12.	l.	1909.	1.
26.Decembre pour Bonuiſy,pour Donleet,& Yon,debiteurs en ce,	à 12.	l.	51134.	18. 5
28.Dudiĉt receu deux comptant pour ſolde ,	à 3.	l.	1090.	19.
En Roys 1626. ▽ 677.19.5.d'or ſol,par lettre de Milan de Sebaſtien Carcano , au liure A , f.38.& en ce,	à 20.	l.	2035.	17. 9
▽ 2500.d'or ſol par lettre de Plaiſance de Hieroſme Turcon,debiteur au liure A,f.38.cy —	à 20.	l.	7500.	
4.Auril 1626. comptant deſdiĉts pour ſolde,	à 3.	l.	23161.	1. 5
				l. 113987.	8

AVOIR pour l'eſcompte de l.1624. cy-contre à 122.÷ pour ÷	à 8.	l.	298.	5. 9
4.Octobre 1625.receu de luy comptant par Caiſſe,	à 3.	l.	1325.	14. 3
			l.	1624.	

R 2

IEAN DE LAFOREST de Lyon, doit en payemens d'Aouſt 1625. au liure A, f.28. deu en Touſſainéts 1627. eſcompté à 22.½ pour ÷ ———	à 18.	l. 6465.	7. 6
ESTIENNE CHALLY de Lyon, doit au liure A, f.29. deu en Touſſainéts 1627. ———	à 18.	l. 3132.	16. 3
FLEVRY GROS de Lyon, doit au liure A, f.30. deu en Roys 1628. ———	à 18.	l. 6363.	
FRANCOIS VERTHEMA de Lyon, doit au liure A, f.36. deu en Roys 1628. ———	à 18.	l. 1617.	3. 9
IEAN, ET PIERRE DVLAC d'Vſez, doiuent du 4. Octobre comptant audiét Iean Dulac, par Caiſſe, ———	à 3.	l. 2987.	16.

OCTAVIO, ET MARC-ANTOINE LVMAGA de Genes, doiuent que leur
à eſté enuoyé de Thurin en diuerſes fois par noſtre Pierre Alamel, au liure A, f.9.

1000. Doublons d'Eſpagne à l.11.12. ——————————————— l. 11600. ———			
140.½ Doublons de Genes à l.11.11. ——————————————— l. 1622.15.6.	à 20.	l. 12483.	6.
482.½ Doubl. de Florence à l.11.10. ——————————————— l. 5548.15.			
100.— Doublons d'Italie à l.11. 6. 6. ——————————————— l. 1132.10.			
Et les cy-apres à eux remis de Milan, par les noſtres			
892.— Doublons d'Eſpagne à l.11.12. —————————————— l. 10347. 4.	à 10	l. 13656.	4.
1000.— Doublons d'Italie à l.11.6.6. —————————————— l. 11325.			
l. 41576. 4.6. ———		l. 26139.	10. —

OCTAVIO, ET MARC-ANTOINE LVMAGA de Noué, doiuent en Foire des Saincts 1625.

▽ 2089.12.6. d'or de marc, que à ♦ 65.1. pour ▽, leur ont eſté remis par les leurs de Genes, en ce, ——————————————— ▽ 2089.12.6.	à 19.	l. 7292.	
▽ 5266.12. d'or de marc, que à ♦ 67. leur ont eſté remis par les leurs dudiét Genes, en ce, ——————————————— ▽ 5266.12.	à 19.	l. 18847.	10.
Benefice de remiſe, ——————————————— ▽ ———	à 8.	l. 708.	6. —
▽ 7356. 4.6. ———		l. 26847.	16. —

AVOIR pour l'eſcompte de l.6465.7.6.cy-contre à 122.¼ pour ⁴⁄₇ en pertes,——— à 8. l. 1187. 10. 4
8.Septembre pour Franchotty,& Burlamaquy,pour Bonuiſy,pour Iacques Depures,——— à 4. l. 5277. 17. 2

——— l. 6465. 7. 6

AVOIR pour l'eſcompte de l.3132.16.3.cy-contre à 122.¼ pour ⁴⁄₇ en ce,——— à 8. l. 575. 8. 3
4.Octobre receu de luy comptant par Caiſſe,——— à 3. l. 2557. 8.

——— l. 3132. 16. 3

AVOIR pour l'eſcompte de l.6363.- cy-contre à 125.pour ⁴⁄₇ en pertes,——— à 8. l. 1272. 12.
8.Septembre pour Chabre,pour Picquet,& Straſſe,pour Gabriel Alamel,debiteur en ce ,——— à 2. l. 5090. 8.

——— l. 6363.

AVOIR pour l'eſcompte de l.1617.3.9. cy-contre à 125.pour ⁴⁄₇ en pertes,——— à 8. l. 323. 8. 9
10.Octobre receu de luy comptant par Caiſſe , debitrice en ce ,——— à 3. l. 1293. 15.

——— l. 1617. 3. 9

AVOIR par lettre de Claude Catillon,debiteur en ce,——— à 7. l. 2987. 16.

AVOIR ♈ 2089.12.6.d'or de marc, qu'ils ont remis de noſtre ordre en Touſſaincts 1625. Aux
leurs de Noué à ♓ 65. 1. pour ♈, ſont l. 6800. -- valant ♈ 2000. -- ſimples d'Eſpagne à l. 5. 16. --
piece ſont, ——————— l.11600.-- à 19. l. 7292.
♈ 5166.12.-d'or de marc qu'ils ont remis aux leurs de Noué en Foires des Saincts
1625.à ♓ 67.pour ♈,ſont l.17643.2.5. monnoye d'or valant ♈ 5189.3.1. de ♓ 68. &
à ♓ 115.prix de l'eſcu d'or en monnoye courante,——— ——— l.19837.11.10.⎫ à 19. l. 18847. 10.
Pour leur prouiſion à ⅓ pour ⁰⁄₀ ——— ——— ——— l. 138.11. 8.⎭

Calculé pour Lyon à raiſon,que l.41576.4.6.cy-contre rendent l.26139. 10. — l.41576. 4. 6. ——— l. 26139. 10.

AVOIR ♈ 1547.11.d'or de marc,que à gros 145.pour ♈,leur ont eſté tirez pour noſtre compte
d'Anuers par Iean Baptiſte Decoquiel,debiteur en ce,——— ——— ♈ 1547.11.- à 12. l. 5609. 17. 6
♈ 4931.10.1.d'or de marc,que à gros 146. pour ♈ leur ont eſté tirez dudict Anuers
par lettre de Nicolas Zelio,pour compte dudict Decoquiel,en ce,——— ♈ 4931.10.1. à 12. l. 18000.
♈ 1079.6.1.d'or ſol,que à 79. pour ⁴⁄₇ nous ont remis en Touſſaincts 1625. ſur Lumaga , & Maſcranny , ——— ——— ——— ♈ 852.13.1. à 15. l. 3237. 18. 6
Pour leur prouiſion à ⅓ pour ⁰⁄₀ ——— ♈ 24.10.4.

♈ 7356. 4.6. ——— l. 26847. 16.

R 3

LE GRAND LIVRE Cotté A , doit pour foude des payemens d'Aouft , en ce ,		à 18.	l. 82349.	8. 8
Jean Baptifte Beregany,crediteur en ce, ———— f.27.		à 12.	l. 10199.	14. —
Iean Baptifte Decoquiel d'Anuers , ———— f.37.		à 12.	l. 23163.	18. —
Negoce de Milan,compte du comptant, ———— f.40.		à 10.	l. 12403.	2. 7
Picquet,& Straffe,pour compte des effects de Milan , ——— f.38.		à 18.	l. 2033.	17. 9
Lefdicts compte dict , ———— f.38.		à 18.	l. 7500.	—
Lumaga,& Mafcranny,pour compte des effects de Milan, ——— f.38.		à 15.	l. 3025.	4. —
Caiffe , ———— f.43.		à 20.	l. 19500.	11. 8
Profits & pertes, ———— f.39.		à 8.	l. 42709.	15. 9
Ioachim,L.& D.Salicoffre, pour compte de partimens , ——— f.28.		à 15.	l. 868.	15. —
Galiley,& Barelly,par compte de partimens, ——— f.28.		à 11.	l. 3171.	17. —
Lumaga,& Mafcranny,par compte de partimens, ——— f.28.		à 15.	l. 3699.	10. 6
			l. 210625.	14. 11

CAISSE D'ARGENT comptant és mains de Iean Pontier,doit en credit à pareil compte pour foude d'iceluy,		à 3.	l. 27240.	14. 2

			l.		
AVOIR pour Octauio, & Marc-Antoine Lumaga de Genes, f. 9.	à 19.	l.	12483.	6.	
Cesar, & Iulien Granon, debiteurs en ce , ————— f. 6.	à 11.	l.	24519.	14.	
Estienne Glotton, debiteur en ce, ————— f.16.	à 17.	l.	2035.	12.	1
Robert Gehenaud, ————— f.16.	à 18.	l.	8621.	19.	9
Iean Deslauiers, ————— f.17.	à 17.	l.	10029.	1.	6
Herue, & Sanarry , ————— f.18.	à 17.	l.	5441.		6
Iean Iacques Manis, ————— f.31.	à 6.	l.	19254.	10.	
Charles Hauard , ————— f.31.	à 15.	l.	14540.		
Iean, & François Dusoleil, ————— f.38.	à 16.	l.	5476.	12.	6
Picquet , & Strasse , pour compte des effects de Milan , f.38.	à 18.	l.	15300.		
Galiley, & Barelly , pour compte des effects de Milan , f.38.	à 11.	l.	9917.	4.	3
Bonuisy, pour compte desdicts effects , f.38.	à 11.	l.	7881.	7.	
Cesar Osio à compte desdicts effects , ————— f.38.	à 9.	l.	15000.		
Picquet , & Strasse, à compte dict, ————— f.38.	à 18.	l.	17394.	19.	
Pierre Alamel, compte de Piedmont, ————— f. 9.	à 3.	l.	5813.	17.	
Gabriel Alamel, ————— f.43.	à 2.	l.	12946.	19.	7
Iean Seue Sr de S. André, ————— f.43.	à 5.	l.	20630.	7.	6
Lumaga, & Mascranny, debiteur en ce, ————— f.43.	à 15.	l.	3070.	11.	6
Claude Carillon, debiteur en ce, ————— f.43.	à 17.	l.	268.	12.	9
		l.	210625.	14.	11

			l.		
AVOIR du 6. Feurier 1626. Comptant à Ioachin, Laurens, & Dauid Salicoffre, debiteurs,	à 15.	l.	868.	15.	
3. Auril 1626. A Galiley, & Barelly, debiteurs en ce,	à 11.	l.	3171.	17.	
28. Iuin 1626. A Lumaga, & Mascranny,	à 15.	l.	3699.	10.	6
En debit au liure A , f.43. pour soulde du present compte ,	à 20.	l.	19500.	11.	8
		l.	27240.	14.	2